建筑电气专业系列教材

建筑电工学实验指导

刘炳朝　于归飞　陈建伟　主编

内容简介

本书是按照高等学校工科电工学课程教学的基本要求，并结合建筑类院校的特点编写的实验教材，共分为10章。

第1、2、8、9章为实验技术基础，主要介绍基本测试技术及测量数据处理方法；第3、4、5、6、7章为实验项目，主要包含电工与建筑电气技术、电动机及其控制技术、模拟电子技术、数字电子技术、仿真技术实验。第10章介绍 Multisim 9 的使用方法。

本书的特点是实验内容丰富，有难有易，贴近实际，除少数基础实验外，大部分实验都具有设计型和开放型的特征，能较好地体现行业特点，更好地锻炼学生的实践能力。

本书可作为建筑类本科电工学或电工电子学(含少学时)的实验教材，也可作为高等工程专科学校电工学或电工技术、电子技术的实验教材，特别适合于独立设课实验和开放实验，并可供从事电工及电子技术的工程技术人员参考。

图书在版编目(CIP)数据

建筑电工学实验指导/刘炳朝等主编. —天津：天津大学出版社，2010.7

ISBN 978-7-5618-3556-2

Ⅰ.①建… Ⅱ.①刘… Ⅲ.①建筑工程－电工－实验 Ⅳ.①TU85

中国版本图书馆 CIP 数据核字(2010)第121497号

出版发行　天津大学出版社
出 版 人　杨欢
地　　址　天津市卫津路92号天津大学内(邮编:300072)
电　　话　发行部:022-27403647　邮购部:022-27402742
网　　址　www.tjup.com
印　　刷　河北省昌黎县第一印刷厂
经　　销　全国各地新华书店
开　　本　185mm×260mm
印　　张　14.25
字　　数　356千
版　　次　2010年7月第1版
印　　次　2010年7月第1次
印　　数　1－5 000
定　　价　26.00元

前　言

随着当今科学技术的飞速发展，在现代生产、工作和生活中，电能的应用十分广泛，已渗透到非电类专业的各个领域，尤其与建筑类专业交叉融合更加紧密。这对工程技术人员的电能应用技术与专业技术相结合的能力的要求不断提升，并且对电工电子基本理论、工程能力以及基本技能提出更高的要求。为了适应科学技术的发展和建筑类专业对电能应用的潜在需求，根据“电工学”课程的特点，我们编写了建筑电工学实验指导一书。

编写本书遵循的原则是力求适应当前社会对人才的需要，强化工程实践训练，培养创新意识和提高学生的综合素质。本教材的特点重在突出行业特色、突出基础训练和综合能力、培养创新能力以及计算机应用能力。在实验手段与方式上，既重视硬件调试能力的基本训练，又融入了 Multisim 9 软件的仿真，使学生学会用传统方式和现代手段分析和验证电路。本书在内容的组织和编写上具有如下特点。

1. 以基本理论为体系编写基础性实验、综合训练性实验。对于理论教材中的重要定律、定理和分析方法，都配有相应的实验，实验的内容和难易程度划分为若干层次，逐步由熟悉实验仪器、设备器件到掌握科学实验方法，综合应用知识，满足不同层次的教学要求。

2. 根据电工、电子技术的发展，突出行业特点。在传统实验方法的基础上，增加了虚拟实验，通过 Multisim 9 仿真软件的使用，让学生了解仿真实验在电子设计中的应用。此外，为满足建筑类专业学生的需要，增加了房屋建筑的小型供电系统的安装和供水装置控制等综合训练课题，生动再现了对一个虚拟房屋建筑的布线和对虚拟建筑设备的有效控制。这样，学生可以直接应用这部分知识为实际服务；同时，也培养了学生的工程意识，锻炼了学生通过查阅工具书和手册、参照示例等进行设计的能力，加大了学生自学的空间。

3. 强调能力培养。为满足不同专业、不同层次学生的要求，为学生进行开放性实验和个性培养创造条件。教材除在部分实验中安排自选仪器设备、自拟实验步骤、设计实验电路等实验任务来提高学生的实验设计能力外，还精选了部分难度适中的模拟电路及数字电路的综合训练课题，用实验承担起拓宽学生知识面的责任，使学生了解和掌握一些新器件的特性和应用。

本教材按总学时 20 ~ 50 学时编写，全书共分 10 章。第 1、2 章为实验技术基础，可作为学生预习的参考或自学教材。第 3、4、5、6、7 章为实验项目，主要含电工与建筑电气技术基础实验、电机控制、模拟电子技术、数字电子技术和仿真实验。一般每次实验为 2 学时，设计性实验为 3 学时，综合训练课题为 8 ~ 15 学时。各学校可根据本校的教学条件、教学基本要求和学时多少选做，建议使用多学时教材的实验课时约为 40 学时，少学时教材的实验课程约为 20 学时。

本书由刘炳朝、于归飞、陈建伟主编，刘炳朝、于归飞负责全书的策划、组织工作，并编写第 4、5、6 章；陈建伟对全书进行统稿，并编写第 3 章；王英红编写第 1、2、8、9 章；范文编写第 7、10 章。天津城市建设学院设计院王叔敏工程师提供了宝贵的资料，苏刚、高瑞、潘雷、彭桂力、王贝贝、王秀丽、顾贵芬、陈伟芬、吴景海等老师在教材编写过程中给予大力的支持。在此对他们表示衷心的感谢。

限于编者水平，加之编写时间仓促，书中存在错误和不足之处，敬请广大读者批评指正。

目　　录

第 1 章　建筑电工学实验基本知识

1.1　建筑电工学实验课学习的目的和意义

1.1.1　目的和意义

建筑电工学基础实验是土木工程、给排水工程、建筑设备工程、机电一体化以及管理工程等非电类本科专业的一门重要的技术基础课，主要包括电工与建筑电气技术、电动机与控制技术、模拟电子技术和数字电子技术等内容。它涵盖了电气工程专业多门技术基础课的内容，具有很强的工程性、技术性、实践性特征，是理论教学体系中不可或缺的重要教学环节。加强工程训练，特别是实验技能的培养，对于培养工程技术人员的素质具有十分重要的作用。

通过实验课程的学习应使学生掌握电工与电子技术方面的基本实验知识、实验理论和实验技能，使他们爱实验、敢实验，进而会实验，善于把理论知识和实践相结合，促进动手能力和创新意识的培养，有效地提高把电能应用技术与本专业相结合的能力和素质，使他们成为在实践中创新和发展理论知识的专业技术人才。具体要完成以下任务：

①能正确地选择和使用常用的电工仪表、电子仪器和电工设备；

②掌握基本的电量和非电量的测试技术、实验方法和数据的分析处理；

③能独立地连接实验电路和查线，学习检查和排除简单的故障；

④能应用已学的理论知识设计简单的应用电路，并通过实验验证所设计的电路；

⑤培养严肃认真、实事求是、细致踏实的科学作风和良好的实验习惯；

⑥初步掌握电子电路仿真软件的应用。

1.1.2　实验类型

本实验课按性质可分为基础性和设计性实验、综合性实验。

基础性和设计性实验主要进行电工电子本门学科范围内理论验证和实际技能的培养，着重奠定基础。这类实验除了巩固加深某些重要的基础理论之外，主要在于帮助学生认识现象，掌握基本实验知识、基本实验方法和基本实验技能。

综合性实验属于应用性实验，实验内容侧重于某些理论知识的综合应用，目的是培养学生综合运用所学理论的能力和解决较复杂实际问题的能力。

随着电子电路设计自动化软件的不断发展，利用计算机进行仿真实验也是实验课的重要内容之一。

总之，本课程突出基本技能、应用能力、创新能力和计算机应用能力的培养，以适应新时代的要求。

1.2 建筑电工学实验课的一般要求

为了培养学生良好的实验习惯，培养他们分析问题和解决问题的能力，充分发挥他们的主观能动性，提高实验效果和质量，对实验的每个阶段提出以下要求。

1.2.1 课前预习要求

课前预习要求如下。

①认真阅读实验指导，明确实验目的与要求，结合基础知识要点复习有关理论知识，掌握与实验有关的基本原理。

②根据实验要求，画好实验电路和实验所需的数据记录表格，拟好主要的实验步骤（对于设计型实验，则需要依据设计要求完成设计任务）。

③根据理论知识，对实验电路进行理论分析，作必要的理论计算，并对实验可能产生的结果进行预估。

④理解并记住实验指导中提出的注意事项，了解本实验所要使用的仪器设备的作用和使用方法。

⑤在做好预习的基础上写出预习报告，预习报告一般包括实验目的、实验原理简述、实验电路、实验所用设备、实验步骤、实验数据记录表格以及必要的理论计算和实验预期结果。

1.2.2 实验操作

实验操作要求如下。

①参加实验者必须自觉遵守实验室规则。

②接线前熟悉所选仪器设备额定值及正确使用方法，将仪器的可调旋钮置于最安全位置，并检查实验器件的性能。

③根据实验内容合理布局仪器仪表和实验对象的位置，按实验方案合理安装实验电路，检查电路无误后才能通电实验。

④每次测量后，立即记录实测数据和波形于预习报告的表格中，并分析、判断所得数据及波形是否正确。对认为错误的数据，可暂不要擦去或修改，经过对比再确定是否合理。如果比较证实数据不合理，应尽量独立分析原因并排除，同时记录整个过程。

⑤对待实验中的故障现象，应积极独立思考，耐心排除，并记录故障现象及排除方法。

⑥如发现有不正常现象（光、热、声、味、烟及表针指示异常等），应立即断开电源，报告实验指导教师，并及时查找原因。

⑦实验结束，先断电源，暂不拆线。待认真检查实验结果没有遗漏和错误，请指导教师验收签字后再拆除线路，关闭仪器设备电源，整理好实验台。

1.2.3 实验报告

实验后的主要工作是编写完整的实验报告，对整个实验过程进行全面总结，这也是实验的重要环节之一。

实验报告要求文理通顺、简明扼要、字迹端正、数据和图表齐全，且结论正确、分析合理、讨论深入。实验数据可以共享，但实验报告不可雷同。实验报告在预习报告的基础上完成，需要再加入以下内容。

①对原始实验数据进行整理和处理，绘制必要的图表曲线。

②对实验结果进行分析处理，包括结论、问题讨论、收获体会和意见建议等，如果实验中有故障和问题发生，要说明出现故障的原因和排除的方法。

③回答实验指导中提出的问题。

1.2.4 实验室安全用电常识

为了防止发生触电事故，实验前应学习安全用电常识。实验过程中，须严格遵守安全用电制度和操作规程。

用电常识和注意事项如下。

①人体是导体，人体不慎触及带电导体或电源时，电流流过人体，会使人体受到伤害，这就是电击。电击时人体的伤害程度与流过人体电流的大小、通过人体时间的长短、流过人体的途径、电流的频率以及触电者的健康状况等有关。

②触及工频交流电是很危险的，当人体通过 1 mA 工频交流电时就会有麻木的感受。通过 50 mA 电流时，就可能发生痉挛和心脏麻痹，如果时间过长则有生命危险。

③学生在实验时，如果粗心大意忽视安全用电制度，未切断电源就改接线路或拆线，往往易触电。如是三相电源，触及线电压时的危险更大。

④测量电压时，电压表的测试笔必须接在电压表的接线柱上，不得接在电源的接线柱上。若测试笔接在电源板的接线柱上，当两支带电的测笔相碰时则造成短路事故，拿着带电的测笔测电压，易造成双线触电。

⑤同组实验者必须配合默契，否则也容易造成触电事故。如一同学手持导线正在接线，另一同学又去接电源，就将造成触电事故。线路接好后，先自我检查，再经指导教师检查，才能接通电源。接通电源者，必须先通知同组人员。

⑥接通或断开闸刀(电源)时，往往会产生电弧，各种形式的短路也会产生电弧，电弧会对人体产生灼伤，故通断电源须小心谨慎。

⑦万一发生触电事故时，应首先急速切断电源或用绝缘器具使电源线与触电者脱离。

⑧实验完毕，首先应切断电源，然后拆开电源线，再拆实验设备和仪表间的连线。

1.3 建筑电工学实验课学习方法指导

1.3.1 建筑电工学实验课课程特点

1. 建筑电工学实验课与相关理论课程的关系

电路分析、模拟电路和数字电路理论课程与建筑电工学实验课有着密切的关系，这几门课是建筑电工学实验课的基础。二十多年前，我国多数大学都将这门实验课作为相应理论课的附属部分处理，实验成绩只作为部分成绩计入这几门理论课的总成绩，实验课的目的也只是用来验证理论的正确性。实践证明，将实验作为从属课程的做法是不正确的。这样做有两个弊端：一是实验教学的目的是教会学生应用电路理论设计并调试出满足实际需要的电路，而将实验定位于验证电路的正确性则显然是不够的；二是实验技术需要仪表知识、测量原理、器件知识、装配知识、调测方法等较为系统的知识来指导，实验技术本身就含有多方面的理论问题，需要系统学习。因此，许多学校将这类实验独立设课。

目前，理论课和实验课在教学大纲上就有明确分工。电路分析主要学习电路的分析方法。而实验课主要是让学生熟练掌握各种仪表的使用方法、运用软件分析和仿真电路系统和验证相关理论。模拟电路课讲述电路的基本原理和分析估算方法，实验课则负责讲述电路的设计和调测方法。通过实验，不但要巩固和深化模拟电路课所学的知识，同时还要掌握模拟电路的设计和调测方法。数字电路课已经讲述了数字电路的设计方法，在数字电路实验中主要讲述如何利用标准器件实现逻辑设计以及怎样装配和调测的问题。

2. 知识学习和技能培养并重

建筑电工学实验课中既有知识学习又有技能训练。知识学习方面有单元电路设计方法、电路调测方法、器件选用方法、Multisim 9 仿真软件使用方法等；技能训练方面有电路装配、仪表使用、电路调测、电路图的绘制、实验数据处理、实验报告撰写等。两者不可偏废。从教育心理学的角度划分，不只是与解决实际问题有关的活动才称为技能，技能还包括某些智力活动，如速算是一种技能，可称为心智技能。在建筑电工学实验中，仪表操作、电路分析同样需要一些心智技能的支持。因此，对技能训练应有全面的理解。

3. 科技素质的培养贯穿课程的始终

实验是培养学生科技素质的重要环节。所以，在建筑电工学实验课的教学中不但要考虑知识的传授、技能的培养，更重要的是要考虑学生科技素质的培养。因此，在实验任务的难度、实验方式、实验要求等诸多方面都体现了对素质培养的要求。

1.3.2 怎样才能学好建筑电工学实验课

学好建筑电工学实验课除必须了解教学目的、要求以及课程本身的内容和特点外，还应注意以下几点。

1. 明确几个观点

(1)软件与硬件能力的关系

教学中发现，不少学生存在重视软件轻视硬件的倾向，有些同学甚至错误地认为软件能力是一种“高级”能力，硬件能力则是一种“低级”能力。这种观点的依据是：编写软件使用的是高科技产品计算机，应用的是高级语言，使用计算机和语言能力自然是高级的；而在硬件实施中要使用简单基本器件（如电阻、电容），装配时焊接、连线的技术含量低，硬件能力自然是低级的。

这种认识的错误在于，将解决问题时使用的材料和工具的先进性与处理技术问题的能力混为一谈。一个人的能力最终体现在他是否能解决问题以及他如何解决问题。使用计算机和某种语言的能力只是一方面，这种能力与硬件中掌握了某种仪表的使用是等同的。软件与硬件能力的培养都需付出艰苦的努力，而丝毫不能成为忽视硬件学习的理由。

(2)模拟电路与数字电路的关系

随着电子信息技术的飞速发展，许多领域都采用数字处理技术，数字系统取代模拟系统已经成为一种趋势。因此，有人认为，数字电路正在取代模拟电路，模拟电路的作用将逐步消亡。这种观点是错误的，它把模拟系统与模拟电路混为一谈，混淆了两者的区别。事实是模拟系统中并非只有模拟电路,数字电路也是模拟系统中的重要部分。现在多数数字系统中并非只有数字电路,同样也要用到模拟电路。

模拟电路与数字电路的器件和设计方法都在不断地发展,不存在孰重孰轻的问题,因此,对这两种电路的学习都必须重视。实践证明,没有扎实的模拟电路基础,学习数字电路的能力是很难提高的。

(3)物理概念、分析计算方法与设计方法并重

在电路设计和实现时首先应该明确模拟电路中各种电路特点、放大倍数、输入阻抗、输出电压动态范围、幅频特性等概念的物理含义以及对实际应用的影响。

模拟电路课中给出的公式大多是分析、估算用的,不能不加分析地直接套用。

(4)掌握先进的电子电路自动化设计软件与基础训练的关系

目前,电子电路自动化设计已经达到了相当高的水平,尤其是在数字电路设计过程中,从系统描述、系统划分、电路设计到印刷电路板设计,整个过程可在计算机上完成。但是这并不意味着采用人工设计、装配、调试等基本训练已经过时。目前,大多数设计师设计数字电路的工具不外乎电路图描述、硬件描述、语言描述或状态机描述。这三种设计方法仍然是以单元电路为基础,而电路设计水平,仍然要取决于设计师的电路知识和经验。模拟电路的结构确定、器件参数设计仍然由设计师完成。

2. 提高解决实际问题的能力

(1)什么是解决实际问题的能力

解决实际问题的能力反映的是一个人的综合能力。这种能力包括对问题的观察力、解决问题的策略、丰富的想象力和创造力、掌握知识的广度和深度、能否自觉运用所学的理论分析问题、实验能力、与他人的合作能力和实践经验的多少等方面。

一位教育家说过,一个教师的水平不只是他的学识与教学方法之和,而是两者的乘积。我们认为,一个人的解决实际问题的能力同样也是各个能力因素的乘积。其中一个因素为零,解决实际问题的能力亦为零。在实验教学中常见到理论课学习成绩优秀,但实验课的成绩却很差。而一些同学学习成绩一般,但实验成绩较好,这就是解决实际问题的能力是各种因素综合作用的体现。

(2)提高解决实际问题的能力

从教的方面来看,教学大纲中在教学内容、实验方式、难度安排、教学指导方法等各个方面已经充分考虑了对学生解决实际问题能力的培养。

从学的方面来看,仅靠课堂听课和书本学习是远远不够的,还需要多方面的学习和大量艰苦的训练。与其他课程相比,建筑电工学实验课更多的是依靠学习者自身的努力。

为了帮助同学们学好建筑电工学实验课,提高解决实际问题的能力,特提出以下建议。

①了解本课程的教学目的、任务和要求,自觉地根据教学要求去学习。

②学习本课程时,首先要建立正确的观念。

③独立完成实验,自己解决实验中的各种问题。实验的过程就是解决问题的过程,只有经历这一过程才能逐步具备解决实际问题的能力。一些同学不明白这个道理,遇到问题不加思考就向老师和同学们求助,这无疑是放弃了训练的机会,尽管在他人帮助下完成了实验任务,但并未达到学习的目的。

④做好实验预习。实验预习一般包括电路设计、指标核算、拟订实验方案、准备原始数据

表等,没有这些预习将无法按要求达到实验目的。举例来说,某个学生如果未能在预习时核算所设计电路的各项技术指标,在实验中测量出相关数据后就无法判断数据的正确或错误,就无从发现问题,更谈不上分析和解决问题,这样的实验充其量只能作为仪表操作练习。

⑤解决实际问题的能力需要多练才能形成。解决实际问题的能力包括知识、经验和技能等诸多方面,而知识和经验的积累需要较长的过程,技能的训练则更需要时间。一般说掌握了某项技能,并不是说懂得了如何去做,而是指已经达到了自动化操作的熟练程度。应该明确的是,在学校期间的实验课只是打下一个基础,距实际工作的要求还有相当的距离。

1.4 建筑电工学实验中常见故障的分析与处理

由于种种原因,实验中难免会出现这样或那样的故障,从而使实验不能顺利进行,达不到预期的结果。在教师的指导下逐步掌握分析、查找和排除故障的方法,是实验教学环节的有机组成部分。实验者应该把实验时查找和排除故障作为一次学习实验技术、提高实验能力的机会,要尽可能利用自己已经掌握的理论知识和实践知识,认真分析故障现象,查找故障所在点及造成故障的确切原因,进而采取措施。

1.4.1 常见故障类型以及引起故障的原因

1. 实验故障的类型

根据严重性,实验故障一般可分为破坏性故障和非破坏性故障。破坏性故障可以造成元器件以及仪器设备等损坏,现象常常是某些元器件过热并有烧焦味、局部冒烟、发出吱吱声或爆竹似的爆炸声等。非破坏性故障由于暂时未造成元器件的损坏,一般较难发现。非破坏性故障常常使电路中电量(如电压、电流或功率)的数值不正常,或者使信号波形发生畸变等。如果不能及时发现并排除故障,会影响实验的正常进行,甚至造成损失。

2. 故障原因

引起故障的原因大致有以下几种。

①电路连接错误。这种故障主要是由于实验人员粗心造成的,所以连接电路时要认真细致,连接完成后要仔细检查,不可马虎。

②元器件接错或参数选择不当。实验人员对所有元件的特性及性能不熟悉,往往会引起此类故障。

③仪器仪表损坏或者使用不当(如测量模式、量程等不准确)。

④电源接错。这是由于实验人员对实验室的供电系统不熟悉所致,故实验前要先了解实验室的供电系统,选择合适的电源,不能见电源就接。

⑤电源、实验电路和仪器仪表之间公共参考点连接错误或参考点位置选择不当。

⑥连接导线内部断裂、电路连接点接触不良或电路裸露部分因意外相碰而短路。实验前应检查一下所用连接导线是否有开路等故障,剔除不合格的导线。电路连接完成后,应将不用的导线及其他物品移开,以免造成短路事故。

此外,为了进一步减少故障的发生率,在有条件的情况下,应事先在计算机上进行仿真实验,对实验数据做到心中有数。对设计性实验,仿真实验是不可缺少的。

1.4.2 故障的预防

为了在实验中减少故障，使实验能安全、准确地进行，需要对电路及仪器设备进行检查和调试。

1. 通电前的检查

在电路连接前，先对所用元器件、导线等进行检测，保证各部件完好无损。电路安装连接完成后，在通电实验之前，再对电路进行以下几方面的检查。

(1) 对电路所用设备和元器件进行检查

检查所用设备和元器件是否符合要求，连接是否正确，极性元件(如二极管、晶体管、电解电容等)是否接反。

(2) 对电路的连接线进行检查

检查电路的接线是否正确，检查电源线、地线、信号线的连接是否正确，电路中有无短路或接触不良的情况，电路中有无多接或漏接的情况。检查电源线是否短路，可用万用表的欧姆挡测量电源线和地线之间的电阻值。若电阻为零或很小，说明电路中可能有短路现象，此时应从最后一部分断开电源，逐级向前检查，找出短路点并加以排除。

(3) 对所用仪器仪表进行检查

检查各仪器仪表的工作模式、量程等是否正确。

(4) 检查电源是否正常

用电压表测量电源电压，检查是否符合实验电路的要求。

2. 通电后的检查

在上述检查无误后，根据要求接入电压相符的电源。接通电源后，首先要观察电路有无异常现象，如元器件是否有打火、冒烟等现象，是否有异常气味，是否有异常的声响等。如果发现异常情况，应立即关断电源，检查故障原因，故障排除后方可重新接通电源。

1.4.3 故障的检测

故障检测的方法很多，但主要任务是要确定发生故障的原因和发生故障的部位，只有找到故障部位才能排除故障。故障检测一般采用以下两种方法。

1. 通电检测法

用电压表或示波器等仪器对电路中的某部分的电压或波形进行测量。若发现异常，要进一步分析引起异常的原因，找出故障点并排除。

2. 断电检测法

当发生了破坏性故障时，要采用断电检测法。首先切断电源，然后用万用表的欧姆挡检查电路中有无短路、开路、元器件损坏等情况。当发生破坏性故障后，在排除故障之前，不可轻易进行通电检查，以免引起更大的损失。电路中常常同时存在多个故障，它们相互影响，故在检查的过程中一定要耐心细致，将它们逐个排除。

第2章　电工电子测量基础

2.1　基本电量的测量

电工测量的任务是测量电流、电压、电功率、电阻等电量。电工测量大多采用直接测量，就是将被测量直接与同一类的已知量进行比较的测量方法。用这种方法，测量结果可以由一次测量的实验数据得到，例如用电流表测量电流。

电子测量除了要测量电压、电流、功率外，还要测量增益、频率特性等其他电子电路性能指标。电子测量往往采用间接测量法，即不是直接测量被测量，而是根据其他量的测量结果以及这些量与未知量的关系，用计算的方法决定。在电子电路中，电压是最基本的参数之一，很多物理量都可以通过测量电压间接得到；而且数字电压表头已是成型的产品，只要把其他量转换成标准的电压，接到数字表头就可以显示测量结果，非常方便。所以电压测量是许多电参数测量的基础，如放大电路的输出电阻就可以通过测量其开路电压和负载电压得到。

2.1.1　电工基本电量的测量

1. 电压的测量

测量电压的仪表，称为电压表。传统上，测量直流电压采用磁电系电压表，而测量交流电压采用电磁系电压表。也可以用万用表测量电压。但注意不能用万用表测量非正弦电压，也不能测量超出其频率范围的交流电压，否则都会产生较大误差。

测量电压时，必须把电压表与被测电路并联，还要注意直流电压表的“+”、“-”端钮一定要和被测电压的“+”、“-”极性对应相接，不能接反。因电压表与被测电路并联，所以为了避免对电路的影响，电压表内阻必须尽可能高。一般模拟式的测量机构内阻都不大，所以必须将它串联一个称为“倍压器”的高阻值电阻来扩大量程，如图2.1.1所示。采用倍压器扩大量程，需要扩大的量程越大，则降压电阻的阻值越高。

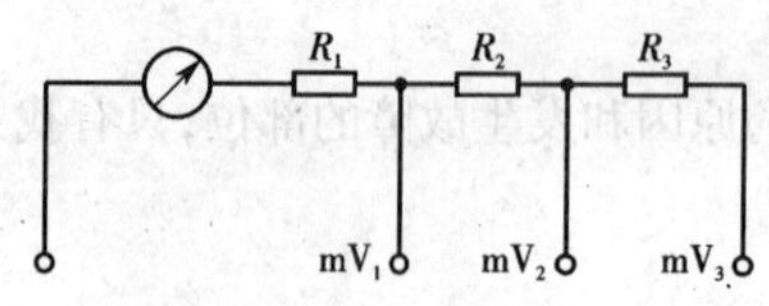

图2.1.1　三量程电压表

当测量几百伏以上的交流高电压时，通常需要用电压互感器扩大电压表的量程。其电路如图2.1.2所示。电压表的一次绕组并联于被测电路的两端，二次绕组接电压表。测量时将电压表的实际读数乘以互感器的变压比，就可得到被测电压 U 的值。一般电压互感器二次侧额定电压设计为100 V。使用时注意电压互感器的二次侧不能短路，同时二次侧的一端必须接地。

2. 电流的测量

测量电流的仪表，称为电流表。通常测量直流电流、交流电流可分别采用磁电系、电磁系电流表，也可用万用表测量。测量电流时，电流表应串联在被测电路中。若是直流电流表还要注意“+”、“-”极性，应保证电路的电流从电流表标有“+”极性的端钮流入。因为电流表串联在电路中，所以其内阻应尽可能小，才不会使电路受到影响。因为电流表的内阻很小，所以万万不可将电流表并联在被测电路的两端，以免电流表因流过的电流过大而烧毁。

采用磁电系电流表测直流电流时，因测量机构允许流过的电流很小（一般不超过 150 ~ 200 mA），所以测大电流时，常采用给电流表表头并联低值电阻 R_f（称分流器）来分流的方法以扩大量程，如图 2.1.3 所示。显然，需要扩大的量程越大（即待测电流越大），分流器的电阻应越小。

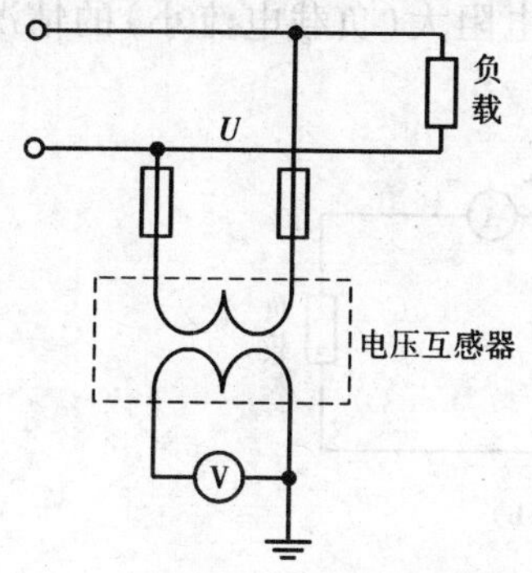

图 2.1.2　用电压互感器测交流高压

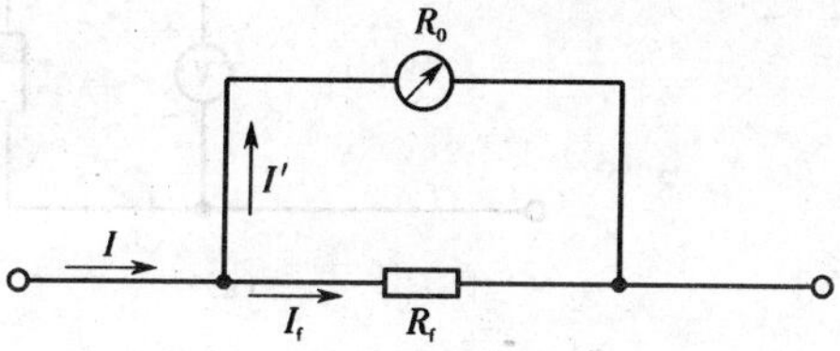

图 2.1.3　用分流器扩大量程

当用电磁系电流表测交流电流时，一般不用分流器扩大量程。这是因为电磁系测量机构的线圈是固定的，可以通过较大的电流；另外，测量交流时分流不仅与电阻，而且还与电感有关，分流器很难制作得精确。通常采用两个方法扩大量程，一是改变固定线圈的连接方法，如图 2.1.4 所示；二是使用电流互感器，如图 2.1.5 所示。

在图 2.1.4 中，固定线圈由两个额定电流均为 1 A 的线圈组成。当被测电流在 1 A 以下时，把两个线圈串联，如图 2.1.4(a)所示；而当被测电流范围为 1 ~ 2 A 时，则应把两线圈并联，如图 2.1.4(b)所示。

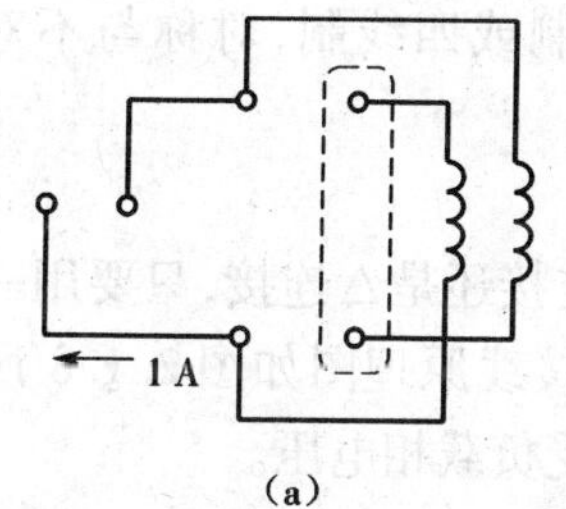

(a)

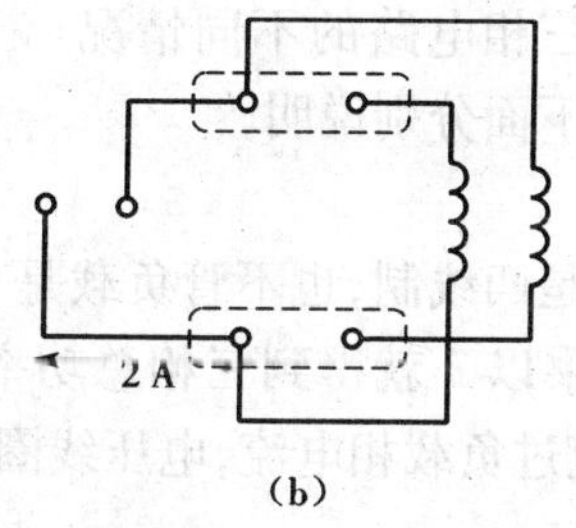

(b)

图 2.1.4　改变固定线圈的连接方法

(a)两线圈串联；(b)两线圈并联

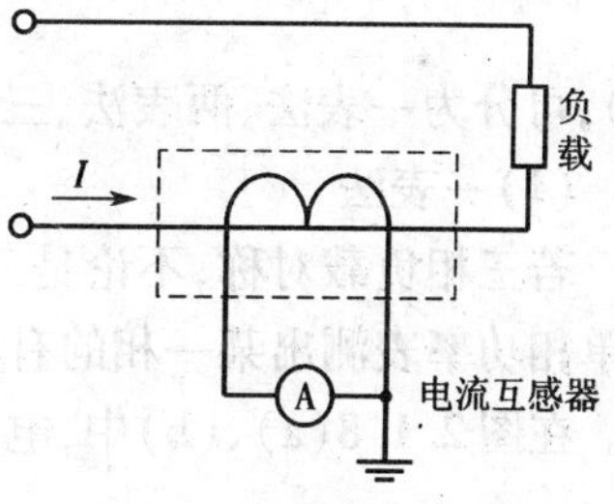

图 2.1.5　用电流互感器测交流大电流

在图 2.1.5 中，电流互感器的一次绕组串入被测电路，二次绕组与电流表连接。测量时将电流表的实际读数乘以互感器的电流比，就得到被测电流 I 的值。通常电流互感器二次侧的额定电流设计为 5 A。使用电流互感器时切记二次侧绝不能开路，另外二次侧的一端必须接地。

需要指出的是，倍压器、分流器等扩大量程的电路一般都放在仪表内部，成为仪表的一部分，测量时只需在外部转换量程开关就可以改变量程了。而目前新型的万用表大多数具有自动转换量程功能，使得操作更加简单方便。

3. 功率的测量

不管是直流电路，还是交流电路，都可以采用电动式功率表（瓦特计）直接测量功率。

对直流电路，因功率 $P=IU$，所以还可以用间接方法测量。用电压表测电压 U，用电流表测电流 I，然后两者相乘得功率 P。图 2.1.6 是间接法测直流功率的接线图，在负载电阻小（负载电流大）的情况下应采用图 2.1.6（a）接法，因为这时若采用图 2.1.6（b）接法，则电流表内阻上的分压相对较大，会造成误差。图 2.1.6（b）适用于负载电阻大（负载电流小）的情况。若这时采用图 2.1.6（a）接法会因电压表的分流而使误差增大。

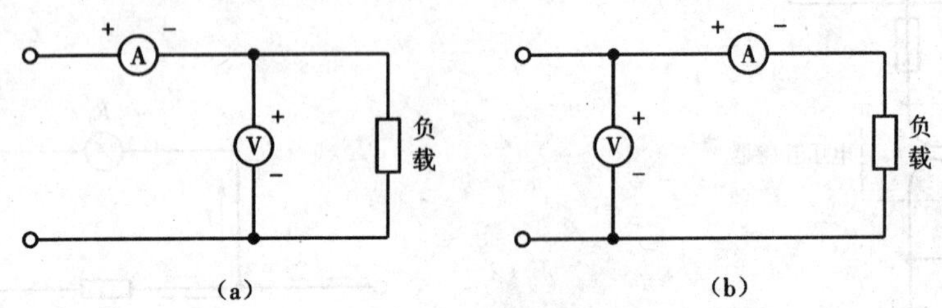

图 2.1.6　用间接法测量直流功率

（a）负载较小时的接法；（b）负载较大时的接法

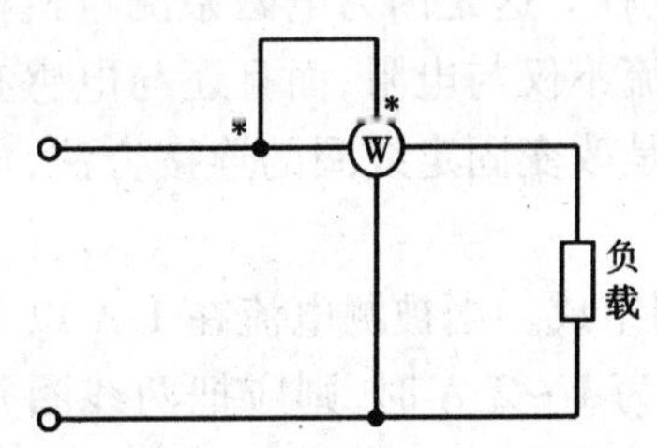

图 2.1.7　测单相交流功率接线图

交流有功功率的测量一般用电动式功率表。接线时，功率表的电压线圈应与负载并联，电流线圈应与负载串联，两个线圈标有“＊”标记的一端是同名端，必须把它们接到电源的同一根线，否则指针反转，甚至可能损坏电表。单相交流电路中，用单相功率表测功率，接线图如图 2.1.7 所示。

三相交流电路中，三相功率可以用单相功率表测量，也可以用直接三相功率表。当用单相功率表测三相功率时，根据三相电路的不同情况（三相制或四线制，对称与不对称），可分为一表法、两表法、三表法等，下面分别说明。

（1）一表法

若三相负载对称，不论是三线制还是四线制，也不管负载是 Y 连接还是△连接，只要用一只单相功率表测出某一相的有功功率，乘以 3 就得到三相总功率。接线原理图如图 2.1.8 所示。在图 2.1.8（a）、（b）中，电流线圈流过负载相电流，电压线圈承受负载相电压。

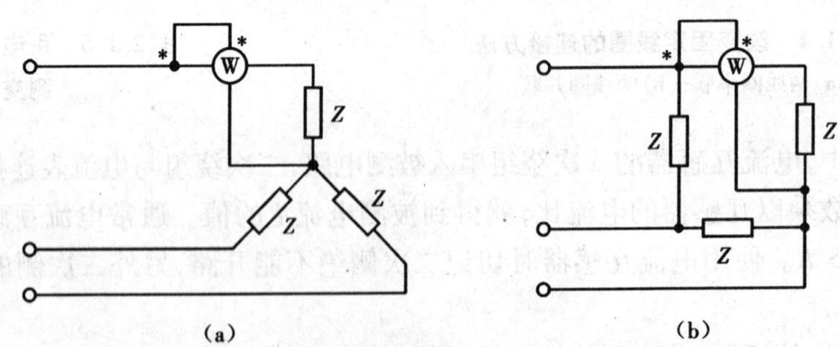

图 2.1.8　一表法测三相对称负载功率

（a）Y 连接对称负载；（b）△连接对称负载

(2)二表法

若三相负载不对称，就不能采用一表法。在三相三线制中，不论负载对称与否，都可以采用两表法测量三相功率，接线图如图 2.1.9 所示。由图 2.1.9 得

$$P_1 = i_A u_{AC}$$

$$P_2 = i_B u_{BC}$$

$$P_1 + P_2 = i_A u_{AC} + i_B u_{BC} = i_A(u_A - u_C) + i_B(u_B - u_C) = i_A u_A + i_B u_B + (-i_A - i_B)u_C$$

因三相三线制，$i_A + i_B + i_C = 0$，所以有

$$P_1 + P_2 = i_A u_A + i_B u_B + (-i_A - i_B)u_C = i_A u_A + i_B u_B + i_C u_C = p$$

以上分析表明，两功率表的读数之和，等于三相电路总的有功功率 P，即

$$P = P_1 + P_2$$

需要注意的是，两表法测三相功率时，单个功率表的读数没有物理意义。

(3)三表法

若负载不对称，且又是三相四线制，以上两种方法均不能用，这时可以用三个单相功率表分别测出三个相的有功功率，将三表读数相加，就得到三相电路总的有功功率。此即三表法。接线图如图 2.1.10 所示。三个功率表分别接在三个相的相电压和相电流回路上。

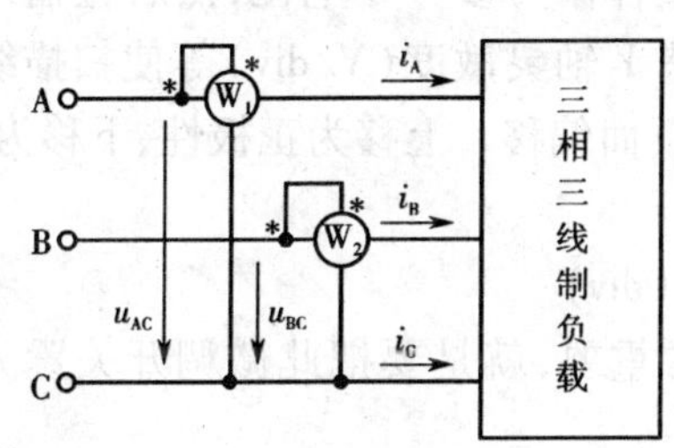

图 2.1.9 两表法测三相三线制电路功率

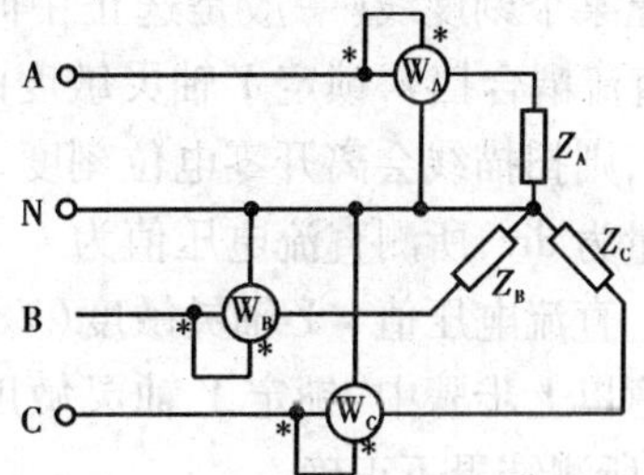

图 2.1.10 三表法测三相四线制电路功率

根据以上两表法或三表法的原理，将两只或三只单相功率表的测量机构有机地组合起来，就构成了三相功率表。三相功率表直接指示三相总功率，结构紧凑，使用方便，广泛应用于工程实际中。

使用功率表时，还要特别注意量程。功率表有电流量程、电压量程、功率量程。其中功率量程是电压量程和电流量程的乘积，相当于负载功率因数等于 1 时的功率值，也是仪表满刻度偏转时的功率值。选择功率表的量程时，不是根据所测功率值来选，而是要保证功率表应容许通过负载的最大工作电流，同时能承受负载电压，按这样的原则选取，功率量程必然也是足够的。如果只注意测量功率的量程是否足够，而忽视电压、电流量程是否和负载电压、电流相适应，就很容易造成单个电压线圈或电流线圈过载而损坏功率表。

另外，还需指出，若交流电路的功率因数较低又需测量其消耗的有功功率时，必须使用专门的低功率因数功率表，此时使用普通功率表将会产生较大的测量误差。低功率因数表的接线和使用方法同普通功率表。

2.1.2 电子基本电量的测量

1. 电压的测量

电子电路中的电压频率范围宽,从直流到数百兆赫兹;数值范围宽,从几微伏到千伏以上;还具有非正弦电压、交直流电压并存的特点。而每种仪表,都有它的适用范围,所以在电子测量中,选择正确的仪表类型特别重要。应根据被测量是交流还是直流,选择用交流仪表或直流仪表。测量交流电量时,应区分是正弦还是非正弦。若是正弦,只要测有效值;若是非正弦,还要区分是测有效值还是平均值或者是最大值。测交流电量,还要考虑频率的高低,以选择对应频率范围的仪表。选择测量仪表时,还要考虑被测电路的阻抗和要求的测量精度等。

(1)直流电压的测量

可以用万用表直流电压挡(DCV)测直流电压。数字万用表的输入电阻高达 10 MΩ 以上,所以对被测电路影响很小,而且可直接显示电压数值和极性,有的表还具有自动换挡功能,操作很方便。若使用模拟式万用表,因输入电阻一般不大,且量程不同内阻也不一样,因此只适用于被测电路等效内阻很小或信号源内阻很小的情况。

用示波器也可测量直流电压。先将输入耦合置为 GND,即令输入信号为零,调整扫描线与屏幕上某个刻度线(一般是选正中间的那条线)重合作为参考零电位,然后置输入耦合为 DC(即直流耦合挡),锁定 Y 轴灵敏度的微调,并调整 Y 轴灵敏度(V/div)等使扫描线显示清晰、稳定,则扫描线会离开零电位刻度线而向上面或下面偏移。上移为正极性、下移为负极性。设偏移量为 div,所测直流电压值为

直流电压值 = Y 轴灵敏度(V/div) × 偏移量(div)

注意以上步骤中"锁定 Y 轴灵敏度的微调"非常重要,就是要把此微调开关置为校准位置,否则所测结果不正确。

(2)交流电压的测量

可以用万用表交流电压挡(AC)测交流电压。与上面测量直流电压时一样,数字式万用表电阻高,模拟式万用表内阻小。在测交流电压时,还要考虑它们的频率范围。而万用表的频率范围都较窄,模拟式一般只能测 1 kHz 以下的信号,数字式如 DT-830 频率范围为 45 ~ 500 Hz。所以不能用它们测高频信号。

晶体管毫伏表是测量交流电压的常用仪表。与万用表相比,它的输入阻抗高、量程范围广、频率范围宽。例如,DF1935A 型晶体管毫伏表测量电压最大为 450 V,测量频率最高达 2 MHz,输入阻抗为 10 MΩ,输入电容小于 30 pF。

但要特别注意,一般不论是万用表还是晶体管毫伏表,都只是测正弦交流电压的有效值。若被测量为非正弦电压,误差便很大。

也可以用示波器测量交流电压,操作步骤与上述测直流电压时只有一个不同,就是测量时应将输入耦合置为 AC(即交流电压挡)。设 Y 轴灵敏度为 V/div,交流电压波形最大值到零电位刻度线的偏移量为 div,则可得被测电压的幅值为

交流电压值 = Y 轴灵敏度(V/div) × 偏移量(div)

用示波器的最大优点是能测各种波形的电压,还能测瞬时电压,能同时测交流和直流电压。但以前用示波器测电压,偏移量靠人眼来估计,误差较大。现在新型的数字示波器能自动读出数值并显示在屏幕上,既简化了操作,又减小了误差。

2. 时间、频率、相位的测量

(1)时间的测量

时间测量包括时刻和时间间隔的测量,可以用具有时间测试功能的频率计和示波器完成。以下介绍用示波器进行测量。

1° 周期的测量

输入被测信号,调整示波器有关旋钮,使屏幕上显示清晰、稳定、大小适中的波形,注意示波器的扫描微调一定要置于校准位置,此时示波器 X 轴扫描速度(s/div)的数值才是准确的。最好在测量前用示波器本身的 1 kHz 标准矩形波信号,检查一下示波器的扫描速度开关(s/div)的标准值是否准确。

设示波器上显示的波形如图 2.1.11 所示。在波形上选取性质相同的两点,如图 2.1.11(a)、(b)所示。读取 X 轴方向两点之间的距离为 B(div),如示波器 X 轴扫描速度为 S(s/div),则被测周期

$$T=SB$$

也可以读出若干个周期的时间间隔,然后再除以周期的数目,如图 2.1.11(c)所示。这样有助于减少读数误差和提高测量准确度。

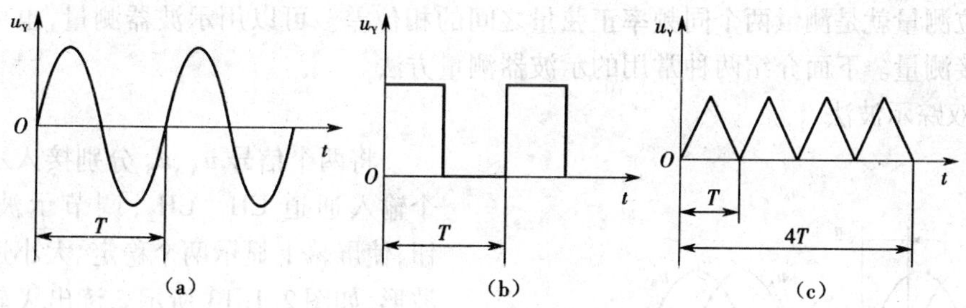

图 2.1.11 周期的测量

(a)正弦波;(b)矩形波;(c)三角波

2° 脉冲上升时间 t_r 和下降时间 t_f、脉冲宽度 t_w 的测量

图 2.1.11(b)是理想的矩形波,而实际的矩形波如图 2.1.12 所示。为定量描述其特性,通常给出图 2.1.12 中标注的几个主要参数。其中 t_r 为上升时间(脉冲上升沿从 $0.1U_m$ 上升到 $0.9U_m$ 所需要的时间),t_f 为下降时间(脉冲下降沿从 $0.9U_m$ 下降到 $0.1U_m$ 所需要的时间),t_w 为脉冲宽度(从脉冲前沿到达 $0.5U_m$ 起到脉冲后沿到达 $0.5U_m$ 止的一段时间)。

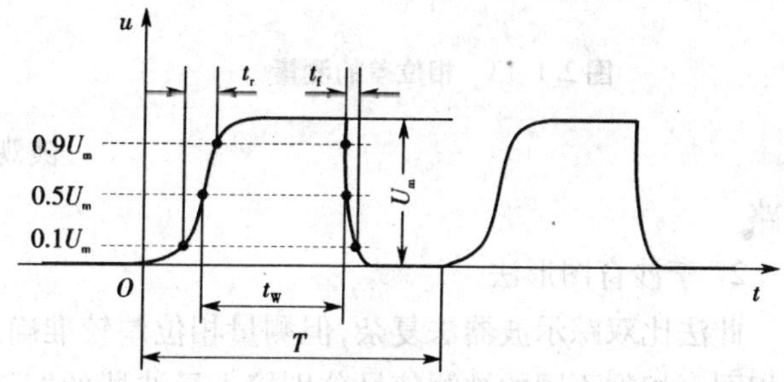

图 2.1.12 矩形脉冲的主要参数

测量时,先在屏幕上调整出稳定、清晰、大小适中的波形,扫描微调置校准位置,然后分别读取上升沿、下降沿与 $0.1U_m$ 和 $0.9U_m$ 两点所对应的 X 轴方向的距离,设两距离分别为 C_1、C_2(div)。若示波器此时扫描速度为 S(s/div),则上升时间、下降时间分别为

$$t_r=SC_1$$

$$t_f = vC_2$$

类似地，读取脉冲与上升沿 $0.5U_m$ 和下降沿 $0.5U_m$ 两点所对应的 X 轴方向的距离，并设为 D。若示波器此时扫描速度为 v，则脉冲宽度为

$$t_w = vD$$

(2)频率的测量

频率是电信号每秒钟重复变化的次数，可以用示波器或数字频率计测量。

1° 用示波器测量频率

这是一种间接测量方法，先如上所述测出周期 T，然后计算频率。公式如下：

$$f = \frac{1}{T}$$

2° 用数字频率计测量频率

原理是在某个已知标准时间间隔 T_a 内，计出被测信号重复出现的次数 N，则频率 $f = N/T_a$。为保证测量精度，T_a 要求尽可能准确。通常是采用石英晶体振荡器产生高稳定度的振荡信号，再经过分频得到。

(3)相位的测量

相位测量就是测量两个同频率正弦量之间的相位差。可以用示波器测量，也可用数字相位计直接测量。下面介绍两种常用的示波器测量方法。

1° 双踪示波法

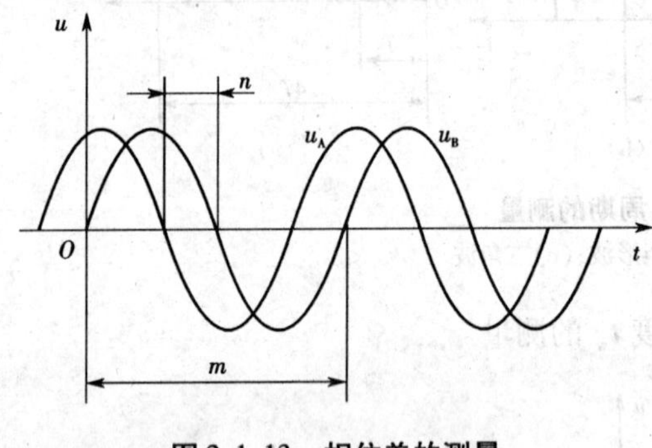

图 2.1.13 相位差的测量

将两个信号 u_A、u_B 分别接入示波器的两个输入通道 CH_1、CH_2，调节示波器有关旋钮，使屏幕上显示两个稳定、大小适中的正弦波形，如图 2.1.13 所示。读出 X 轴上对应波形一个周期的距离为 m(div)，两个波形上性质相同的点(如负向过零点)在 X 轴上的对应距离为 n(div)，则两者的相位差

$$\varphi = n \times \frac{360°}{m}$$

注意：用双踪示波器作双踪显示时，两个被观测信号必须有公共观测点，否则信号被短路。

2° 李沙育图形法

此法比双踪示波器法复杂，但测量相位差较准确。置示波器为 $X-Y$ 工作方式，将两个频率相同而相位不同的被测信号分别接入示波器的"Y 轴输入"(即 CH_1 或 CH_2)和示波器的"X 轴输入"，这时屏幕上将出现一个稳定的合成波形，称为李沙育图形。由图形可知两个信号的相位差。图 2.1.14 是李沙育图形的一些特殊情况。

3. 放大电路输入阻抗、输出阻抗的测量

(1)输入电阻的测量

对信号源而言，放大电路可看成是它的负载，该负载用一个等效的阻抗表示，称为放大电路的输入阻抗。放大电路的输入阻抗与其工作频率有关，但在中频段，输入阻抗基本不变，可

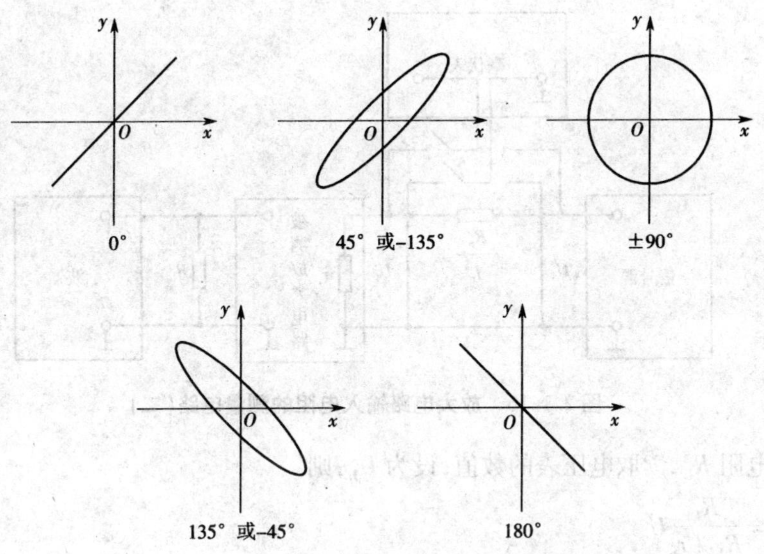

图 2.1.14　李沙育图形的一些特殊情况

用输入阻抗 r_i 表示。

r_i 的测量电路如图 2.1.15 所示。当开关 S 置 1 位置时，读取电压表的数值，然后将开关置 2 位置，调节 R_P，使电压表的读数和刚才 S 在 1 位置时的数值相同，则认为此时 R_P 的阻值就等于放大电路的输入电阻，即 $r_i = R_P$，卸下 R_P 测其电阻值即得 r_i。

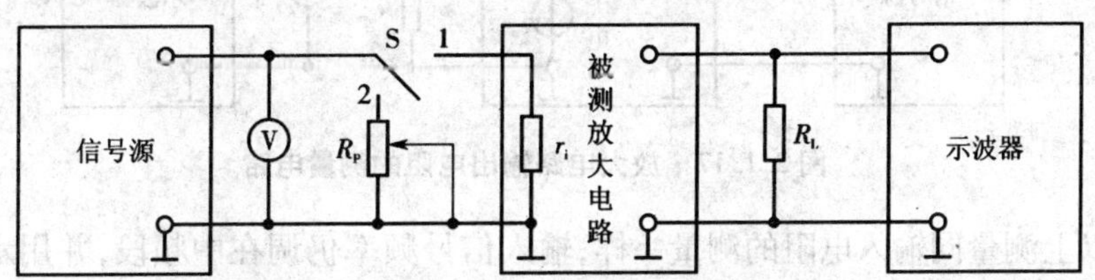

图 2.1.15　放大电路输入电阻的测量电路(一)

注意：以上测量首先应将信号的频率调在中频段，并用示波器监测输出信号的波形，调整输入信号大小应保证输出信号不失真。

测量输入电阻 r_i 还可以用图 2.1.16 电路。在放大电路的输入回路串联一个已知电阻 R_S，用毫伏表分别测量电阻 R_S 两端对地的电压 U_S 和 U_i，则输入回路的电流

$$I_i = \frac{U_S - U_i}{R_S}$$

所以，放大电路的输入电阻

$$r_i = \frac{U_i}{I_i} = \frac{U_i}{U_S - U_i} R_S$$

(2)输出电阻的测量

对负载而言，放大电路可看成是一个信号源。根据戴维南定理，此信号源可用电动势 e_o 和内阻 r_o 串联的电压源等效代替。电压源的内阻 r_o 称为放大电路的输出电阻。

输出电阻 r_o 的测量电路如图 2.1.17 所示。先断开开关 S，读取电压表的数值，设为 U_{oc}；

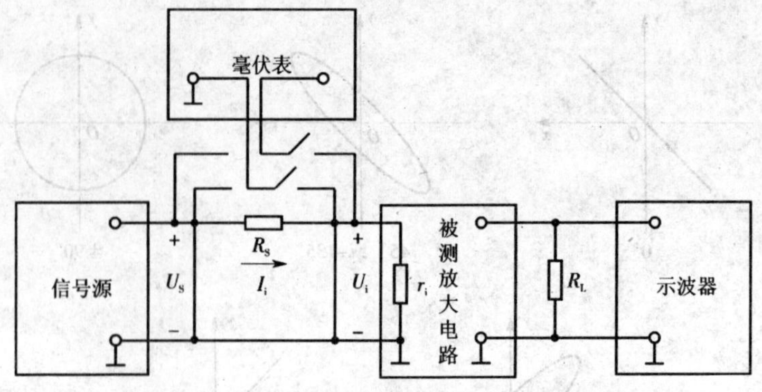

图 2.1.16　放大电路输入电阻的测量电路(二)

再接上负载电阻 R_L,读取电压表的数值,设为 U_L,则

$$U_L = \frac{R_L}{R_L + r_o} U_{oc}$$

所以,可计算出放大电路的输出电阻

$$r_o = \left(\frac{U_{oc}}{U_L} - 1\right) R_L$$

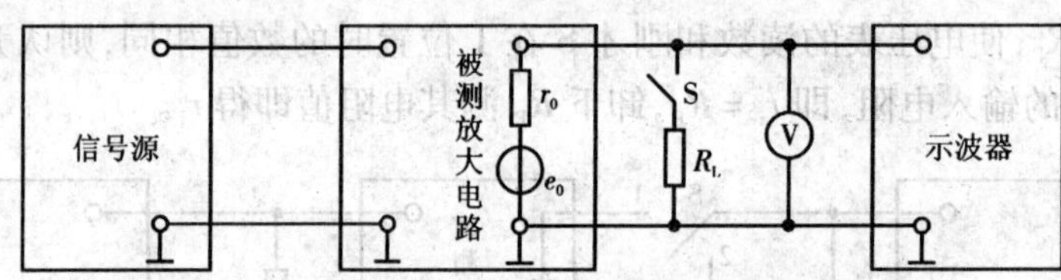

图 2.1.17　放大电路输出电阻的测量电路

注意:以上测量同输入电阻的测量一样,输入信号频率仍调在中频段,并用示波器监测输出信号波形,输入信号的大小应调整到输出信号不失真。

2.2　测量误差及数据处理

在实验过程中,由于测量仪器、测量方法、测量环境和测量人员本身等多方面的原因,会给实验结果造成不同程度的误差,即测量误差。因此,应该分析误差产生的原因,以便尽量减少误差,使实验结果更精确。这是实验过程中非常重要的环节之一。

2.2.1　产生误差的原因

产生误差的原因主要有以下几个方面。

①仪器误差,是由仪器本身的性能决定的。

②读数误差,是由人的感觉器官的限制造成的误差。

③操作误差,在仪器使用过程中,由于量程使用不当等造成的误差。

④环境误差,受环境温度、湿度、电磁场等影响而产生的误差。

⑤理论误差,也称为方法误差,是指由于使用的测量方法不完善而引起的误差,比如实验

过程中使用了近似计算公式或忽略了某些参数等。

2.2.2 测量误差的分类

测量误差分为系统误差、随机误差和粗差三大类,下面分述之。

1. 系统误差

系统误差是指在相同条件下重复测量同一个量时所出现误差的绝对值和符号保持不变,或按一定规律变化的误差。系统误差产生的原因主要是仪器仪表的制造、安装、使用方法不当,测量环境不同或读数方法不当等原因造成的。在实验过程中,通过实验及分析,查明误差原因,可以减小或消除误差。

2. 随机误差

随机误差也称为偶然误差,是指在相同条件下重复测量同一个量时,误差大小以及正负的变化没有确定的规律。产生随机误差的原因很复杂,所以一般不能用实验方法消除。但可以通过多次测量,采用统计的方法进行估算。其中最简单的方法就是取多次测量数据的平均值,因为随着测量次数的增加,随机误差的算术平均值趋近于零,所以多次测量结果的算术平均值将更接近于真值。

3. 粗差

粗差也叫做疏失误差,是一种过失误差。它是一种明显与事实不符的误差,通常是由于测量人员的过失(如读错、记错或测量条件不满足要求等)引起的。此类误差没有规律可循,但只要加强责任感、提高警惕、细心操作,过失误差是可以避免的。

含有粗差的测量值称为异常值(或坏值),在进行实验结果分析时,必须剔除,不能采用。

2.2.3 误差的表示方法

1. 绝对误差

绝对误差是指测量值 x 与被测量的真值 x_0 之间的差值,用 Δx 表示,即

$$\Delta x = x - x_0$$

由于被测量的真值一般是无法得到的,所以在实际应用中,一般用高一级标准仪器所测量的值(实际值)来代替真值。

绝对误差反映了测量值与实际值的偏离程度和偏离方向,但不能说明测量的准确程度。

2. 相对误差

为了克服绝对误差的缺点,引入相对误差。相对误差又分为实际相对误差、示值相对误差和满度相对误差。

①实际相对误差 γ_A 是指绝对误差 Δx 与被测量值 x_0 的比值,一般用百分比表示,即

$$\gamma_A = \frac{\Delta x}{x_0} \times 100\% = \frac{x - x_0}{x_0} \times 100\%$$

②示值相对误差 γ_x 是指绝对误差 Δx 与仪器的示值 x 之比,一般用百分比表示,即

$$\gamma_x = \frac{\Delta x}{x} \times 100\%$$

③满度相对误差 γ_m 也称为引用相对误差,它是绝对误差 Δx 与仪器的量程 x_m(满刻度值)之比的百分数,即

$$\gamma_m = \frac{\Delta x}{x_m} \times 100\%$$

3. 仪表的精确度

测量仪表的精确度等级是用最大引用误差（又称允许误差）$|\gamma_m|_{max}$划分的。它等于仪表的最大绝对误差与仪表量程范围之比的百分数，即

$$|\gamma_m|_{max} = \frac{|\Delta x|_{max}}{x_m} \times 100\%$$

仪表的精度等级是国家统一规定的，把最大引用误差中的百分号去掉，剩下的数字就称为仪表的精度等级。目前我国直读式电工仪表共分 0.1、0.2、0.5、1.0、1.5、2.5、5.0 七级。前三级常用于精密测量或作其他仪表的校正，后四级作一般的工程测量。例如，某电工仪表的精度等级为 1.5，表明它的最大引用误差小于等于 1.5%，但不能认为它在各刻度上的示值误差都具有 1.5% 的准确度。

设某仪表的精确度等级为 S，满刻度（量程）为 x_m，测量值为 x，则测量的绝对误差

$$\Delta x = x_m \times S\%$$

其最大的示值相对误差

$$\gamma_x = \frac{x_m}{x} \times S\%$$

由于 $x \leqslant x_m$，所以当测量值越接近于满刻度值时，测量的准确度就越高。因此，在使用这一类仪表进行测量时，一般选择被测量值尽可能在仪表满刻度值的 2/3 以上区域为佳。

2.2.4 测量结果的处理

测量的结果一般用数字或曲线图表示。测量结果的处理就是要对实验中所测得的数据进行分析，以便得出正确的结论。

1. 测量结果的数字处理

(1)有效数字

在实际应用中，总是以一定位数的数字表示测量或计算结果。实验中，从仪表上能读取的数值的位数也是有限的，这取决于测量仪表的精度。由于存在误差，所以测量的数据总是近似值，读数通常由可靠数字和欠准数字两部分组成，统称为有效数字。对于刻度式仪表，一般认为，在仪表最小刻度上直接读出的数值是可靠数字；最小刻度以下还能再估读一位，这一位数字是欠准数字。所以，读数的最后一位数字是仪表精度所决定的估计数字，一般为测量仪表最小刻度的 1/10。例如，某电压表测得电压为 32.6 V，有效数字为 3 位，其中 32 是可靠数字，末位的 6 为欠准数字。

有效数值是指从左边第一个非零数字开始，直到右边最后一个数字为止的所有数字。例如，0.001 2 具有两位有效数字，但 120.0 有 4 位有效数字。所以，如果在测量仪表上显示的最后一位数是"0"时，这个"0"也是有效数字，也要读出和记录。又例如，测得一电压为 0.015 2 V，它具有 3 位有效数字，该数据可写为 1.52×10^{-2} V，也可以写为 15.2 mV，但不能写为15 200 μV，因为写为 15 200 μV 表示该数据具有 5 位有效数字。

(2)有效数字的运算规则

有效数字运算规则如下。

①在记录测量数值时，只保留一位可疑数字。

②当有效数字位数确定后，其余数字一律舍弃。舍弃采用“小于5则舍，大于5则入，正好等于5则奇变偶”的原则。例如，5.35保留两位有效数字则为5.4，而5.45保留两位有效数字也为5.4。

③对多个数据进行加减运算时，对于参加运算的多个数据，应保留的有效数字应以各数中小数点后位数最少的那个数为准（如果没有小数点，则以有效数值位数最小的数为准），其余各位数均舍入至比该数多一位。而运算结果应保留的小数点后的位数应与参与运算的各数中小数点后位数最少的那个数相同。例如，18.23、1.2、15.367这三个数相加，应写为18.23+1.2+15.37=34.8。而不是18.23+1.2+15.367=34.797。

④对多个数据进行乘除运算时，以参与运算数据中有效数值位数最小的那个数为准，其余各数均舍入到比该数多一位，而计算结果应与参加运算数据中有效数值位数最小的相同。

⑤将数据平方或开方时，若作为中间运算结果，可比原数多保留一位。

⑥对参与运算的 e、π、$\sqrt{2}$ 等常数，可比按有效数字运算规则规定的多保留一位。

⑦为防止多次舍入引起计算误差，当有多个数据参加运算时，在运算中途应比按有效数字运算规则规定的多保留一位，但运算的最后结果这一位仍应做舍入处理。

2. 测量结果的曲线处理

测量结果常常也用曲线表示。在分析两个或多个物理量之间的关系时，用曲线表示往往更形象、更直观。

由于存在各种误差，如果将实际测量的数据直接连接起来，得到的不是一条光滑的曲线，而是呈波动的折线，如图2.2.1中虚线所示。绘制实验曲线是指将测量的离散数据绘制成一条连续光滑的曲线，并使其误差尽可能小。在绘制实验曲线时，应注意以下几点。

（1）合理选择坐标和坐标的分度，标明坐标代表的物理量和单位

实验中最常使用的是直角坐标系，一般横坐标代表自变量，纵坐标代表因变量。横坐标和纵坐标的分度可以取得不一样。如果坐标的分度选择不合理，则有可能反映不出曲线的特性。如果分度太大，则反映不出曲线变化的细微特征；如果分度太小，则有可能只看到局部，而看不到整体的变化趋势。例如，在测量电路的频率特性时，由于频率的变化范围很大，如果用均匀分度的坐标，则很难绘出一条能把高、低频特性都表现清楚的曲线，所以一般将代表频率的横坐标取为对数坐标。

（2）合理选择测量点的数量

测量点的数量应根据曲线的具体形状决定。对于曲线变化平坦的部分，可以少取几个测量点，而曲线变化较大的部分或某些重要的细节部分，应多测量一些点。各测量点的间隔也要合理，以便能绘制出符合实际情况的曲线。

可见，要得到一条合理的曲线，实验前必须心中有数，也就是先要对实验进行理论分析，只有这样才能合理地选择坐标以及测量点。

（3）修匀曲线

修匀曲线就是应用误差理论，把由各种因素引起的曲线波动抹平，使曲线变得光滑均匀。常用的方法有直觉法和分组平均法。

1° 直觉法

在精度要求不高或者测量点的离散程度不太大时，先将各测量点用折线相连（图2.2.1中

虚线），然后用曲线板凭直觉使曲线变得光滑（图 2.2.1 中实线）。这种方法在作图时不要求曲线通过每一个测试点，而是从整体上看，曲线尽可能靠近各数据点，且曲线两边的数据基本相等，即各数据点均匀地、随机地分布在曲线的两侧，并且曲线是光滑的。

2° 分组平均法

当测量点的离散程度较大时，可采用分组平均法。此法是将测量点分成若干组，每组包含 2 ~4 个测量点，分别求出各组数据的几何重心的坐标，再将这些重心连成一条光滑曲线，如图 2.2.2 所示。由于取重心的过程就是取平均值的过程，所以分组平均法可减小随机误差的影响。采用分组平均法时，分组的数目应视具体情况而定，分得太细则平均效果不明显，分得太粗则可能因平均值太少而使作图困难，甚至可能掩盖函数本来的特性。一般情况下，如果曲线斜率变化较大或变化规律较重要的地方可分得细一些，而曲线较为平坦的地方相对分得粗一些。

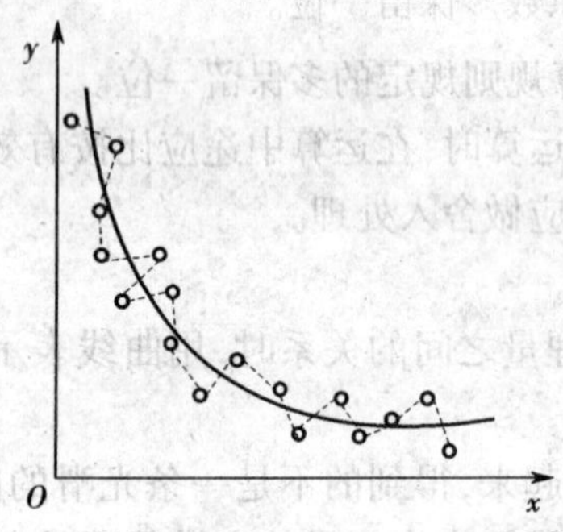

图 2.2.1　直觉法修匀曲线

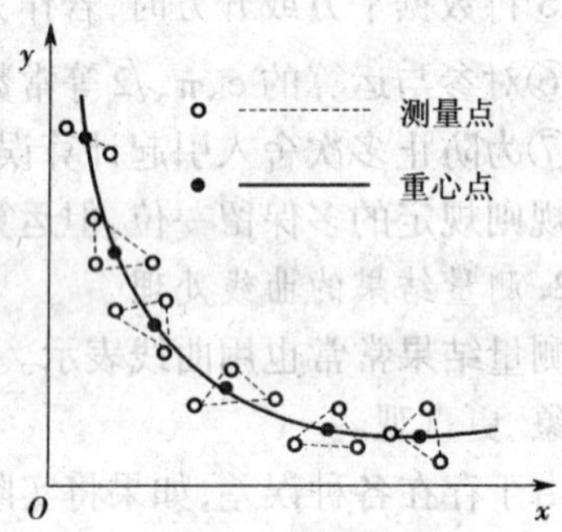

图 2.2.2　分组平均法修匀曲线

第3章 电工与建筑电气技术基础实验

3.1 电工基础测量知识与直流电路的测量

3.1.1 实验目的

①通过电阻、电压、电流的测量，熟悉直读式仪表、直流稳压电源的使用方法。

②验证叠加原理和基尔霍夫定律。

③进一步理解电压、电流参考方向（正方向）的意义。

④学习测量元件的伏安特性。

3.1.2 实验设备

①直流稳压电源、直流电压表、直流电流表。

②电路模块板。

3.1.3 基础知识要点

在电工技术实验中，电阻、电压和电流的测量是电工测量的基础。电阻、电压和电流一般使用电压表、电流表和万用表直接测量。本实验通过电路基础实验和测试白炽灯的伏安特性，学习电阻、电压和电流的测量。

1. 电压测量

要测试电路中任意两点间的电压，只需将电压表并联接入该两点即可。当需要用一支电压表测量电路中多处电压时，电压表用活动测试棒进行测量。测直流电压时红表棒应接在高电位点上，黑表棒应接在低电位点上。

2. 电流测量

要测试电路中某一支路的电流，须将电流表串联接入该支路。当需要用一支电流表测量电路中多个支路电流时，电流表应接上电流插头，被测支路中应串接电流插座。将连着电流表的插头插入待测支路的电流插座中，即可测量各支路的电流。

测量直流电流时还应注意电流的流向，使电流从电流表的正接线柱流入、负接线柱流出；否则，电流表指针反偏，可能损坏仪表。

3. 电阻元件的伏安特性

一个二端元件，端电压 u 与通过它的电流 i 之间的关系称为伏安特性，在 $u—i$ 坐标平面上表示元件伏安特性的曲线称为伏安特性曲线。若电阻的伏安特性曲线为过坐标原点的直线，这种电阻称为线性电阻，如图3.1.1(a)所示；如果电阻的伏安特性不是一条直线，这种电阻称为非线性电阻，如图3.1.1(b)所示。

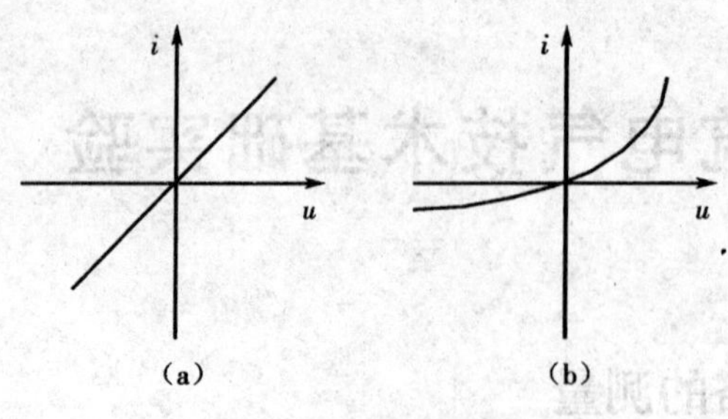

图 3.1.1　电阻的伏安特性

(a)线性电阻;(b)非线性电阻

4. 基尔霍夫定律和叠加原理

基尔霍夫电流定律(KCL)确定电路中某一节点上各支路电流间关系,具体表述为:在任意时刻,一个节点上电流的代数和恒等于0,即$\sum I=0$。基尔霍夫电压定律(KVL)确定回路中各部分电压间关系,具体表述为:在任意时刻,沿任一回路循行时,回路中各段电压的代数和恒等于0,即$\sum U=0$。

叠加原理是指在线性电路中,任何一条支路中的电流,都可以看成是由电路中各个电源(电压源或电流源)分别作用时在此支路中产生的电流的代数和。

5. 电压、电流的实际方向与参考方向的对应关系

参考方向是为了分析、计算电路而人为设定的。实验中测得的电压、电流的实际方向由电压表、电流表的正端所标明。在测量电压、电流时,若电压表、电流表的正端与参考方向的正端一致,则该测量值为正,否则为负。

3.1.4　实验内容及要求

1. 观察图形及文字符号

仔细观察本实验所用的仪表盘上主要图形符号及文字符号,并说明下列符号的含义:

⌴, ∩, −2.5, ~4.0, ⊥, 20 000 Ω/VDC

2. 线性电路基础实验

按实验电路图 3.1.2 和表格 3.1.1 的要求,实践电阻、电压和电流的测量。要求如下。

①用万用表测量实验电路图中各电阻的阻值,并自拟表格记录测量结果,对比实际测量值与标称值差异。

②测量实验电路图中电压和电流,验证叠加原理。

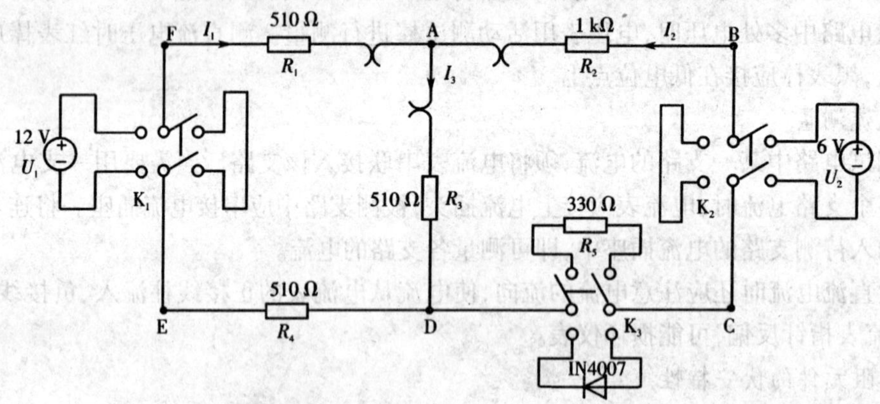

图 3.1.2　线性电路基础测量电路

表 3.1.1　线性电路实验测量表

被测值	I_1/mA	I_2/mA	I_3/mA	U_1/V	U_2/V	U_{FA}/V	U_{AB}/V	U_{AD}/V	U_{CD}/V	U_{DE}/V
U_1单独作用										
U_2单独作用										
共同作用测量值										
共同作用计算值										
共同作用相对误差										

3. 测试白炽灯的伏安特性

本实验电路如图 3.1.3 所示，采用一低压小灯泡为测试对象（其中元件参数仅为参考值，具体由实验室提供），步骤如下。

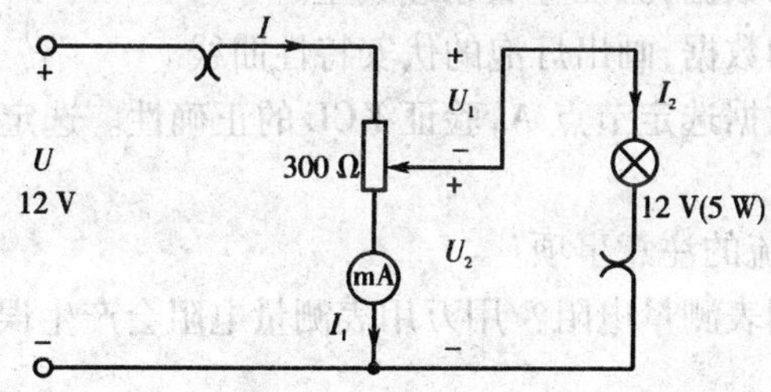

图 3.1.3　白炽灯伏安特性测试

①按图 3.1.3 接线。

②移动滑线电位器的滑动端，使灯泡两端的电压从零变到最大，在此范围内顺次取 5 ~ 6 个点，测量图 3.1.3 中各支路的电流和各部分电压，记入表 3.1.2 中。

表 3.1.2　白炽灯伏安特性测量表

序号	1	2	3	4	5	6
U						
U_1						
U_2						
I						
I_1						
I_2						

*4. 自行设计验证基尔霍夫定律

①自行设计一用于验证基尔霍夫定律的电路。该电路要求含有两个电源和两个以上的回路。

②要根据实验室稳压电源所能提供的电压和电流、电阻元件的大小、电压表和电流表的量程等，确定具体方案及步骤。

③设计实验所需的数据表格。

5. 思考下列问题

①验证叠加原理时，当 U_1单独作用时，U_2电源支路如何处理？同样当 U_2单独作用时，U_1电源支路又当如何处理？

②验证叠加原理的电路中某一电阻换成二极管,叠加原理是否还成立?(有条件的实验室可以做这一实验。)

③何为伏安特性?

3.1.5 实验报告要求

1. 预习报告的要求

写出实验名称、实验内容、电路元件和电源的参数,画出实验线路和相应测量数据的表格。

2. 数据处理

写实验报告时实验数据用列表表示,曲线应用坐标纸画出。

3. 讨论并回答如下问题

①分析表 3.1.1 中的数据,验证叠加原理成立。

②根据表 3.1.2 中的数据,画出灯泡的伏安特性曲线。

③由表 3.1.2 中的数据选定节点 A,验证 KCL 的正确性。选定实验电路中的任一个闭合回路,验证 KVL 的正确性。

④总结测量电压、电流的注意事项。

⑤如何正确使用万用表测量电阻?用万用表测量电阻会产生误差,为什么?

3.2 电位测量和电路故障的处理

3.2.1 实验目的

①加深对电位概念的理解。

②学习简单电路故障的处理方法。

③学习电路的连接方法。

3.2.2 实验设备

①直流稳压电源、直流电压表、直流电流表。

②电路模块板。

3.2.3 基础知识要点

1. 电路接线原则

正确接线的基本原则是:“先串后并,先分后合,先主后辅。”

2. 电位

电路中某点的电位是该点对参考点的电压。参考点的选择是任意的。对不同的参考点,同一点电位不同,但任意两点间的电压与参考点的选择无关。在直流电路中,直流电压表负极接于参考点,电压表正偏时,被测点的电位为正,反之为负。

3. 电路故障检查

检查电路故障可首先采用断电检查法,然后采用动态逐级跟踪检查法,具体方法阅读第 1 章 1.4 节有关内容。

3.2.4　实验内容及要求

①按图 3.2.1 或图 3.2.2 接线。先断电初步检查电路，然后通电，用万用表的电压挡确定电路的故障点；断开电源，用万用表的电阻挡复查故障点，排除教师人为设置的电路故障。

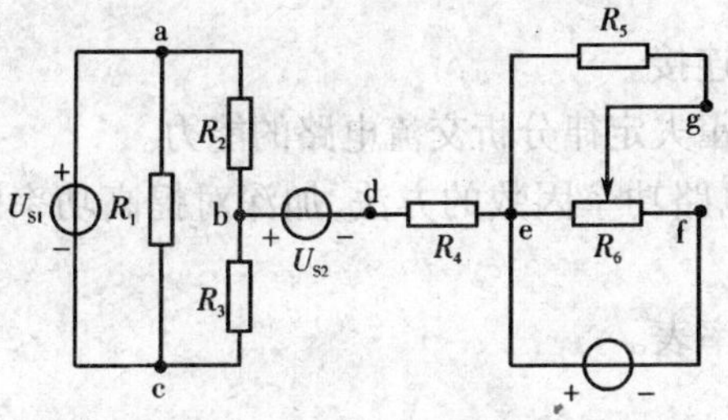

图 3.2.1　电路故障检查参考电路(一)

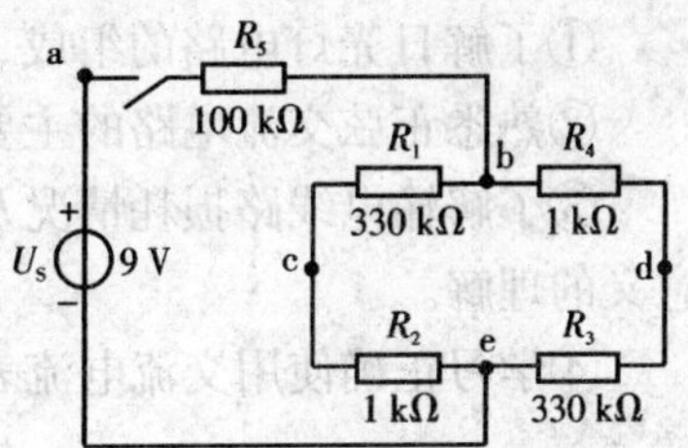

图 3.2.2　电路故障检查参考电路(二)

②按图 3.2.1 接线。分别以 c 点和 e 点作参考点，用磁电系电压表和数字电压表测量各点的电位值。测量数据记入表 3.2.1 中。

表 3.2.1　电位测量表

内容		V_a/V	V_b/V	V_c/V	V_d/V	V_e/V	V_f/V	V_g/V	测量仪表
$V_c=0$	计算值								
	测量值 1								磁电系
	测量值 2								数字表
$V_e=0$	计算值								
	测量值 1								磁电系
	测量值 2								数字表

3.2.5　思考题

①测量电路中电压、电位时，如何判定测量值的正负？

②电位和电压单位相同，它们的测量方法有何不同？

3.2.6　实验报告要求

1. 预习报告的要求

写出实验名称、实验内容、电路元件和电源的参数，画出实验线路和相应测量数据的表格。

2. 数据处理

写实验报告时实验数据用列表表示。

3. 讨论并回答如下问题

①根据测量数据，说明某点电位高低与参考点选择有关，两点间电压大小与参考点选择无关。

②比较磁电系电压表与数字电压表所测量的结果，分析仪表内阻对测量结果的影响。

③说明实验过程中产生的故障现象及检查、排除线路故障的方法。

3.3 日光灯电路及功率因数的提高

3.3.1 实验目的

①了解日光灯电路的组成、工作原理和线路的连接。

②熟悉正弦交流电路的主要特点,培养用基尔霍夫定律分析交流电路的能力。

③了解输电线路损耗情况及其改善感性负载电路功率因数的方法,加深对提高功率因数意义的理解。

④学习正确使用交流电流表、交流电压表和功率表。

3.3.2 实验设备

①交流电压表、交流电流表、功率表、自耦调压器、电容器、电流测量插头与插座。

②镇流器、启辉器(与 30 W 灯管配用)、日光灯灯管。

3.3.3 基础知识要点及参考电路

1. 交流电路器件参数的测量

在正弦交流电路中,负载可以是一个电阻器、电感器或电容器,也可能是它们的组合。负载可以用阻抗或导纳等效。如果用阻抗 $Z = R + jX$ 表示电路参数,该负载就可以看成电阻 R 与电抗 X 串联。

用交流电压表、交流电流表及功率表测量负载电路参数的方法,称为“三表法”或“伏安瓦特计法”。这是测量正弦交流电路参数的基本方法。图 3.3.1(a)和 3.3.1(b)是两种常用的测量参数电路。图3.3.1(a)将电压表连接在更靠近负载(远离电源)的位置,即其位置在功率表与电流表之后(相对于电源端),这种测量电路适用于被测负载电阻较小的情况;图 3.3.1(b)将电压表连接在更远离负载(靠近电源)的位置,即其位置在功率表与电流表之前(相对于电源端),这种测量电路适用于被测负载电阻较大的情况。

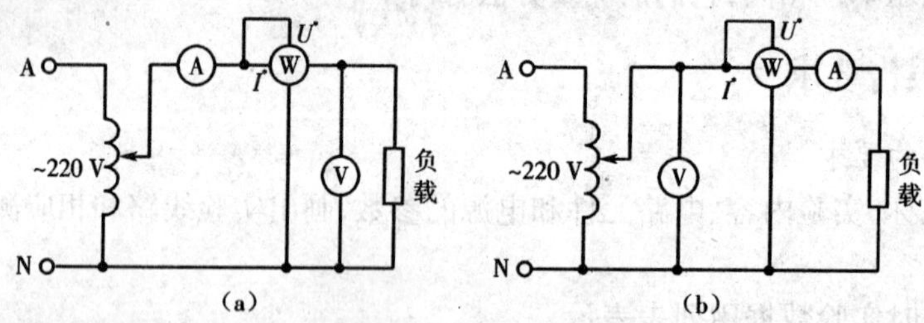

图 3.3.1　三表法测量电路

(a)负载电阻较小时的接法;(b)负载电阻较大时的接法

三表法的测量原理是:用交流电压表测量被测元件电压 U,交流电流表测量被测元件电流 I,功率表测量被测元件消耗的有功功率 P。于是

$$\cos\varphi = \frac{P}{UI}$$

$$|Z| = \frac{U}{I}$$

$$X = |Z|\sin\varphi = \pm\sqrt{|Z|^2 - R^2}$$

$$R = \frac{P}{I^2} = |Z|\cos\varphi$$

从三表法测得的 U、I、P 的数值还不能判别被测阻抗属于容性还是感性，除采用串联电容、并联电容的方法外，还可利用示波器观察阻抗元件的电流及端电压之间的相位关系确定。电流超前电压为容性，电流滞后电压为感性。

2. 交流基尔霍夫定律

在正弦交流电路中，用交流电流表测得各支路的电流值，用交流电压表测得回路元器件的端电压值，它们之间满足相量形式的基尔霍夫定律，即 $\sum \dot{I}$ 和 $\sum \dot{U}$ 等于 0 。不含独立电源的二端网络消耗或吸收的有功功率 $P = UI\cos\varphi$，其中 $\cos\varphi$ 称为功率因数，φ 为关联参考方向下网络端口电压与电流之间的相位差。

3. 功率因数的提高

在用户中，一般感性负载很多，如电动机、变压器等，因而功率因数较低。当负载的端电压一定时，功率因数越低，输电线路上的电流越大，导线上电能损耗越多，传输效率越低。常用的提高功率因数的方法是将感性负载与电容器并联，电路如图 3.3.2(a)所示。并联电容器后，对于原负载来说，所加电压和负载参数(U、I)均未改变，但并联合适的电容器后，线路总电流 I 减小，功率因数 $\cos\varphi$ 增大，相量图如图 3.3.2(b)所示。

设未并联电容器前 $\cos\varphi = \frac{P}{UI_L}$，并联电容器后 $\cos\varphi' = \frac{P}{UI}$，由 $\cos\varphi$ 提高到 $\cos\varphi'$所需的电容值 $C = \frac{P}{\omega U^2}(\tan\varphi - \tan\varphi')$。

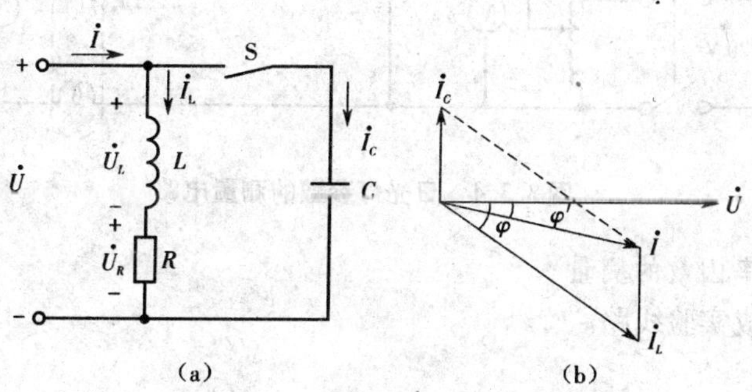

图 3.3.2　感性负载与电容并联

(a)电路图；(b)相量图

4. 日光灯电路的组成

日光灯电路由灯管、镇流器和启辉器三部分组成，如图 3.3.3 所示。图中 A 是日光灯管，L 是镇流器，S 是启辉器。日光灯点亮后，若近似看做线性器件，测得灯管电压为 U_R，灯管电流为 I_1，镇流器电压为 U_L，日光灯消耗的有功功率为 P，则灯管电路参数有

灯管电阻　$R = \frac{U_R}{I_1}$

镇流器电阻 $r = \frac{R}{I_1^2} - R$

镇流器感抗 $X_L = \sqrt{\left(\frac{U_L}{I_1}\right)^2 - r^2}$

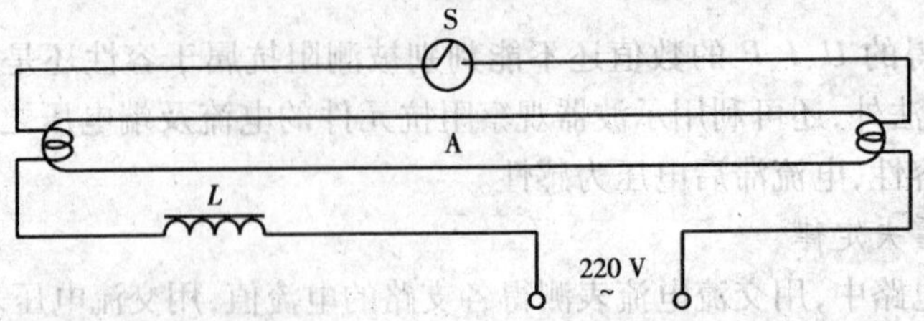

图 3.3.3　日光灯电路

3.3.4　实验内容及要求

1. 日光灯电路参数的测量

按图 3.3.4 接线，调整自耦调压器的输出电压为 220 V，按表 3.3.2 测量并计算数据。

表 3.3.2　日光灯电路的模型参数测量表

测试项目	测量值						计算值	
	U/V	U_R/V	U_L/V	I/A	P/W	$\cos\varphi$	P_R	P_L
数据								

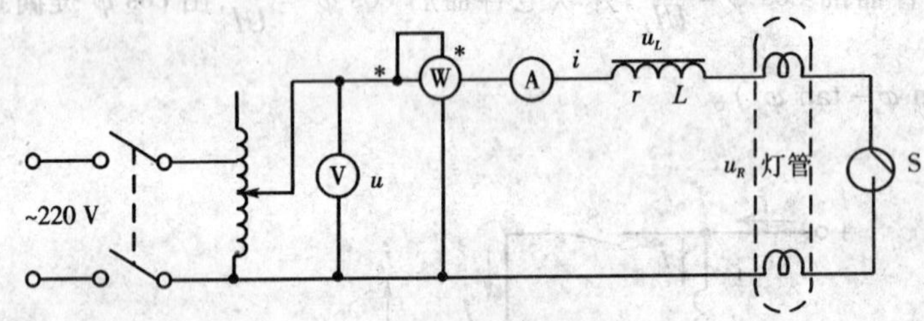

图 3.3.4　日光灯参数的测量电路

2. 提高电路功率因数的测量

按图 3.3.5 组成实验线路。

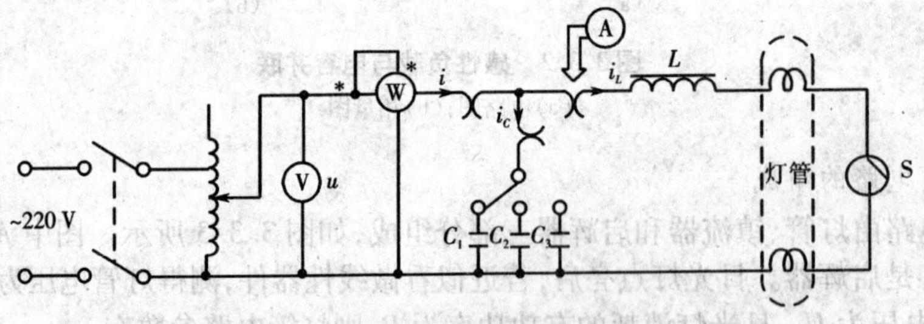

图 3.3.5　提高电路功率因数的测量电路

确保接线正确无误后，接通电源。将自耦调压器的输出调至 220 V，改变电容值，分别测量并记录功率、电压、电流及功率因数的读数。

表 3.3.3 提高功因数的测量

电容值/μF	测量数值						计算值
	P/W	cos φ	U/V	I/A	I_L/A	I_C/A	cos φ
1							
2.2							
4.7							

3.3.5 实验报告要求

1. 预习报告的要求

写出实验名称、实验内容、电路元件和电源的参数、画出实验线路和相应测量数据的表格。

2. 数据处理

写实验报告时实验数据用列表表示。

3. 讨论并回答如下问题

①根据实验数据，计算日光灯管的等效电阻和镇流器线圈电阻之和 R 及镇流器电感 L。

②为什么 $U \neq U_R + U_L, I \neq I_L + I_C$？

③日光灯电路并联电容器后，电路中哪些量发生变化，哪些量没有变化，为什么？

④并联电容器后，提高了电路的功率因数，能否改变感性负载本身的功率因数？为什么？

⑤要使电路的功率因数 $\cos \varphi = 1$，应并联多大容量的电容？

3.4 三相交流电路

3.4.1 实验目的

①学习三相负载的星形和三角形连接方法。

②掌握三相交流电路负载星形和三角形连接时对称和不对称的线电压与相电压的关系、线电流与相电流的关系。

③充分理解中线在三相四线制供电线路中的作用。

④观察不对称负载作三角形连接时的工作情况。

⑤了解安全用电常识。

3.4.2 实验设备

①交流电压表、交流电流表、自耦调压器、电流测量插头与插座。

②实验用三相照明灯组负载板。

3.4.3 基础知识要点

1. 三相四线制供电电源

三相四线制供电电源是民用电和工程用电中最常见的，理想情况下用三根相线和一根中性线(也称中线或零线)向用户提供三个大小相等、相位相差120°的正弦交流相电压(相线与中性线间电压)和三个大小相等、相位相差120°的正弦交流线电压(相线间电压)。其中,线电压有效值是相电压有效值的$\sqrt{3}$倍。民用电和工程用电中,多数情况下线电压有效值为380 V,相电压有效值为220 V。本实验室的三相电源线电压设计值为220 V,相电压设计值为127 V。实际上,由于电源内阻的存在,不对称的三相负载会破坏电源输出电压的对称性。

2. 三相负载的连接

在三相电路中,负载有星形连接和三角形连接两种方式。星形连接又包含有中性线的三相四线制和无中性线的三相三线制。根据三相电路的情况,可将三相电路分为对称三相电路和不对称三相电路。在实际三相电路中,一般情况下,三相电源是对称的,三条端线阻抗是对称相等的,但负载不一定是对称的。在对称三相电路中,三角形连接的线电流I_L与相电流I_P之间有$I_L=\sqrt{3}I_P$的关系,星形连接的线电压U_L与相电压U_P之间有$U_L=\sqrt{3}U_P$的关系。

3. 中线的作用

在三相四线供制中,中性线是保证单相负载正常工作的关键。如果单相负载适当连接后构成三相负载接入三相电源,则由于单相负载各自工作的独立性和随意性,会使三相电路通常工作于不对称状态,这时中性线可以保证各相负载获得额定电压且互不干扰。若去掉不对称三相电源中的中性线,会带来如下两个问题。

①电源中点N与负载中点N′之间出现电位差(中点对称电压$U_{N\text{-}N'}$)。如果电源中点接地,则负载中点出现电压,其强度与负载的不对称程度有关。

②电路不再能保证向各相单相负载提供额定的工作电压,以致会损坏该相负载,而负载较大的一相相电压则会远低于负载的额定电压,致使负载不能正常工作。

3.4.4 实验内容及要求

1. 测量Y接法各种负载情况下的电压、电流

按图3.4.1线路连接实验电路。三相灯组负载经三相自耦调压器接入三相对称电源,将三相调压器的旋柄置于输出为0 V的位置。确认电路连接无误后,接通电源,调整三相电源输出线电压为220 V,并按下述内容完成各项实验。

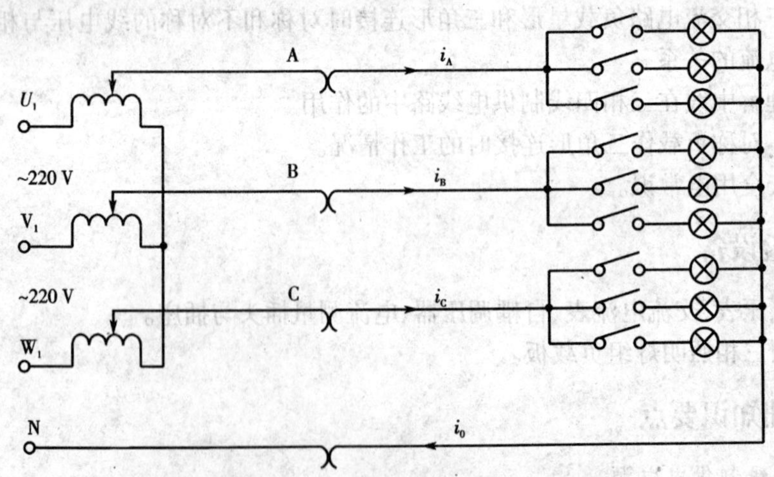

图3.4.1 三相交流电路Y接法

①三相四线制星形连接:负载平衡、负载不平衡。

②三相三线制星形连接:负载平衡、负载不平衡。

分别测量三相负载的线电压、相电压、线电流、相电流、中线电流、电源中点与负载中点间的电压。将所测得的数据记入表3.4.1中,并观察各相灯组亮暗的变化程度,特别要注意观察中线的作用。

表3.4.1 Y接法

	测量数据	开灯盏数			线电压/V			相电压/V			线电流/A			中线电流/A	中线电压/V
		A	B	C	U_{AB}	U_{BC}	U_{CA}	U_{A0}	U_{B0}	U_{C0}	I_A	I_B	I_C	I_0	U'_{NN}
三相四线制	负载平衡	3	3	3											
	负载不平衡	1	2	3											
三相三线制	负载平衡	3	3	3											
	负载不平衡	1	2	3											

2. 测量△接法各种负载情况下的电压、电流

按图3.4.2连接电路,确认连接无误后接通电源,并调节调压器,使输出线电压为220 V,并按表3.4.2内容进行测试。

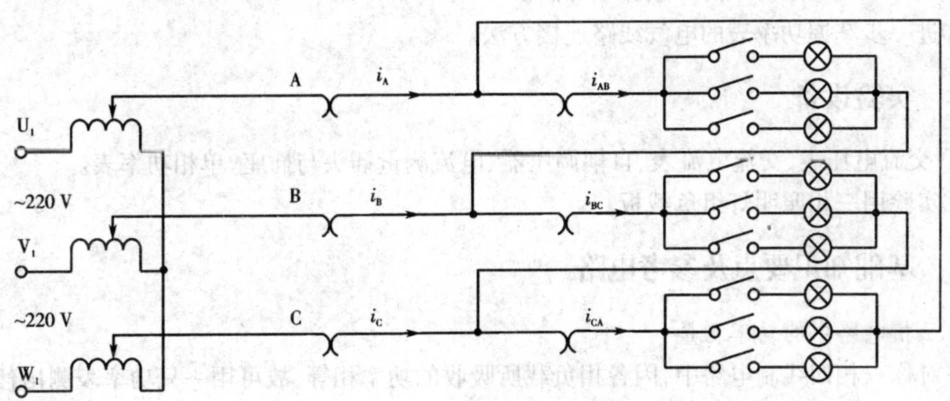

图3.4.2 三相交流电路△接法

表3.4.2 △接法

测量数据	开灯盏数			线电压/V			线电流/A			相电流/A		
	A	B	C	U_{AB}	U_{BC}	U_{CA}	I_A	I_B	I_C	I_{AB}	I_{BC}	I_{CA}
负载平衡	3	3	3									
负载不平衡	1	2	3									

3.4.5 实验报告要求

1. 预习报告的要求

写出实验名称、实验内容、电路元件和电源的参数、画出实验线路和相应测量数据的表格。

2. 数据处理

写实验报告时实验数据用列表表示。

3. 讨论并回答如下问题

①三相负载在什么条件下采用Y连接？在什么情况下采用△连接？在什么条件下连接成有中性线的Y连接？如果电源线电压分别为380 V和220 V时,要使额定电压为220 V的白炽灯正常工作,应采用何种接法？试画图说明。

②在三相四线制供电系统中,中性线为什么不允许安装熔断器或开关？

③在三相负载作△连接时,如果负载不对称,对负载本身的运行有无影响,为什么？

④负载Y连接,测量一相负载短路的实验时,为什么只能作无中性线情况？

⑤负载为对称△连接实验中,如两相灯变暗,另一相灯正常,是什么原因？如果两相灯正常,一相灯不亮,又是什么原因？

3.5 三相电路功率的测量

3.5.1 实验目的

①学习三相电路功率的一般测量方法。

②进一步掌握功率表的电气线路连接方法。

3.5.2 实验设备

① 交流电压表、交流电流表、自耦调压器、电流测量插头与插座、单相功率表。

②实验用三相照明灯组负载板。

3.5.3 基础知识要点及参考电路

1. 三相电路中的功率测量

在对称三相四线制电路中,因各相负载所吸收的功率相等,故可用一只功率表测出任一相负载的功率,再乘以3,即得三相负载吸收的总功率,原理如图3.5.1所示。

在不对称三相四线制电路中,各相负载吸收的功率不再相等。这时可用三只功率表直接测出每相负载吸收的功率P_A、P_B及P_C,或用一只功率表分别测出各相负载吸收的功率P_A、P_B、P_C,然后再相加,即$P = P_A + P_B + P_C$,可得到三相负载的总功率。这种测量方法称为三表法,原理如图3.5.2所示。

显然,该方法也适用于对称三相四线制电路。

在三相三线制电路中,不论负载是否对称,也不论是Y接法还是△接法,常采用二表法测量三相功率,两个功率表读数之和即为三相负载的总功率。具体连接方法如图3.5.3所示。要注意的是,当采用三相四线制时,一般$I_A + I_B + I_C$不为0,此时“二表法”无效。

2. 功率表的灵活应用

本次实验中可以让功率表像电流表一样,借助电流插头和插座灵活地测试电路中各部分的功率。接线方法如图3.5.4所示。

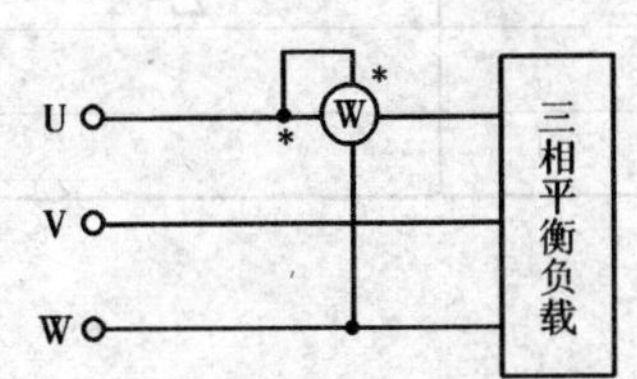

图 3.5.1　测三相功率一表法接法

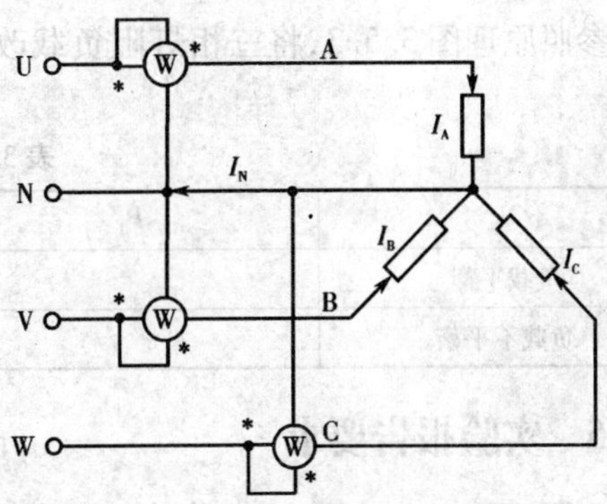

图 3.5.2　测三相功率三表法接法

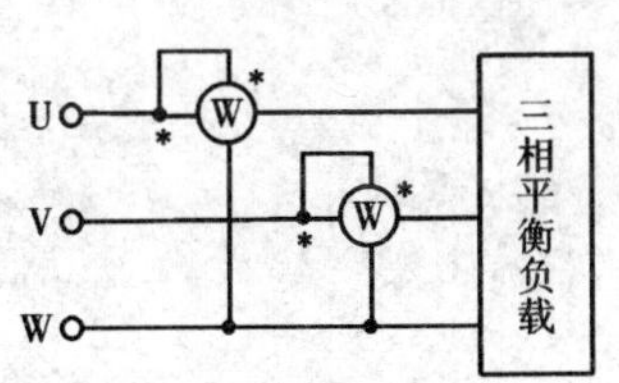

图 3.5.3　测三相功率二表法接法

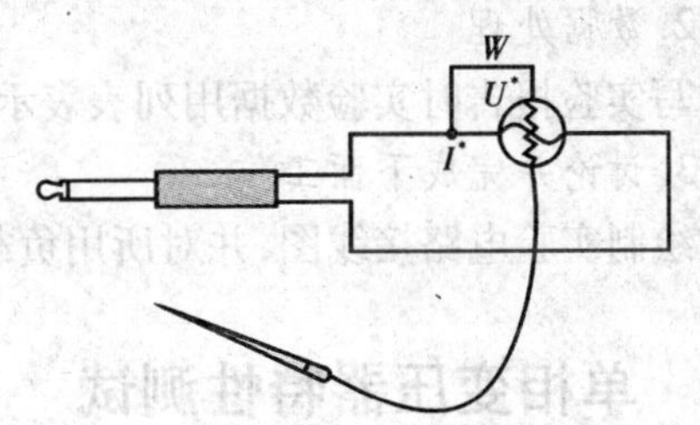

图 3.5.4　功率表的灵活接线图

3.5.4　实验内容及要求

1. 用一功率表法或三表法测定 Y_0 接法各种负载情况下的三相功率

对称 Y_0 连接以及不对称 Y_0 连接三相负载的总功率的测量均可参照原理图 3.5.1 或图 3.5.2 电路接线。电路中可以用电流表和电压表监视该相的电流和电压，不要超过功率表电压和电流的量程。经指导教师检查后，接通三相电源，调节调压器输出，使输出线电压为 220 V。按表 3.5.1 的要求进行测量及计算。

将测得的三相功率相加即可得到总功率。

表 3.5.1　Y_0 接法

	P_A	P_B	P_C	$\sum P$
负载平衡				
负载不平衡				

2. 用二功率表法测定三相负载的总功率

参照原理图 3.5.3 接线，将三相灯组负载作 Y 连接，接入功率表。经指导教师检查后，接通三相电源，调节调压器的输出线电压为 220 V，按表 3.5.2 内容进行测量。验证三相功率总和 $\sum P = P_1 + P_2$，而 P_1、P_2 本身没有实际意义。

表 3.5.2　Y 接法

	P_1	P_2	$\sum P$
负载平衡			
负载不平衡			

参照原理图 3.5.3，将三相灯阻负载改成△连接，重复上述测量步骤，数据记入表 3.5.3 中。

表 3.5.3 △接法

	P_1	P_2	$\sum P$
负载平衡			
负载不平衡			

3.5.5 实验报告要求

1. 预习报告的要求

写出实验名称、实验内容、电路元件和电源的参数、画出实验线路和相应测量数据的表格。

2. 数据处理

写实验报告时实验数据用列表表示。

3. 讨论并完成下面工作

绘制实验电路接线图，并对所用负载功率分别进行计算。

3.6 单相变压器特性测试

3.6.1 实验目的

①学习变压器同名端的判断方法。

②了解变压器的主要额定参数，并掌握各种参数的测量及计算方法。

③熟悉变压器的电压、电流、阻抗、功率的关系。

3.6.2 实验设备

①0～500 V 交流电压表、0～5 A 交流电流表、单相功率表。

②220 V/36 V、100 VA 实验变压器，实验用三相照明灯组负载板。

3.6.3 基础知识要点及参考电路

1. 单相变压器绕组极性（同名端）的判定

变压器绕组同名端与线圈的绕向有关。当无法从线圈的绕向辨别同名端时，可用检测的方法测得。检测的方法有直流法和交流法两种。

(1) 直流法

如图 3.6.1(a) 所示，当开关 S 闭合瞬间，若毫安表的指针正偏，则可判定 1、3 为同名端；指针反偏，则 1、4 为同名端。

(2) 交流法

如图 3.6.1(b) 所示，将两个绕组 N_1 和 N_2 的任意两端（如 2、4 端）连在一起，在其中一个绕组（如 N_1）两端加一个低电压，另一绕组（如 N_2）开路，用交流电压表分别测量端电压 U_{12}、U_{34}、和 U_{13}。若 U_{13} 为两个绕组端电压之差，则 1、3 是同名端；若 U_{13} 为两个绕组端电压之和，则 1、4 是同名端。

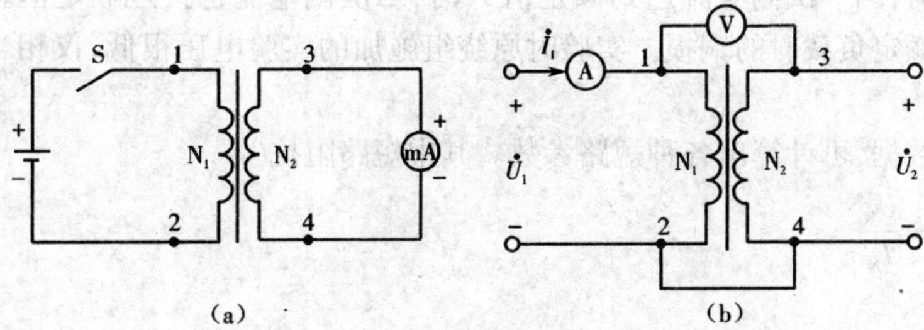

图 3.6.1　单相变压器绕组极性(同名端)的判定

(a)直流法;(b)交流法

2. 单相变压器空载特性的测定(铁损的测定)

对于高压变压器,测定变压器空载特性时,为了便于实验和安全起见,通常在副绕组(低压侧)施加实验电压,原绕组(高压侧)开路。但对于小型低压变压器,常在原绕组侧施加实验电压,在副绕组侧开路进行测量,实验电路如图 3.6.2 所示。

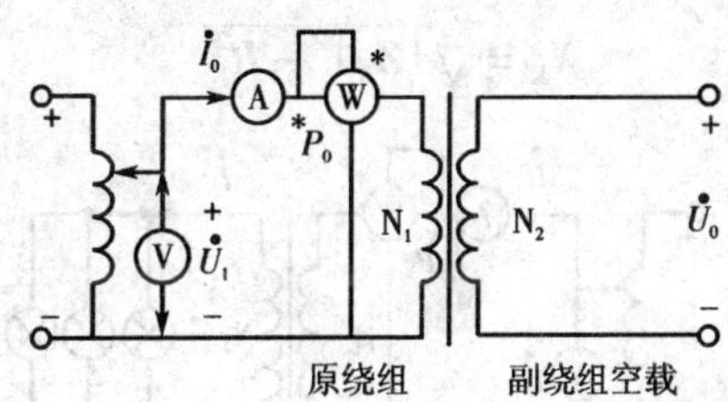

图 3.6.2　单相变压器空载特性的测定

根据测量值,可计算变压比

$$K=\frac{\text{高压}}{\text{低压}}=\frac{U_1}{U_0}$$

励磁阻抗

$$|Z_m|\approx|Z_0|=\frac{U_1}{I_0}$$

励磁电阻

$$R_m\approx R_0=\frac{P_0}{I_0^2}$$

励磁电抗

$$X_m\approx X_0=\sqrt{|Z_0|^2-R_0^2}$$

功率因数

$$\cos\varphi_0=\frac{P_0}{U_1I_0}$$

从变压器的空载实验可以求出变比 K、铁损耗 P_{Fe}、励磁阻抗 Z_m 等。空载实验时,原边加的电压为额定电压 U_{1N},因此主磁通为正常运行时的大小,铁芯中的涡流和磁滞损耗都是正常运行时的大小。因此,空载实验时变压器的输入功率 P_0 近似认为等于变压器的铁损耗,即 $P_{Fe}=I_0^2R_m$。

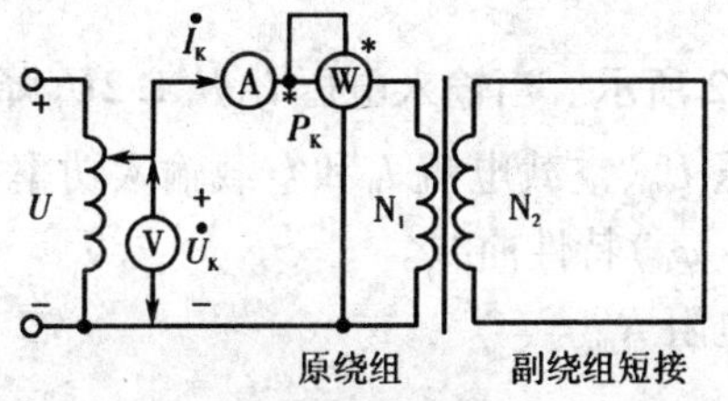

图 3.6.3　单相变压器短路特性的测定

3. 单相变压器短路特性的测定及参数计算

测定短路特性时,由于实验时电流很大,因此一般都在原绕组施加实验电压,在副绕组短路,实验电路如图 3.6.3 所示。由此测量出短路电流 I_K,短路电压 U_K、短路输入(损耗)功率 P_K(铜损)。

短路实验时，当一次侧电流达到额定值 I_N 时，二次侧电流也接近额定值。此时绕组中的铜损就相当于额定负载时的铜损。实验时原绕组施加的实验电压很低，仅相当于额定电压的4% ~10%。

根据测量数据，可计算出各种短路参数。其中短路阻抗

$$|Z_K| = \frac{U_K}{I_N}$$

短路电阻

$$R_K = \frac{P_K}{I_N}$$

短路电抗

$$X_K = \sqrt{|Z_K|^2 - R_K^2}$$

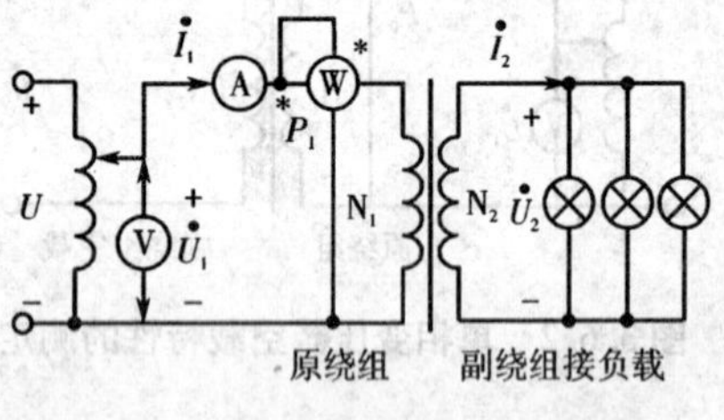

实验电路如图 3.6.4 所示。

图 3.6.4 单相变压器负载特性的测定

4. 变压器负载特性的测量

为了满足三组灯泡负载额定电压为 220 V 的要求，故以变压器的低压(36 V)绕组作为原边，220 V 的高压绕组作为副边，即将降压变压器当做一台升压变压器使用。

在保持原边电压 U_1(36 V)不变时，逐次增加灯泡负载(每只灯泡为 15 W)，测定 U_1、U_2、I_1 和 I_2，即可绘制出变压器的外特性，即负载特性曲线 $U_2 = f(I_2)$。

3.6.4 实验内容及要求

1. 变压器铭牌及其意义

观察实验用变压器的结构及铭牌数据，自拟表格记录变压器的额定值。

2. 用交流法判别变压器绕组的相对极性(同名端)

按图 3.6.1(b)线路接线，经检查后进行实验。调节自耦调压器使 U_{12} 电压为 U_N 的 10%，用交流电压表测出各端点电压值，根据测量结果判别变压器绕组的相对极性，并记入表 3.6.1 中。

表 3.6.1 变压器绕组的相对极性

U_{12}/V	U_{34}/V	U_{13}/V	同极性端

3. 单相变压器空载特性的测定及参数计算

当变压器的副绕组空载时，原绕组加电压，如图 3.6.2 所示。当输入电压 U_1 从 $1.2U_N$ 降到 $0.8U_N$(必须测量额定电压 U_N 点)时，逐点测量输出电压 U_0、空载电流 I_0 和空载输入功率 P_0(铁损)并记入表 3.6.2 中。作空载 $U_1—f(I_0)$、$U_1—f(\cos\varphi_0)$ 特性曲线。

根据测量的数据，计算变比 K、励磁阻抗 $|Z_m|$、励磁电阻 R_m。

表 3.6.2　变压器的空载实验测量表

序号	实验测量数据				计算数据			
	U_1/V	I_0/A	P_0/W	U_0/V	$\cos\varphi_0$	K	$\|Z_m\|$	R_m

4. 单相变压器短路特性的测定及参数计算

根据单相变压器的额定容量 S_N 计算出额定电流 I_N，按图 3.6.3 线路接线。调节自耦调压器，使输入电压 U_K 到达某一个值，此时 $I_K = I_N$。再改变 U_K，使 I_K 从 I_N 降到 $0.2I_N$。在此过程中，逐点测量短路电流 I_K、短路电压 U_K 和短路损耗 P_K，并记入表 3.6.3 中。

根据测量的数据，计算短路阻抗 $|Z_K|$、短路电阻 R_K 和短路电抗 X_K。

表 3.6.3　变压器的短路实验测量表

序号	实验测量数据			计算数据			
	I_K/A	U_K/V	P_K/W	$\cos\varphi_K$	$\|Z_K\|$	R_K	X_K

5. 变压器负载特性的测量

变压器的原绕组带负载，副绕组加额定电压（实验用变压器当做一台升压变压器用），实验电路如图 3.6.4 所示。改变负载电阻的值（灯组负载个数），直到负载上电压降到空载电压的 90% 为止。测量并于表 3.6.4 记录负载上的电压、电流值。作变压器负载特性曲线 $U_2 = f(I_2)$。

表 3.6.4　变压器的负载实验测量表

序号	U_2/V	I_2/A

3.6.5　注意事项

①用交流法判断变压器同名端时，使用实验电压约为额定电压的 10% 左右，可用调压变压器进行调节。

②短路实验时，原绕组施加的实验电压很低，仅相当于额定电压的 4% ~ 10%，要使用调压器时，电压应从零开始小心调节，操作要快，避免线圈发热引起电阻变化。

③注意电压表、电流表、功率表的合理布置及量程的选择。

④做负载实验时，先确定最小负载电阻，再往大调节，以免电流太大，烧坏变压器。

3.6.6　实验报告要求

1. 预习报告的要求

写出实验名称、实验内容、电路元件和电源的参数、画出实验线路和相应测量数据的表格。

2. 数据处理

写实验报告时实验数据用列表表示。曲线用坐标纸画出。

3. 讨论并完成下面工作

①根据实验内容,自拟表格,绘出变压器的外特性和空载特性曲线。

②根据额定负载时测得的数据,计算变压器的各项参数。

③计算变压器的电压调整率$\Delta U\% = 100\% \cdot (U_{20} - U_{2N}) / U_{20}$。

3.7 房屋建筑中的小型供电系统安装和简单计算

图 3.7.1 虚拟房屋建筑模型

3.7.1 实验目的

①以模拟建筑生产环境为工程背景,了解与人们生活、工作密切相关的小型供电系统的组成及供电方式。

②掌握照明、动力、室内配电线路布线的基本知识及安装工艺和故障的检修,完成电工操作基本功的训练。

③初步掌握阅读房屋建筑施工图的方法、步骤及简单计算。

④认识房屋建筑中常用的电气设施及低压控制电器。

3.7.2 实验设备

①虚拟的房屋模型(图 3.7.1)。

②低压配电箱、导线、暗盒、PVC 管、插座、开关、照明灯具。

3.7.3 基础知识及民用小型供电系统识图要求

1. 简述

在房屋建筑中,电气设备是不可缺少的。因此,了解与人们生活、工作密切相关的房屋建筑中小型供电系统的组成、供电方式、基本电器的结构原理,了解如何采取防止事故的措施,是每个大学生必须掌握的知识。

本次实验通过民用小型供电系统的安装及简单计算,具体实践房屋建筑电气控制生产的具体过程,训练同学们阅读电气施工图的能力以及实际的基本操作技能。

2. 房屋建筑中的小型供电系统组成

一般用户的小型供电系统由电源、电度表、熔断器、漏电保护器、开关及插座等电器组成,如图 3.7.2 所示。

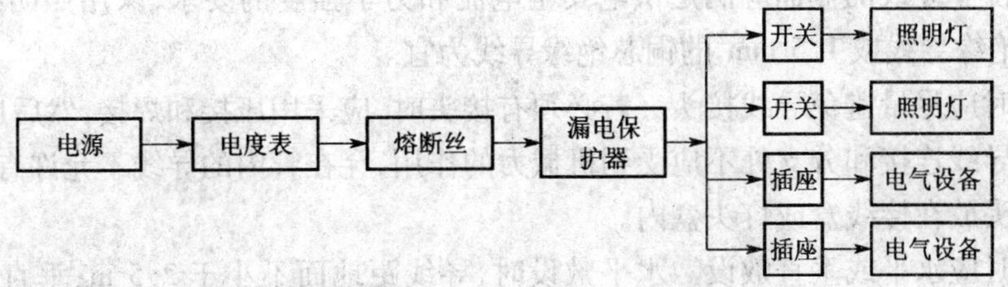

图 3.7.2　常用供电电路方框图

3. 房屋建筑常用的电气设施

(1)照明设备

照明设备主要指白炽灯、日光灯、高压水银灯等,用于夜间采光照明。为这些照明附带的设施是开关、插座、电表、线路等装置。一般灯位的高度、安装方法图纸上均有说明。开关,一般规定是,扳把开关离地面 140 cm;拉线开关离顶棚 20 cm。插座中的地插座一般离地面 30 cm,上插座一般离地 180 cm。此外,有的规定中提出照明设备还需有接地或接零的保护装置。

(2)电热设备

电热设备主要指电炉(包括工厂大型电热炉)、电烘箱、电烫斗等大小设备。由于大的电热设备用电量大,线路要单独设置,尤其应与照明线分开。

(3)动力设备

动力设备主要指由电带动的机械设备,如电梯、水泵供电的电机等。这些设备用电量大,并多数采用三相四线供电,设备外壳要有接地或接零装置。

(4)弱电设备

弱电设备一般指电话、有线电视、信息网络、广播设备等。学校、办公楼这些装置较多,它们单独设配电系统,如专用配线箱、插座、线路等,和照明线路分开,并有明显的区分标志。

(5)防雷设施

高大建筑均设有防雷装置,如水塔、烟囱、高层建筑等顶部装有避雷针或避雷网,在建筑物四周还有接地装置埋入地下。

4. 室内布线的基本知识

(1)室内布线的类型

室内布线就是敷设室内供电线路和控制线路。室内布线有明装式和暗装式两种:明装式是导线在墙壁、天花板、横梁及柱子等表面敷设;暗装式是将导线穿管埋设在墙内、地下或装设在顶棚里。

(2)室内布线的方式

室内布线方式通常有瓷(塑料)夹板布线、瓷瓶布线、槽板布线、护套线布线及线管布线等。照明线路中常用的是瓷夹板布线、槽板布线和护套线布线,且护套线布线应用日益广泛;动力线路中常用的是瓷瓶布线、护套线布线和线管布线。

5. 室内布线的技术要求

室内布线不仅要使电能传送安全可靠,而且要使线路布置正规、合理、整齐和牢固。其技术要求如下。

①所用导线的额定电压应大于线路的工作电压。导线的绝缘应符合线路的安装方式和敷

设环境的条件。导线的截面应满足供电安全电流和力学强度的要求，家用照明线路选用2.5 mm^2的铝芯绝缘导线或1.5 mm^2的铜芯绝缘导线为宜。

②布线时应尽量避免导线接头。若必须有接头时，应采用压接和焊接，然后用绝缘胶布包缠好。要求导线连接和分支处不应受到机械力的作用，穿在管内的导线不允许有接头，必要时尽可能把接头放在接线盒或灯头盒内。

③布线时应水平或垂直敷设。水平敷设时，导线距地面不小于2.5 m；垂直敷设时，导线距地面不小于2 m。布线位置应便于检查和维修。

④当导线穿过楼板时，应设钢管加以保护。钢管长度应从离楼板面2 m高处至楼板下出口处。导线穿墙要用瓷管(塑料管)保护。瓷管的两端出线口伸出墙面不小于10 mm，这样可防止导线和墙壁接触，以免墙壁潮湿产生漏电等现象。当导线互相交叉时，为避免碰线，在每根导线上套以塑料管或其他材料绝缘管，并将套管牢靠地固定，使其不能移动。

⑤为确保安全用电，室内电气管线和配电设备与其他管道、设备间的最小距离都有规定，施工时如不能满足规定距离，应采取其他保护措施。

6. 电气施工图的内容

电气图也像土建图一样，需要正确、简明地把电气安装内容表达出来，一般由以下几方面的图纸组成。

(1)图纸目录表

一般与土建施工图同用一张目录表，表上注明电气图的名称、内容、编号顺序(如电1、电2等)。

(2)电气设计说明

电气设计说明都放在电气施工图之前，说明设计要求。说明内容如下。

①供电来源，供配电线路形式，电气负荷等级及对供电的要求。

②建筑构造要求、结构类型。

③施工注意事项及要求。

④线路材料及敷设方式(明、暗线)。

⑤各种接地方式及接地电阻。

⑥需检验的隐蔽工程和电器材料。

(3)电气外线总平面图

电气外线总平面图大多单独绘制，主要用来说明一个建筑群的外线平面布置。图上标注线杆位置，电线电缆走向、长度、规格、电压、标高等。有时为节省图纸就在建筑总平面图上标志出电线走向，线杆位置不单独绘制。例如，在旧有的建筑群中，原有电气外线均已具备，一般只在电气平面图上建筑物外界标出引入线位置，不必单独绘制外线总平面图。

(4)电气系统图

电气系统图是电气照明或动力线路的分布情形的示意图，说明强电系统和弱电系统连接的情况，图上标有建筑物的分层高度，线的规格、类别，电气负荷(容量)状况，如控制开关、熔断器、电表等装置，从而了解建筑物内的配电情况。

系统图不具体说明有什么电气设备或照明灯具。对电气施工图来说，这张图相当于一篇文章的提纲，看了这张图就能了解这座建筑物内配电系统的情形，便于施工时统筹安排。

(5)电气施工平面图

电气施工一般采用平面图,不用剖面图,也很少用竖向图。因为竖向线路都由总电闸在垂直方向最短的距离输送到上一层该位置,再设配电盘送到该层室内。平面图包括动力、照明、弱电、防雷等平面布置图。图上表明电源引入线位置,安装高度,电源方向,配电盘、接线盒位置,线路敷设方式、根数,各种设备的平面位置,电器容量、规格,安装方式和高度,开关位置等。

7. 电气施工图看图步骤

电气施工图看图步骤如下。

①先看图纸目录,初步了解图纸张数和内容,再找要看的图纸。

②看电气设计说明和规格表,了解设计意图及各种符号的含义。

③顺序看各种图纸,了解图纸内容,并将系统图和平面图结合起来,弄清意思。看平面图时应按房间有次序地进行,了解线路走向和设备(如灯具、插销、机械等)。掌握施工图的内容后,才能进行安装。

8. 常用电气设施的使用方法

(1)插座的正确接法

电器设备通过单相或三相插座接入,单相插座的正确接法如图 3. 7. 3 所示,注意三相插座的地线端必须接在电源的地线或保护零线上。

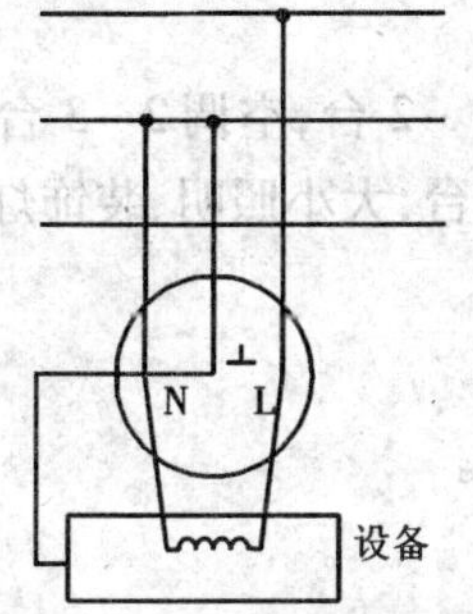

图 3. 7. 3　单相插座的接法

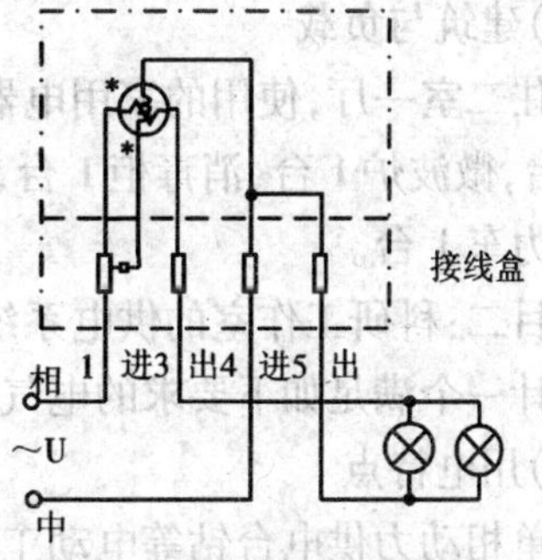

图 3. 7. 4　电度表接线图

在接三相插座或插头时必须严格按国家标准规定的符号和导线颜色接线。地线(⊥)采用黄绿线,相线(L)采用棕色线,中线(N)采用蓝色线,不可接错。

(2)电度表的使用和主要技术性能

1°使用方法

电度表的接线如图 3. 7. 4 所示。为了便于安装接线和不会反转,电压线圈和电流线圈的“*”号端在出厂时已连好,并有专门接线盒,使用时应将电流线圈接于相线,不准接于中线。

要正确选用量程,电度表的额定电压应与负载的额定电压相等,电度表的额定电流要大于或等于负载的额定电流。

2°技术性能

电度表的技术特性在国家标准中均有规定,包括准确度、灵敏度和潜动等。

①准确度:等级分 1. 0 级和 2. 0 级两种。

②灵敏度:在额定电压、额定频率的条件下,负载电流从零开始均匀增加,直到绿盘开始转动,此时最小转动电流与电度表上标定的额定电流的百分比就称为电度表的灵敏度。

③潜动:是指电度表无载自转。线路电压从额定电压的 80% ~110% 时,铝盘的转动不应超过一圈。

3.7.4 实验内容及要求

本次实验给出了两个小型供电系统,任选一个,按照教材中的电气照明识图范例进行设计,并在模拟的建筑房屋中进行安装。

1. 题目及要求

题目一:家用供电系统

现代家庭使用的电器越来越多了。电视、电脑、洗衣机、冰箱和微波炉等电器一年四季都在用电,电暖和制冷在冬夏两季也成为家庭用电的高峰。设计的家用供电系统除要满足全年用电需求外,还要有一定的余量,以满足购置新的家用电器。

设计一个满足如下要求的家用供电系统。

(1)设计的用户

沿海地区中等收入的三口之家。

(2)区域用电特点

用电的高峰为冬夏两季的取暖和制冷。

(3)建筑与负载

居住二室一厅,使用的家用电器有电视 1 ~2 台,电脑 1 ~2 台,空调 2 ~3 台,洗衣机 1 台,冰箱 1 台,微波炉 1 台,消毒柜 1 台,电饭锅及电热水壶各 1 台,大小照明、装饰灯具 10 ~20 只,电动助力车 1 台。

题目二:科研工作室的供电系统

设计一个满足如下要求的电气科研工作室的供电系统。

(1)用电特点

有单相动力供电台钻等电动工具,要考虑接地等问题。

(2)供电方式要求

①常用设备有空调 2 台、计算机 8 台、扫描仪 1 台、打印机 1 台。

②里外间用房照明和 8 张工作台照明。

③每个工作台常用仪器设备有示波器、信号发生器、直流稳压电源和毫伏表等。

④工件加工台用电设备有小型台钻等。

2. 实验步骤

实验步骤如下:

①认真阅读教材中给出的电气照明识图范例,弄懂实验指导中提出的问题;

②以实验室提供的房屋模型为工程背景,设计并整理出题目一或题目二的电气施工文件;

③写出施工步骤并在实验室提供的模拟房屋模型中实施。

3.7.5 实验报告要求

1. 预习报告的要求

写出实验名称、实验内容、设计题目的电气施工文件、相应的电气设备明细表及施工步骤。

2. 数据处理

写实验报告时实验数据用列表表示。

3. 讨论并回答如下问题

①本次实验供电系统的供电方式和供电线路组成。

②计算和认识实验中照明灯具的用电量和用电特点。

③总结计算导线截面积及选择的方法。

④总结电度表、熔断器、漏电保护器及插座等电器的正确使用方法。

第4章 电动机及其控制技术实验

4.1 三相异步电动机的使用

4.1.1 实验目的

①了解三相异步电动机的结构及铭牌数据的含义。

②学习检验电动机绝缘状态的方法。

③学习判别电动机定子绕组始、末端的方法。

④学习异步电动机的接线方法、直接启动及反转的操作方法。

4.1.2 实验设备

①高性能电工技术实验台、数字万用电表、兆欧表。

②三相鼠笼式异步电动机。

4.1.3 基础知识要点及参考电路

1. 三相异步电动机的结构与铭牌

异步电动机是基于电磁原理把交流电能转换为机械能的一种旋转电动机。三相鼠笼式电机有定子和转子两大部分。

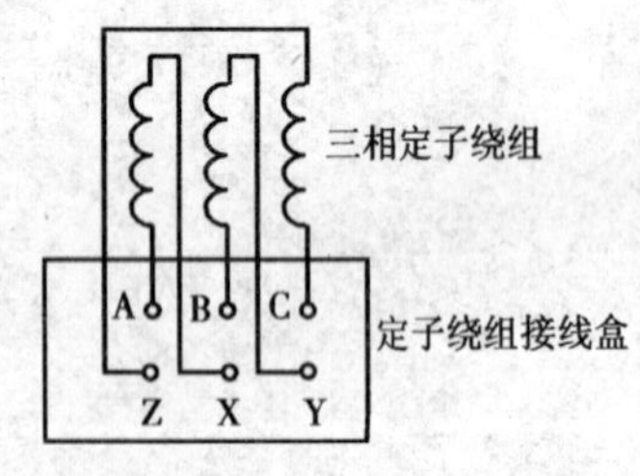

图 4.1.1 定子绕组接线盒

定子主要由定子铁芯、三相对称定子绕组和机座等组成，是电动机的静止部分。三相定子绕组一般有六根引出线，出线端装在机座外面的接线盒内，如图 4.1.1 所示。根据三相电源电压的不同，三相定子绕组可以接成星形(Y)或三角形(△)，然后与三相交流电源相连。

转子主要由转子铁芯、转轴、鼠笼式绕组、风扇等组成，是电动机的旋转部分。电动机的冷却方式一般采用风冷。

三相鼠笼式异步电动机的铭牌如下。

型号:DJ24　额定功率:250 W　额定电压:380 V/220 V　频率:50 Hz　额定电流:0.83/1.44 A　接法:Y/△　额定转速:1 400 r/min　工作方式:连续

额定功率指额定运行时，电动机轴上输出的机械功率值。

额定电压、额定电流指电动机额定运行时，定子绕组按规定的接法应该加的线电压值和额定运行时定子绕组的线电流值。

2. 三相鼠笼式异步电动机的检查

电动机使用前应检查引出线是否齐全、牢靠，转子转动是否灵活、匀称，有无异常声响等。此外，还应做以下电气检查。

①用兆欧表检查电动机绕组间及绕组与机壳之间的绝缘性能是否良好。电动机的绝缘电阻可以用兆欧表测量。通常对 500 V 以下电动机用 500 V 兆欧表测量,对 500 ~ 3 000 V 电动机用1 000 V兆欧表测量,对 3 000 V 以上电动机用 2 500 V 兆欧表测量。测量方法如图 4. 1. 2 (a)、(b)所示。一般 500 V 以下的中小型电动机最低应具有 0. 5 MΩ 的绝缘电阻。

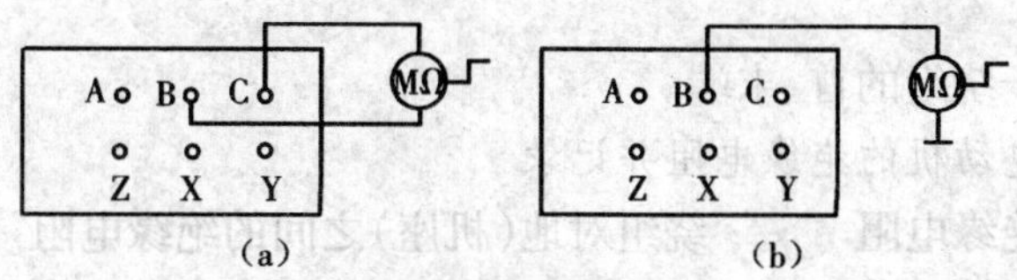

图 4. 1. 2　绝缘检测

(a)绝缘检测方法(一);(b)绝缘检测方法(二)

②应判别定子绕组首、末端。异步电动机三相定子绕组的六个出线端有三个首端和三个末端。一般,首端标以 A、B、C,末端标以 X、Y、Z,在接线时如果没有按照首、末端的标记来接,则当电动机启动时磁通势和电流就会不平衡,因而引起绕组发热、振动、有噪声,甚至电动机因不能启动,过热而烧毁。若定子绕组六个出线端标记无法辨认,可以通过实验方法判别。方法如下:用万用表欧姆挡从六个出线端确定哪一对引出线是属于同一相的,分别找出三相绕组,并标以符号,如 A、X、B、Y、C、Z。将其中的任意两相绕组串联,如图 4. 1. 3 所示(a)、(b)。测量时,将控制屏三相自耦调压器手柄置零位,开启电源总开关,按下启动按钮,接通三相交流电源。调节调压器输出,对串联两相绕组出线端施以单相低电压 $U=80\sim100$ V,测出第三相绕组的电压,如有一定读数,表示两相绕组的末端与首端相连,如图 4. 1. 3(a)所示。反之,如测得的电压近似为零,则两相绕组的末端与末端(或首端与首端)相连,如图 4. 1. 3(b)所示。用同样方法可测出三相绕组的首、末端。

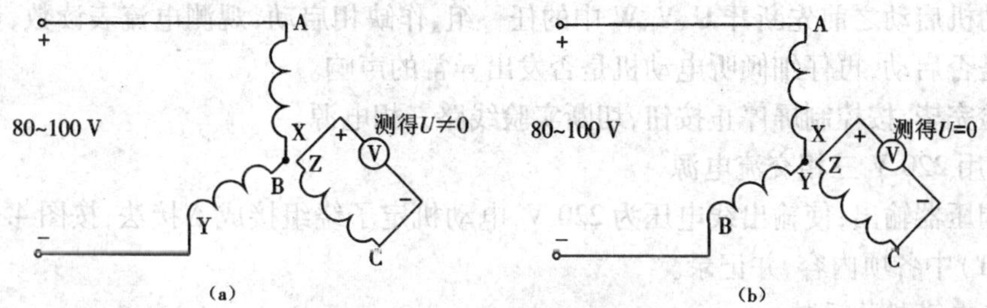

图 4. 1. 3　定子绕组首、末端的判别

(a) 两相绕组末端与首端相连;(b)两相绕组末端与末端(首端与首端)相连

3. 三相鼠笼式异步电动机的启动

鼠笼式异步电动机的直接启动电流可达额定电流的 4 ~7 倍,但持续时间很短,不致引起电机过热而烧坏。但对容量较大的电机,过大的启动电流会导致电网电压下降而影响其他负载正常运行,所以通常采用降压启动,最常用的是 Y—△换接启动。此法可使启动电流减小到直接启动的 1/3。其使用的条件是正常运行必须作△接法。

4. 三相鼠笼式异步电动机的反转

异步电动机的旋转方向取决于三相电源接入定子绕组时的相序,故只要改变三相电源的相序即可使电动机反转。

4.1.4 实验内容及要求

1. 记录与观察

抄录三相鼠笼式异步电动机的铭牌数据,并观察结构。

2. 定子绕组判别

用万用表判别定子绕组的首、末端。

3. 用兆欧表测量电动机的绝缘电阻并记录

各相绕组之间的绝缘电阻		绕组对地(机座)之间的绝缘电阻	
A 相与 B 相	(MΩ)	A 相与地(机座)	(MΩ)
A 相与 C 相	(MΩ)	B 相与地(机座)	(MΩ)
B 相与 C 相	(MΩ)	C 相与地(机座)	(MΩ)

4. 鼠笼式异步电动机的直接启动

(1)采用 380 V 三相交流电源

调节调压器输出,使输出线电压为 380V。按如下步骤进行实验。

①按图 4.1.4(a)接线,电动机三相定子绕组接成 Y 接法;供电线电压为 380 V;实验线路中 Q 及 FU 由控制屏上的接触器 KM 和熔断器 FU 代替,学生可由 U、V、W 端子开始接线。(以后各控制实验均同此)

②按控制屏上启动按钮,电动机直接启动,观察启动瞬间电流冲击情况及电动机旋转方向,记录启动电流。当启动运行稳定后,将电流表量程切换至较小量程挡位上,记录空载电流。

③电动机稳定运行后,突然拆出 U、V、W 中的任一相(注意小心操作,以免触电),观测电动机作单相运行时电流表的读数并记录之。再仔细倾听电动机的运行声音有何变化。(可由指导教师作示范操作)

④电动机启动之前先断开 U、V、W 中的任一组,作缺相启动,观测电流表读数,记录之,观察电动机是否启动,再仔细倾听电动机是否发出异常的声响。

⑤实验完毕,按控制屏停止按钮,切断实验线路三相电源。

(2)采用 220 V 三相交流电源

调节调压器输出,使输出线电压为 220 V,电动机定子绕组接成△接法,按图 4.1.4(b)接线。重复(1)中各项内容,并记录。

5. 异步电动机的反转

电路如图 4.1.4(c)所示,按控制屏启动按钮,启动电动机,观察启动电流及电动机旋转方向是否反转。

实验完毕,将自耦调压器调回零位,按控制屏停止按钮,切断实验线路三相电源。

4.1.5 注意问题

①本实验系强电实验,接线前(包括改接线路)检查电源在断开状态,实验后必须断开电源,特别是改接线路和拆线时必须遵守"先断电,后拆线"的原则。电动机在运转时,电压和转速均很高,切勿触碰导电和转动部分,以免发生人身和设备事故。接线或改接线路必须经指导教师检查后方可进行实验。

②启动电流持续时间很短,且只能在接通电源的瞬间读取电流表的最大读数(因指针偏

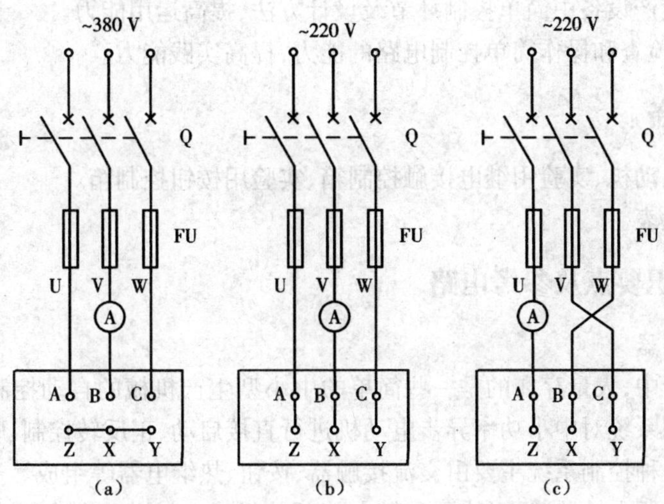

图 4.1.4　异步电动机定子绕组接线盒连线图

(a)三相定子绕组 Y 接;(b)三相定子绕组△接(正转);(c)三相定子绕组△接(反转)

转的惯性,此读数与实际的启动电流数据略有误差),如错过这一瞬间,须将电动机停车,待停稳后,重新启动读取数据。

③单相(即缺相)运行时间不能太长,以免过大的电流导致电动机损坏。

4.1.6　实验报告要求

1. 预习报告的要求

写明实验名称、实验内容、实验线路、电路元件和电源的参数、相应测量数据的表格。

2. 数据处理

写实验报告时用实验数据列表表示。

3. 讨论并回答如下问题

①实验中所用的控制电路采用 380 V 或 220 V 供电是否都可以？为什么？

②电动机的额定功率是指输出功率还是输入功率？额定电压是指线电压还是相电压？额定电流是指线电流还是相电流？

③能否用万用表的欧姆挡测量电动机的绝缘电阻？为什么？

④总结对三相鼠笼式异步电动机绝缘性能检查的结果,判断该电动机是否完好可用？

⑤对三相鼠笼式异步电动机的启动、反转及各种故障情况进行分析。

⑥缺相是三相电动机运行中的一大故障,在启动或运转时发生缺相,会出现什么现象？有何后果？

⑦电动机转子被卡住不能转动,如果定子绕组接通三相电源将会发生什么后果？

4.2　继电接触器控制电路的认识及基本操作

4.2.1　实验目的

①熟悉交流接触器、按钮等低压控制电器的结构、规格和型号。

②掌握实际生产设备中简单控制环节及设计方法，提高运用能力。

③培养连接、检查和操作简单控制电路的能力，提高实践能力。

4.2.2 实验设备

①三相异步电动机、实验用继电接触控制箱、实验用按钮控制箱。

②数字万用电表。

4.2.3 基础知识要点及参考电路

1. 常用低压电器

在工农业生产中，大量存在的是一些简单的中小型生产机械的自动控制设备。它们广泛采用继电接触控制系统对中小功率异步电动机进行直接启动、正反转控制、顺序控制和 Y—△延时启动控制。这种控制系统主要由交流接触器、按钮、热继电器等组成。

交流接触器主要由铁芯、吸引线圈和触点等部件组成。触点可分主触点和辅助触点。主触点的接触面积大，并具有灭弧装置，能通断较大的电流，可接在主电路中，对电动机起接通或断开电源的作用。它的线圈和辅助触点接在控制电路中，辅助触点只能通断较小的电流。触点还有动合（常开）触点和动断（常闭）触点之分。前者的吸引线圈无电时处于断开状态，后者的吸引线圈无电时处于闭合状态。当吸引线圈带电时，动合触点闭合，动断触点断开。交流接触器还具有低电压释放保护功能。

时间继电器是一种能使触点延时接通或断开的控制电器。时间继电器有多种类型，有空气阻尼式、钟表式、电动式和电子式等。时间继电器又分通电延时型和断电延时型两种。

按钮是一种简单的手动开关，在控制电路中用来发出“接通”或“断开”的指令。它的触点也有动合和动断两种形式。

热继电器是受热进行动作的保护电器，用来保护电路不致过载损坏。它主要由发热元件和辅助触点等组成。当电路过载时触点动作，从而使控制电路失电，达到切断主电路的目的。

2. 继电接触器控制电路的特点

在继电接触器控制系统中，基本控制电路有两部分，即电动机的供电电路（主电路）和决定电动机运行状态的控制电路。其中控制电路含有以下元件：

①反映控制命令的触点，如启动按钮的动合触点、行程开关的动断触点等；

②决定电动机运行状态的接触器、继电器线圈，如交流接触器线圈、时间继电器线圈等；

③与线圈串联的多个触点的串并结合。

3. 自动生产机械中常用控制环节

自动生产机械中控制线路的种类很多，有的较复杂，但它们都是由一些单元线路所组成。常用的环节如图 4.2.1 和图 4.2.2 所示。

（1）单向控制环节

单向控制环节有单向点动控制和单向长动控制，电路如图 4.2.1 所示。单向点动环节常用于快速行程及地面操作的行车等场合。单向长动与单向点动基本相同，常用于单方向直接启动的连续运转的场合。

（2）可逆启动控制环节

可逆启动控制环节有辅助触点作连锁保护，电路如图 4.2.2 所示。

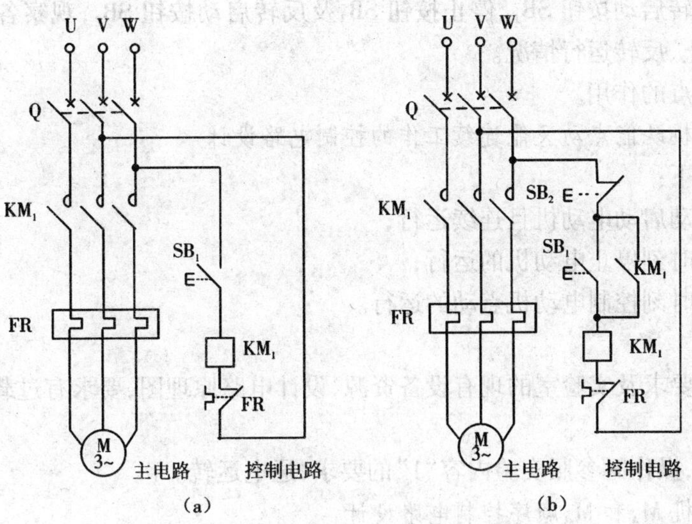

图 4.2.1 常见的电动机单向控制电路

(a)单向点动控制;(b) 单向长动控制

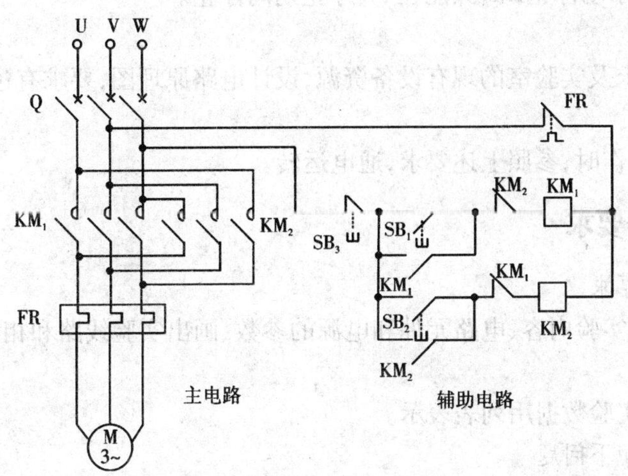

图 4.2.2 电动机可逆控制电路

4.2.4 实验内容及要求

1.一台电动机正反转控制实验

电动机正反转控制电路如图 4.2.2 所示，其中按钮 SB_1 和 SB_2 控制电动机的正常正、反转，SB_3 用于停止控制。应按图连线并操作，要求如下。

①按铭牌要求正确接好电动机的三相定子绕组，接三相 220 V 电源。

②仔细观察按钮、交流接触器、热继电器的结构，分清线圈、热元件、各触点的位置。

③先接主电路，再接控制电路。注意互锁点的连接。接好线后，在断电的情况下，用万用表检查控制电路。可分别按下常开按钮 SB_1、SB_2，用万用表的欧姆挡检查控制电路 VW 两点间的阻值是否分别等于控制线圈 KM_1、KM_2 的阻值，若等于，可合上电源。

④分别按正转启动按钮 SB_1、停止按钮 SB_3及反转启动按钮 SB_2，观察各电器工作状态及电动机启动、停止、反转运行情况。

⑤观察互锁点的作用。

2. 一台电动机既能点动又能连续工作的控制电路设计

控制要求如下：

①用按钮手动启动电动机且连续运行；

②可以任意时刻停止电动机的运行；

③可以任意时刻控制电动机点动的运行。

提示如下：

①根据动作要求及实验室的现有设备资源，设计电路原理图，要求有过载保护和零电压保护；

②按图连线，操作时参照实验内容“1”的要求，通电运转。

3. 两台电动机 M_A和 M_B顺序控制电路设计

控制要求如下：

①M_A可以随时手动启动，M_B只能在 M_A运行期间启动；

②M_B可以随时手动停止，M_A只能在 M_B停止期间停止。

提示如下：

①根据动作要求及实验室的现有设备资源，设计电路原理图，要求有过载保护和零电压保护；

②按图连线，操作时，参照上述要求，通电运转。

4.2.5 实验报告要求

1. 预习报告的要求

写出实验名称、实验内容、电路元件和电源的参数、画出实验线路和相应测量数据的表格。

2. 数据处理

写实验报告时实验数据用列表表示。

3. 讨论并回答如下问题

①如何检查控制电路？控制电路具有哪些保护功能？

②试修改并画出实验内容 1 的控制电路，使其增加一个互锁按钮环节，并分析用互锁按钮进行连锁的含义。

③按国标画出实验电路图，并简述工作原理。

④若控制的三相异步电动机功率为 2.2 kW，Y 连接，选择合适的熔断器、交流接触器和热继电器，并确定型号。

4.3 可编程序控制器系统及其基本操作

4.3.1 实验目的

①了解可编程序控制器系统的组成，熟悉 S7—200 系列 PLC 的外部结构和外部接线方

法。

②了解和熟悉 STEP7 - Micro/Min32 编程软件的使用方法，学会用它写入程序、编辑程序以及对 PLC 的运行进行监控的方法。

③熟悉并掌握 S7—200 系列 PLC 的基本指令和基本编程方法。

4.3.2 实验设备

①S7—200 可编程控制器、编程用计算机及 STEP7 - Micro/Min32 编程软件、编程通信电缆。

②输入、输出模块，电源模块。

4.3.3 基础知识要点

1. 可编程控制器(PLC)

PLC 是专为在工业环境下使用而设计的工业控制器(CPU 模块)。它是以中央处理器为核心，采用可编程的存储器，用来在内部存储数据并可执行逻辑运算以及定时、计数和算数运算等操作指令，并通过数字式或模拟式的输入和输出，控制各种类型的机器或生产操作。它用软件编程代替了继电器控制的硬件接线。

2. PLC 最小系统的组成及外部接线

PLC 最小控制系统如图 4.3.1 所示。它一般由一个 PLC 工业控制器、计算机、编程软件和外部设备组成，还可能包括一个或多个 I/O 扩展模块。其硬件结构图与等效电路图如图 4.3.2 所示。

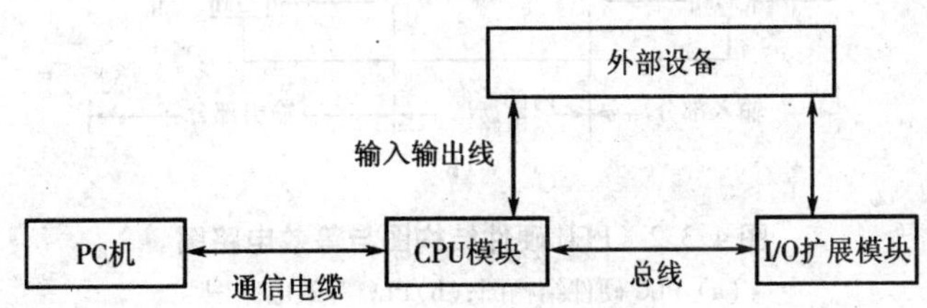

图 4.3.1　PLC 最小系统的组成框图

外部输入输出接线是指工业控制器的输入接口、输出接口与外部设备的连线，也称为输入驱动电路、输出驱动电路。

输入驱动电路的作用是收集被控设备的信息或操作命令。它们由输入驱动电源、外部设备(如按钮、行程开关、传感器等)和输入接口组成。驱动电源可由 PLC 本身的电源组件提供(如直流 24 V)，也可以由独立的直流电源供给。输入接口由若干个输入电路组成，每一个输入电路可以称为一个输入点，也可以叫做一个输入继电器。例如，一个 PLC 的输入接口有 16 点输入，那么就相当于有 16 个微型输入继电器，即相当于有 16 个输入电路。

输出驱动电路的作用是驱动外部设备(如接触器、电磁阀、指示灯等)。它们由输出驱动电源、外部设备、输出接口组成。输出驱动电源应根据外部设备选取独立的电源供给，输出接口由若干个输出电路组成，每一个输出电路可以称一个输出点，也可以叫做一个输出继电器。例如，一个 PLC 的输出接口有 12 点输出，那么它就相当有 12 个输出电路，即有 12 个输出继电器。

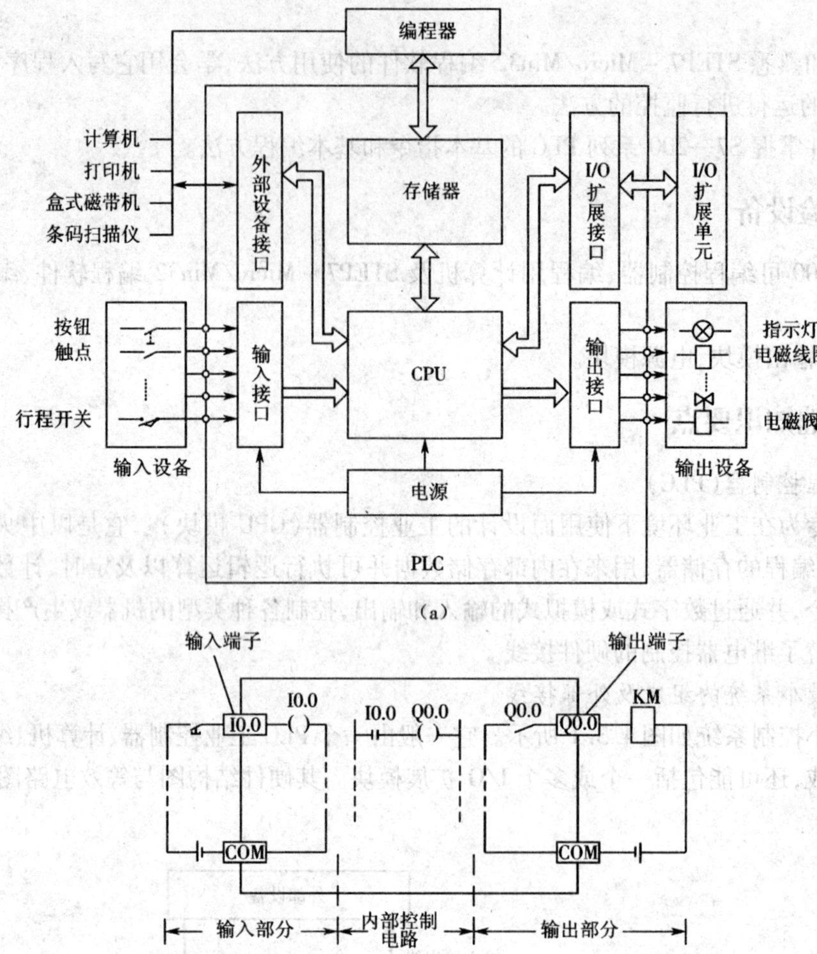

图 4.3.2　PLC 硬件结构图与等效电路图

(a) PLC 硬件结构图；(b) PLC 等效电路图

3. 编程软件功能

STEP7 - Micro/Min32 软件的基本功能是协助用户完成开发应用软件的任务，如创建用户程序、修改和编写应用程序等。

4. 应用程序的编写

基本步骤如下。

①打开编程软件，执行菜单命令"文件"→"新文件"，在弹出的对话框中设置 PLC 的型号。在"视图"菜单中选择梯形图或指令表编程语言，创建应用程序。

②编译并下载应用程序。

③运行应用程序。

4.3.4　实验内容及要求

1. 逻辑指令练习

编写并调试下列梯形图，并观察记录输出结果，操作步骤如下。

①用 STEP7 - Micro/Min32 编程软件分别将图 4.3.3 ~ 图 4.3.9 的梯形图写入计算机，并完成编辑和调试。

②检查无误后，保存并下载到可编程序控制器（PLC）上。

③用实验连接导线将可编程序控制器（PLC）的输入/输出端子与输入/输出模块连接。

④运行写入计算机的梯形图程序，观察输出结果并分别填入对应的表格。

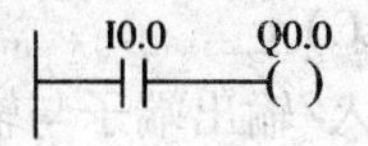

I0.0	ON	OFF
Q0.0		

图 4.3.3　PLC 基本指令练习（一）

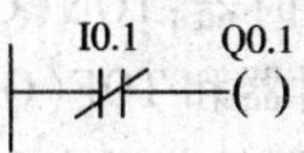

I0.1	ON	OFF
Q0.1		

图 4.3.4　PLC 基本指令练习（二）

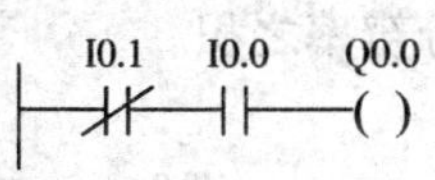

I0.0	ON	ON	OFF	OFF
I0.1	ON	OFF	ON	OFF
Q0.0				

图 4.3.5　PLC 基本指令练习（三）

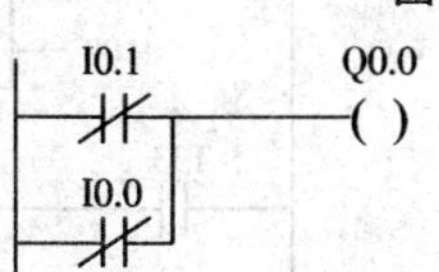

I0.0	ON	ON	OFF	OFF
I0.1	ON	OFF	ON	OFF
Q0.0				

图 4.3.6　PLC 基本指令练习（四）

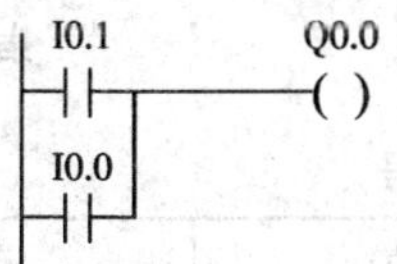

I0.0	ON	ON	OFF	OFF
I0.1	ON	OFF	ON	OFF
Q0.0				

图 4.3.7　PLC 基本指令练习（五）

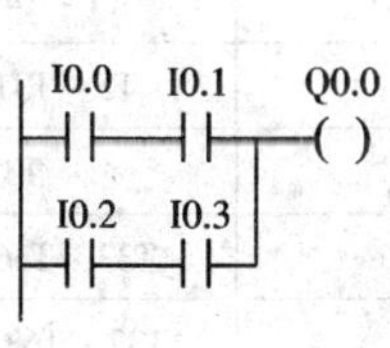

	输入 I0.0 ~ I0.3	Q0.0
1	I0.0 与 I0.1 同为 ON， I0.2、I0.3 任意	
2	I0.2 与 I0.3 同为 ON， I0.0、I0.1 任意	
3	I0.0 或 I0.1 不同时为 ON， 且 I0.2、I0.3 不同为 ON	

图 4.3.8　PLC 基本指令练习（六）

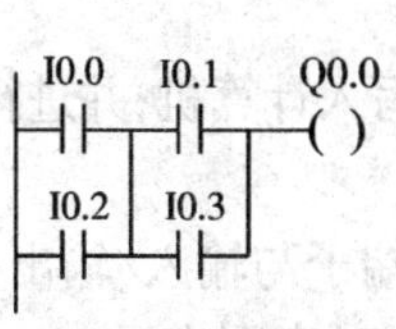

	输入 I0.0 ~ I0.3	Q0.0
1	I0.0 与 I0.1 同为 OFF， I0.2、I0.3 为 ON	
2	I0.2 与 I0.3 同为 OFF， I0.0、I0.1 为 ON	
3	I0.2 或 I0.3 不同时为 OFF， 且 I0.0、I0.1 不同时为 ON	

图 4.3.9　PLC 基本指令练习（七）

2. 定时器指令实验及应用

按图 4.3.10(a)编写并调试梯形图,观察记录输出结果,并在时序图(b)中表示出来,操作步骤如下。

①用 STEP7 - Micro/Min32 编程软件,将图 4.3.10 的梯形图写入计算机,并进行编辑和调试。

②检查无误后,保存并下载到可编程序控制器(PLC)上。

③用实验连接导线将可编程序控制器(PLC)的输入/输出端子与输入/输出模块连接。

④模拟运行写入计算机的梯形图程序,观察输出结果,并用时序图表示。

提示:在 S7—200 PLC 中按工作方式分有三大类定时器:TON(On Delay Timer)延时通定时器、TONR (Retentive On Delay Timer)保持延时通定时器和 TOF(Off Delay Timer) 延时断定时器。它共有 255 个定时器,可以进行定时控制。定时器的分辨率和标号如表 4.3.1 所示,图 4.3.11 为延时通定时器指令示例。TON 表示定时器种类,T33 表示定时器编号, IN 表示使能信号输入端,PT 是预置时间端,定时器的定时时间为 PT 与分辨率之积。

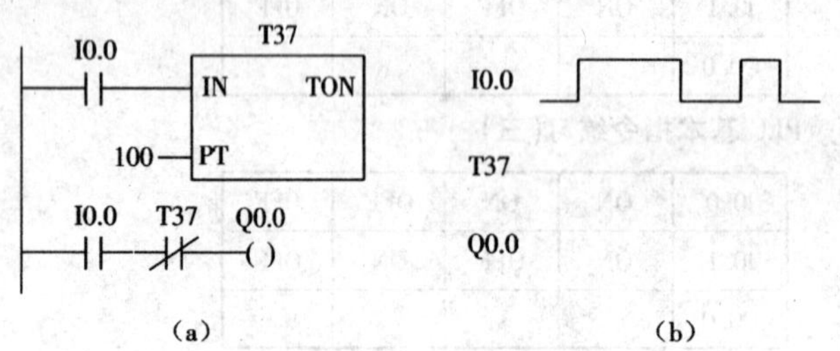

图 4.3.10 PLC 定时器指令及其对应时序图

(a)定时器指令;(b)对应时序图

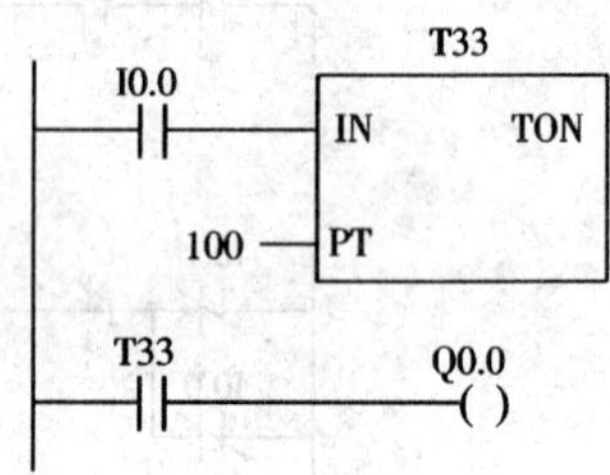

图 4.3.11 PLC 延时通定时器指令

表 4.3.1 定时器的分辨率和标号

定时器类型	分辨率/ms	最大当前值/s	定时器编号
TONR	1	32.767	T0,T64
	10	327.67	T1 ~ T4,T65 ~ T68
	100	3 276.7	T5 ~ T31,T69 ~ T95
TON、TOF	1	32.767	T32,T96
	10	327.67	T33 ~ T36,T97 ~ T100
	100	3 276.7	T37 ~ T63,T101 ~ T255

3. 计数器指令及应用

按图 4.3.12(a)编写并调试梯形图,观察记录输出结果,并在时序图(b)中表示出来,操作步骤如下。

①用 STEP7 - Micro/Min32 编程软件将图 4.3.12 的梯形图写入计算机,并进行编辑和调试。

②检查无误后,保存并下载到可编程序控制器(PLC)上。

③用实验连接导线将可编程序控制器(PLC)的输入/输出端子与输入/输出模块连接。

④模拟运行写入计算机的梯形图程序,观察输出结果,并用时序图表示。

提示:在 S7—200 PLC 中有三种计数器:CTU(Cont Up)加计数器、CTD(Cont Down)减计数器和 CTUD(Cont Up/Down)加/减计数器,共有 255 个。图 4.3.13 为加计数器指令示例。在

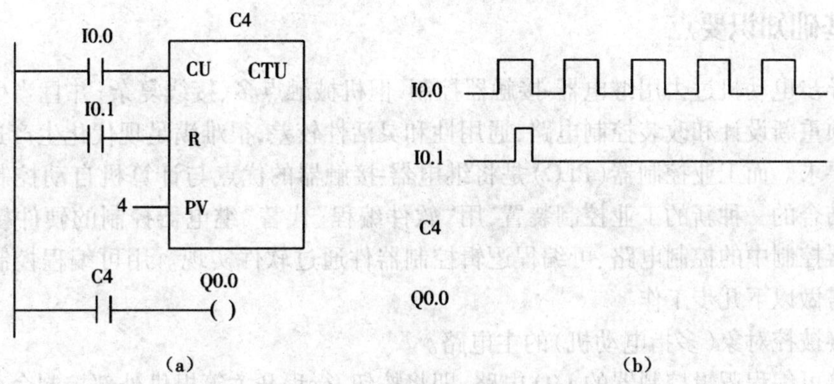

图 4.3.12　PLC 计数器指令及其对应时序图

(a)计数器指令;(b)对应时序图

梯形图中,CTU 表示计数器种类,C20 表示计数器编号, CU 表示计数脉冲输入端,R 为复位端,PV 是设定值。

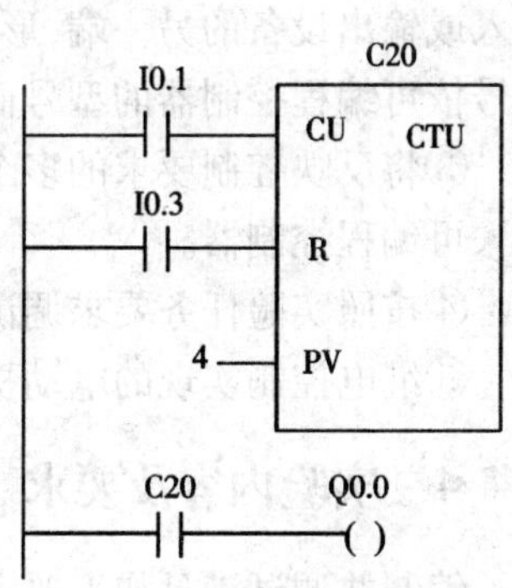

图 4.3.13　PLC 加计数器指令

4.3.5　实验报告要求

1. 预习报告的要求

写出实验名称、实验内容、电路元件和电源的参数、画出实验线路和相应测量数据的表格。

2. 讨论并回答如下问题

①PLC 最小控制系统由哪几部分组成？输入电源是多少伏？举例画出输入驱动电路、输出驱动电路的形式。

②说明本次实验所用 PLC 可编程序控制器的型号,输入为多少点？输出为多少点？

③画出本次实验所用的定时器、计数器的时序图。

4.4　可编程序控制器的基本控制练习

4.4.1　实验目的

①进一步熟悉 S7—200 系列 PLC 的基本指令和应用方法。

②学会设计简单的梯形图程序。

③学习低压电器、电动机与 PLC 的连接。

④进一步掌握编程软件的使用方法和程序调试方法。

4.4.2　实验设备

①S7—200 可编程控制器、编程用计算机及 STEP7 - Micro/Min32 编程软件、通信电缆。

②鼠笼式电动机,输入、输出模块。

4.4.3 基础知识要点

三相异步电动机过去用继电器-接触器控制，但机械触点多、接线复杂，并且当生产工艺流程改变时须重新设计和改装控制电路，通用性和灵活性较差，很难满足现代化生产过程复杂多变的控制要求。而工业控制器（PLC）是将继电器-接触器的优点与计算机自动控制技术和通信技术相结合的一种新的工业控制装置，用“软件编程”代替“继电器控制的硬件接线”，即将继电接触器控制中的控制电路、可编程逻辑控制器件通过软件实现。用可编程控制器实现的自动控制需做以下几步工作。

①连接被控对象（多指电动机）的主电路。

②连接可编程逻辑控制器的I/O电路，即将按钮、行程开关等提供外部控制命令的输入设备接入可编程控制器的指定输入端口，将接触器线圈、指示灯等输出设备接入可编程控制器的指定输出端口，同时将输入、输出部分的外接工作电源分别接在可编程控制器相应的接地端和输入或输出设备的另一端，形成输入回路和输出回路。其中，外接电源规格及输入、输出端口编号依可编程控制器的型号而定。

③将反映控制要求的多个触点的“串并组合”转换成“与”“或”逻辑关系，以程序的形式送入可编程控制器。

④按照实验任务要求调试并运行程序，直至满足控制任务要求为止。

⑤继电控制实现的电动机正反转电路如图4.2.2所示。

4.4.4 实验内容及要求

编制并调试满足如下要求的程序，并将PLC输出与被控制设备相连，操作并观察实验结果。

1. 编程设计PLC与接触器控制三相异步电动机的正反转控制线路

设计PLC与接触器控制三相异步电动机的正反转控制线路，并具备相应的保护措施。步骤如下。

①参考如图4.2.2线路，用梯形图编写上述程序。

②在计算机上完成编程和调试。

③画出PLC与实验设备硬件设备相连的实验连接图。

④将PLC输出与实验设备相连，操作并观察实验结果。

提示如下。

①控制电路具有防止交流接触器主触点故障引起主电路短路的联锁控制。

②在PLC控制中，须同时考虑软件的联锁措施。

2. 自行编程设计PLC对一台电动机和一盏白炽灯顺序延时动作的控制线路

要求自拟步骤。

提示如下：

按下启动按钮，白炽灯先亮，灯亮后约5 s，电动机自行启动。要求电动机有短路保护、失压保护、过载保护。

4.4.5 实验报告要求

1. 预习报告的要求

写明实验名称、实验内容、实验线路、电路元件和电源的参数、相应测量数据的表格。

2. 讨论并完成下面工作

①绘制一台电动机和一盏白炽灯顺序延时动作的控制线路。

②简述相应的保护措施(短路、过载和失压三种保护)。

③绘制正反转控制线路图及对应梯形图,输入、输出分配图。

④若额定功率为 2.2 kW,Y 连接,请选择并确定合适的熔断器交流接触器和热继电器的型号。

⑤简述本实验工作原理。

4.5 综合训练

4.5.1 小车往复运动控制的设计(PLC)

1. 训练目的

①将 PLC 用于位置控制。

②熟悉 PLC 的输出与外部设备间的接线方法。

③熟悉 PLC 控制系统的设计与调试过程。

④学习 PLC 电路故障分析与排除方法。

2. 训练设备与器材

①S7—200 可编程控制器、编程用计算机及 STEP7 - Micro/Min32 编程软件、通信电缆。

②输入、输出模块,运料小车行程控制模型。

3. 训练任务及要求

设计一个运料小车(三个工位)的行程控制装置,运料小车工作示意如图 4.5.1 所示。该控制装置要求用 PLC 控制,驱动电动机采用三相异步电动机,额定电压为 380 V,额定容量为 150 W。该控制装置具有启动和停止两个按钮,按下启动按钮,小车从 A 地向 B 地进发,到达 B 地后自动停车,停车 1 min 后自动启动向 C 地进发,到达 C 地后自动停车,停车 1 min 后自动返回,到达 B 地停车 1 min 后再向 A 地进发,到达 A 地后停车。按下停止按钮可随时都停车。

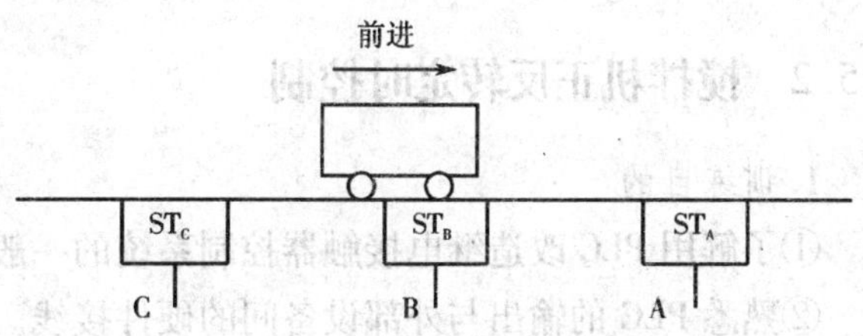

图 4.5.1 小车运料工作示意图

4. 训练步骤

①根据动作要求及实验室的现有设备资源设计外电路,绘制电气控制系统图和接线图。

②根据控制要求编写控制程序,绘制梯形图。

③在计算机上完成编程并下载到 PLC 控制单元中进行模拟调试。

④在初调合格的情况下，将 PLC 输出与被控制设备相连，操作并观察实际运行结果是否符合控制要求。

5. 训练报告要求

(1)预习报告的要求

写明课题名称、训练设备与器材、训练任务。

(2)讨论并完成下面工作

①绘制电路原理图，简述原理。

②绘出正确的梯形图、I/O 分配图、程序清单。

③总结完成动作要求过程中控制系统的特点，并提出建议。

6. 训练实例

送料小车工作示意图如图 4. 5. 2(a)所示，实例中已知小车在 A 地上料，在 B 地卸料，两地分别设有限位开关 ST_A 和 ST_B。自行分析送料小车工作原理。

PLC 外部接线图、电动机主电路图、控制系统梯形图如图 4. 5. 2(b)、(c)、(d)所示。PLC 的 I/O 端口及定时器分配如表 4. 5. 1 所示。

表 4. 5. 1 I/O 端口及定时器分配表

输入		输出	
停止按钮 SB_0	I0. 0	KM_F 线圈	Q0. 0
正转按钮 SB_1	I0. 1	KM_R 线圈	Q0. 1
反转按钮 SB_2	I0. 2	A 地延时	T37
行程开关 ST_A	I0. 3	B 地延时	T38
行程开关 ST_B	I0. 4	中间继电器	M0. 1
热继电器 FR	I0. 5		

4. 5. 2 搅拌机正反转定时控制

1. 训练目的

①了解用 PLC 改造继电接触器控制系统的一般过程。

②熟悉 PLC 的输出与外部设备间的硬件接线。

③熟悉控制软件处理方法。

2. 训练设备与器材

①S7—200 可编程控制器、编程用计算机及 STEP7 - Micro/Min32 编程软件、通信电缆。

②输入、输出模块。

③电源模块。

3. 训练说明

对于用 PLC 改造继电器控制系统，根据继电器电路图来设计梯形图是一条捷径。这是由于 PLC 使用的梯形图语言与继电器电路图极为相似，可以将继电器电路图“翻译”成梯形图，

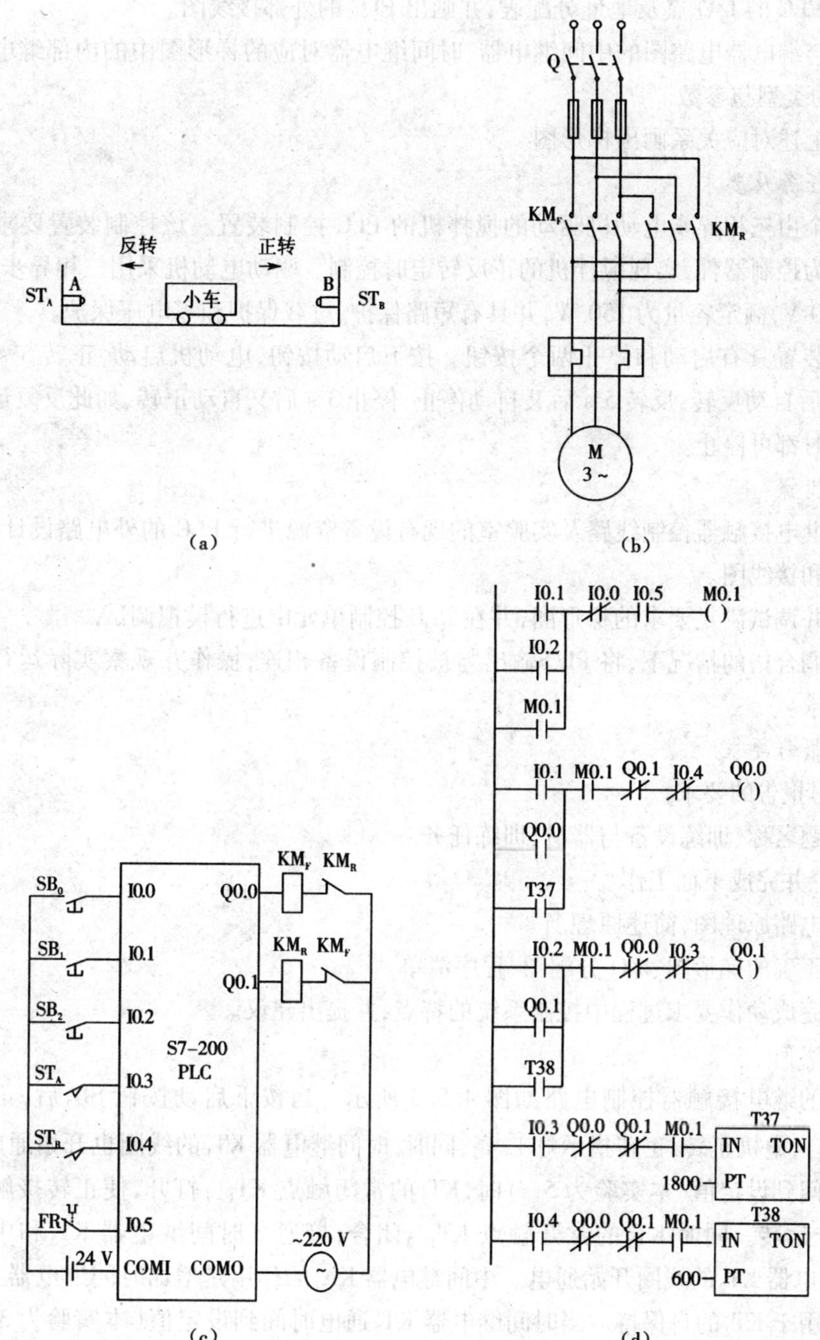

图 4.5.2　小车往复运动控制

(a)运料小车工作示意图;(b)电动机主电路图;(c)PLC 外部接线图;(d)控制系统梯形图

即将继电器电路图转换为功能相同的 PLC 的外部接线图和梯形图软件。设计 PLC 梯形图的步骤如下。

①了解和熟悉被控设备的工艺过程和机械的动作情况,根据继电器电路图分析和掌握控制系统的工作原理,做到在设计和调试控制系统时心中有数。

②确定 PLC 的 I/O 点及地址分配表，并画出 PLC 的外部接线图。

③确定与继电器电路图的中间继电器、时间继电器对应的梯形图中的内部继电器(M)和定时器(T)的类型与参数。

④根据上述对应关系画出梯形图。

4. 训练任务及要求

设计一个由三相异步电动机驱动的搅拌机的 PLC 控制装置。该控制装置要求采用可编程控制器作为控制器件，实现搅拌机的正反转定时控制。驱动电动机采用三相异步电动机，额定电压为 380 V，额定容量为 150 W，并具有短路保护、过载保护和零电压保护。

该控制装置具有启动和停止两个按钮。按下启动按钮，电动机启动，正转 5 s 后自动停止，停止 3 s 后自动反转，反转 5 s 后又自动停止，停止 3 s 后又自动正转，如此反复运行。按下停止按钮随时都可停止。

5. 训练步骤

①根据继电接触器控制线路及实验室的现有设备资源进行 PLC 的外电路设计，绘制电气控制系统图和接线图。

②编制并调试满足要求的梯形图，并在 PLC 控制单元中进行模拟调试。

③在初调合格的情况下，将 PLC 输出与被控制设备相连，操作并观察实际运行结果是否符合控制要求。

6. 训练报告要求

(1)预习报告的要求

写明课题名称、训练设备与器材、训练任务。

(2)讨论并完成下面工作

①绘制电路原理图，简述原理。

②绘出正确的梯形图、I/O 分配图、程序清单。

③总结完成动作要求过程中控制系统的特点，并提出建议。

7. 训练实例

搅拌机的继电接触器控制电路如图 4.5.3 所示。当按下启动按钮 SB_2 后，正转接触器 KM_F 通电吸合，电机正转，正转指示灯 L_F 亮；同时，时间继电器 KT_1 的线圈也开始通电。当 KT_1 线圈通电时间到设定值(本实验为 5 s)时，KT_1 的常闭触点 KT_{1-1} 打开，使正转接触器 KM_F 断电，电机停止运转。同时 KT_1 的常开触点 KT_{1-2} 闭合，接通了时间继电器 KT_2 和中间继电器 KA_1，时间继电器 KT_2 的线圈开始通电。中间继电器 KA_1 的作用是增加时间继电器 KT_2 的立即动作触点并用于 KT_2 的自保持。当时间继电器 KT_2 通电时间到设定值(本实验为 3 s)时，KT_2 的常开触点闭合，接通了反转接触器 KM_R、时间继电器 KT_3 和反转指示灯 L_R，使反转接触器 KM_R 通电吸合，电机反转，反转指示灯 L_R 亮；时间继电器 KT_3 的线圈开始通电。以后的过程与上述过程类似，并周期性重复，直到按下停止按钮，电机停止运转。

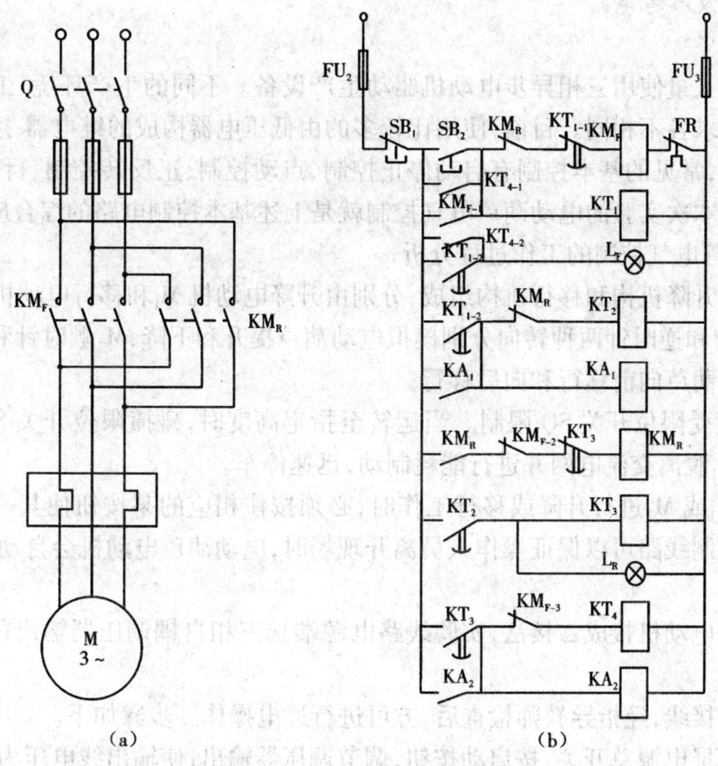

图 4.5.3　搅拌机控制电路

(a)主电路;(b)控制电路

4.5.3　电动葫芦电气控制

1. 训练目的

①培养学生继电器-接触器控制电路的分析、接线、排除故障的能力。

②学习电动葫芦的提升和移行机构电气控制的方法。

③了解三相异步电动机能耗制动方法并观察其制动效果。

2. 训练设备与器材

①三相交流 220 V 电源。

②三相鼠笼式异步电动机 DJ24,2 台。

③交流接触器 KM1\KM2,JZC4—40。

④交流接触器 K1\K2,JZC4—40。

⑤交流接触器 KZ(KM3),JZC4—40。

⑥按钮 4 个。

⑦限位开关 (ST1),2 个。

⑧整流变压器。

⑨整流桥堆。

⑩热继电器。

3. 训练说明及参考电路

(1)说明

工业企业中大量使用三相异步电动机驱动生产设备。不同的生产环境、工艺特点对三相异步电动机的要求各不相同。目前,使用比较多的由低压电器构成的继电器-接触器控制系统属于有触点控制,常见的基本控制有启动停止控制、点动控制、正反转控制、行程控制、顺序控制和时间控制。本次实验的电动葫芦电气控制就是上述基本控制电路的综合应用。

(2)电动葫芦电气控制的工作过程分析

电动葫芦由升降机构和移行机构组成,分别由升降电动机 M_1 和移行电动机 M_2 拖动(图4.5.4)。M_1 顺时针和逆时针两种转向分别模拟电动葫芦提升和下降,M_2 顺时针和逆时针两种转向分别模拟电动葫芦向前移行和向后移行。

M_1 提升高度受限位开关 SQ 限制。当运转至指定高度时,碰撞限位开关 SQ,提升接触器 KM_1 线圈断电,M_1 脱离交流电网并进行能耗制动,迅速停车。

当电动机 M_1 或 M_2 进行升降或移行工作时,必须按住相应的某按钮使其一直处于接通状态。这种点动控制线路可以保证操作人员离开现场时,电动葫芦电动机会自动断电。

4. 训练任务

鼠笼式异步电动机接成△接法,实验线路电源端接三相自耦调压器输出(U、V、W),供电线电压为 220 V。

按图 4.5.4 接线,经指导教师检查后,方可进行通电操作。步骤如下。

①开启控制屏电源总开关,按启动按钮,调节调压器输出,使输出线电压为 220 V。

②假定电动机 M_1 提升为顺时针转向,电动机 M_2 向前移动为顺时针转向,则按下 SB_1 及 SB_3 应符合转向要求。若不符合要求,应调整相序使电动机转向符合要求。松开 SB_1 及 SB_3,M_1 和 M_2 应停车。

③按下 SB_2 及 SB_4,M_1 及 M_2 的转向应符合逆时针转向要求。松开 SB_2 及 SB_4,M_1 及 M_2 应停车。

④再次操作各按钮,如先按 SB_2,M_1 逆时针转向(下降);松开 SB_2,再按 SB_3,M_2 顺时针转向(向前);松开 SB_3,改按 SB_4,M_2 由顺时针转向改变为逆时针转向(向后)……(为了在实际操作中保证安全,要求每次只按下一个按钮,以使重物升降时不作移行运行,或在移行运行时不使重物作升降运行)。

⑤按下 SB_1,M_1 顺时针转向(提升),按 10 s(模拟电动机已提升到最高位),此时按 SQ(模拟提升到最高位碰撞限位开关 SQ),M_1 将进行能耗制动,应很快停止运转。

5. 训练报告要求

(1)预习报告的要求

写明课题名称、训练设备与器材、训练任务。

(2)讨论并完成下面工作

①分析图 4.5.4 的工作原理。

②绘出正确的梯形图、I/O 分配图、程序清单。

③总结完成动作要求过程中控制系统的特点,并提出建议。

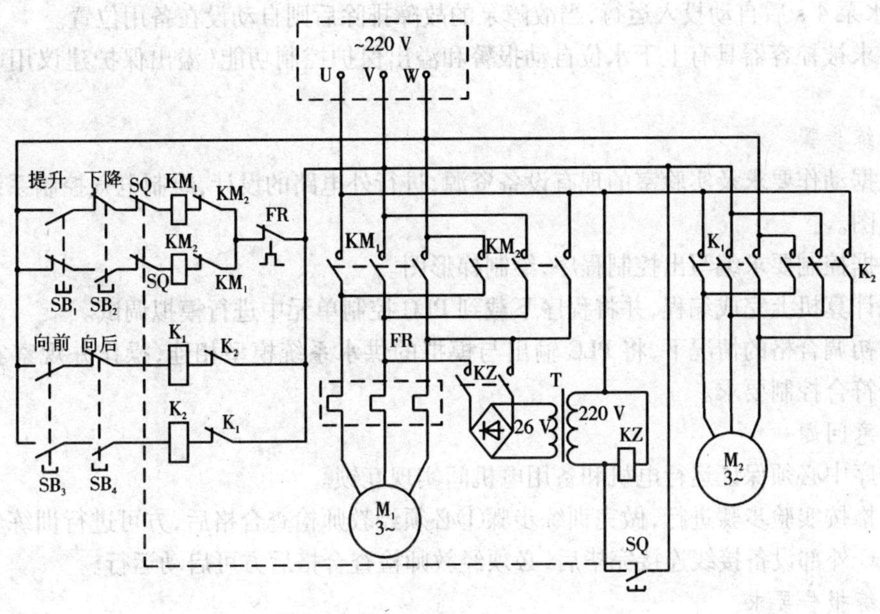

图 4.5.4　电动葫芦控制电路

4.5.4　供水装置专用启动控制器

1. 训练目的

①将 PLC 用于模拟的供水系统自动控制。

②熟悉 PLC 控制系统的设计与调试过程。

③训练电路的故障分析与排除方法。

2. 训练设备与器材

① S7—200 可编程控制器、编程用计算机及 STEP7 - Micro/Min32 编程软件、通信电缆。

②输入、输出模块，供水系统模型（图 4.5.5）。

③三相异步电动机、交流接触器、热继电器、按钮、限位行程开关、电磁阀。

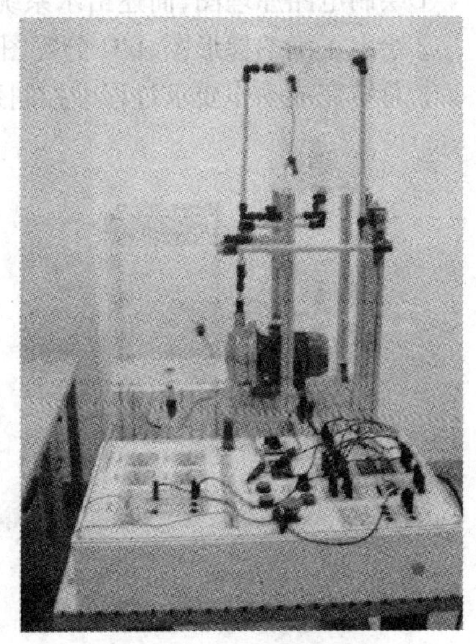

图 4.5.5　供水系统模型

3. 训练任务

（1）任务及要求

给水装置专用启动控制器是应用于一台水泵运行、一台水泵备用的场合。当运行的水泵因故障停机后，备用水泵自动投入运行。此装置与限位控制器相配合实现液位控制，适用于科研设施或实际系统中的水塔、水池和各种容器的液位控制。

（2）提示

①该控制装置要求采用 PLC 工业控制器作为主要控制器件，被控水泵电机额定容量应大于 10 kW，不允许直接启动运行。

②运行水泵和备用水泵允许选择手动和自动两种方式运行。当运行水泵电机故障停机

后，备用水泵 4 s 后自动投入运行，当故障泵的故障排除后则自动设在备用位置。

③要求被控容器具有上下水位自动报警和溢出保护控制功能（溢出保护建议用电磁阀实现）。

4. 训练步骤

①根据动作要求及实验室的现有设备资源，进行外电路的设计，绘制电气控制系统总装配图和接线图。

②根据控制要求编写出控制程序，绘制梯形图。

③在计算机上完成编程，并将程序下载到 PLC 控制单元中进行模拟调试。

④在初调合格的情况下，将 PLC 输出与模拟的供水系统模型相连，操作并观察实际运行结果是否符合控制要求。

5. 注意问题

①程序中必须保证运行电机和备用电机间实现互锁。

②严格按实验步骤进行，做完训练步骤①必须经教师检查合格后，方可进行训练步骤②。

③PLC 外部设备接线连接完毕后，必须经教师检查合格后方可启动运行。

6. 训练报告要求

(1) 预习报告的要求

写明课题名称、训练设备与器材、训练任务。

(2) 讨论并完成下面工作

①绘制电路原理图，简述给水系统装置的控制原理。

②绘出正确的梯形图、I/O 分配图、程序清单。

③总结完成动作要求过程中控制系统的特点，并提出建议。

第 5 章　模拟电子技术基础实验

5.1　常用电子仪器的使用和电子器件的检测

5.1.1　实验目的

①了解数字示波器、函数信号发生器、交流毫伏表和数字万用表的用途及主要指标。

②了解上述仪器的操作及使用,初步掌握用示波器观察正弦信号的波形、定量测出正弦交流信号的波形参数的方法。

③学习使用万用表检测电子元器件的方法。

5.1.2　实验设备

①DS1062CA 数字示波器。

②F20 型数字合成函数信号发生器/计数器。

③YB2172 数字交流毫伏表。

④直流稳压电源。

⑤数字万用表。

⑥电子元器件(电阻、电容、电感、电位器等)。

5.1.3　基础知识要点

1. 简述

在电子电路实验中,常用电子仪器是电子技术基础实验的基本设备。正确使用各种电子仪器,正确地识别和检测电子元器件,是完成单元电路制作、调整测试和故障处理最基本的技能。电路正确组接后,一般使用基本设备和万用表进行直接、间接、组合等测试其动态和静态工作状况。本实验通过检测电子器件和测试交流信号的有关参数,具体学习电子电路实验中测量的基本技能。

2. 常用电子仪器的功能及它们之间的连接关系

在电子电路基础实验中,常用的电子仪器有如图 5.1.1 所示的相关仪器。其相互关系及各仪器功能说明如下。

(1)信号发生器

信号发生器是用来产生信号的信号源。输出形式有数字与模拟输出,输出波形有正弦波、三角波和方波。其输出电压和频率可调节,均可根据被测实验电路要求进行选择。

(2)直流稳压电源

直流稳压电源用来为被测实验电路提供能源。通常是电压输出,例如 5 ~6V、±12 V 或 ±15 V 等。

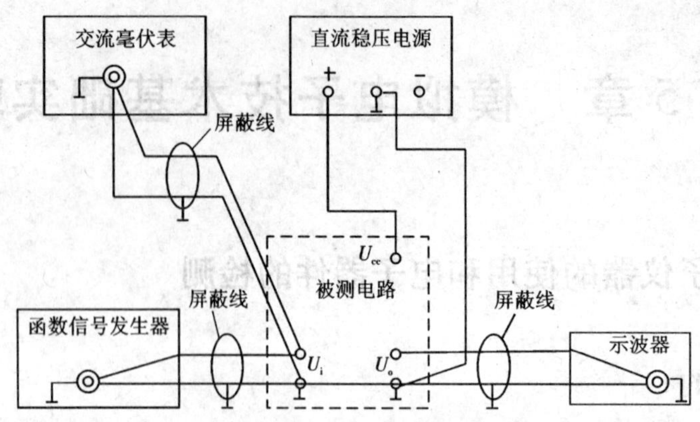

图 5.1.1　电子电路基础实验测量仪器相互关系示意图

(3)示波器

示波器用来测量实验电路的输出信号。通过示波器可显示电压或电流波形,可测量频率、周期等其他参数。

(4)测量仪器仪表

测量仪器仪表用来测量电阻、电压、电流、频率等参数,如毫伏表、电流表、指针式万用表、数字万用表、集成电路测试仪等。

(5)被测实验电路

被测实验电路是研究电路的基础。有的是一个单元实验电路,有的是采用接插板的设计预试的电路。任何电子电路实验都需要这一部分。因为无论哪一种被测实验电路都要通过相关仪器准确地测量数据,观察实验现象和结果,进而真正掌握该电路的作用。

3. 电子元器件检测

(1)电阻的检测

电阻阻值可以用万用表欧姆挡直接测量,也可运用电桥法和伏安法等间接测量。用万用表的欧姆挡测量电阻时,先根据被测电阻的大小,选择好万用表欧姆挡的倍率或量程范围,再将两个输入端(称表笔)短路调零,最后将万用表并接在被测电阻的两端,读出电阻值即可。

用万用表测量电阻时应注意以下几个问题。

①要防止用双手把电阻的两个端子和万用表的两个表笔并联捏在一起,因为这样测得的阻值是人体电阻与待测电阻并联后的等效电阻的阻值,而不是待测电阻的阻值。

②电阻连接在电路中时,首先应将电路的电源断开,决不允许带电测量。

③用万用表测量电阻时应注意被测电阻所能承受的电压和电流值,以免损坏被测电阻。例如,不能用万用表直接测量微安表的表头内阻,因为这样做可能使流过表头的电流超过其承受能力(微安级)而烧坏表头。

④万用表测量电阻时不同倍率挡的零点不同,每换一挡都应重新调零。当某一挡调节调零电位器不能使指针回到零欧姆处时,表明表内电池电压不足了,需要更换新电池。

⑤由于模拟式万用表欧姆挡表盘刻度的非线性,测量误差也较大,因而一般作粗略测量。数字式万用表测量电阻的误差比模拟万用表的误差小,但当它用来测量阻值较小的电阻时,相对误差仍然是比较大的。

(2)电位器的检测

电位器种类较多,现以碳膜旋转式电位器为例说明检测方法。旋转式电位器的实物图形和电路符号如图5.1.2所示。图中R_{1-3}、R_{1-2}、R_{2-3}分别表示电位器各端子间的电阻。电位器R_{1-3}阻值为它的标称值。当转动轴按顺时针方向旋转时,R_{1-2}应逐步增大,R_{2-3}应逐步减小,不管旋转角度如何,R_{1-3}始终为一定值,并有$R_{1-3}=R_{1-2}+R_{2-3}$的关系。

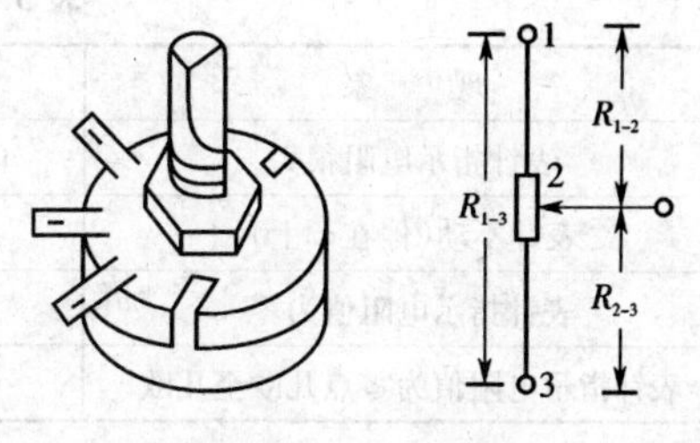

图5.1.2 电位器

用万用表检测电位器时,应首先测量R_{1-3}阻值。若R_{1-3}值与标称值相符,再测R_{1-2}。测R_{1-2}时应慢慢转动旋转轴,R_{1-2}值应随着转动轴旋转连续变化。如果R_{1-2}值始终为无穷大,说明电位器的2端开路;如果在旋转轴转动过程中R_{1-2}值出现跳变,说明电位器2端接触不良。这两种情况都表明电位器损坏,不可再用。

(3)电容器的检测

用模拟式万用表电阻挡可定性判别几千皮法以上电容的好坏、电解电容正负极性和漏电流的大小。

1° 电容好坏的判别

电容的好坏可根据有无容量和有无短路这两点来判别。可通过观察万用表指针偏转角度定性判别电容有无容量或者是否短路。

对于几千皮法以下的电容器,因为容量太小,万用表无法检测有无容量。对于几千皮法至几万皮法量值的电容,应用$R\times10$ k挡检测。这一挡万用表内部电池E_0和万用表内阻R_0较大,可使充电过程增加,有利于测量。对于零点几微法~几百微法量值的电容,可选用$R\times1$ k、$R\times100$、$R\times10$等挡位进行测量。一般容量越大,电阻挡位越低。

检测电容(包括小容量电容)时,如果发现表针偏转后始终指向0 Ω或某一较小的定值(如几十kΩ),说明电容内部短路或漏电流过大。检测几千皮法以上容量的电容时,如果表针没有任何偏转,始终在∞处,说明电容内部开路。这两种情况都表明电容已损坏。

2° 电容极性的判别

电容有有极性和无极性两种类型,在使用有极性电容时必须先判别它的正负极性。

电容的极性可根据电容上的标志直接判定。例如,目前生产的有极性电容的外壳上都印有"+"或"-"标志。未使用过的小型极性电容两条引出线,长的为正极,短的为负极。电容极性也可用万用表电阻挡测出。有极性电容(如电解电容)内部的介质具有单向导电性能。当电容的正极加直流高电位,负极加低电位时,电容的漏电流较小。如果电位加反,则漏电流较大,可利用这一特点判别电容的极性。检测极性时,万用表置于电阻$R\times1$ k挡,先将黑表笔(高电位端)和红表笔分别接在被测电容的两极。表针向右偏转后又向左回偏,逐渐稳定在某一点,记下该点阻值。将两表笔互换再测一次,记下第二次表笔稳定后的阻值。比较两次测出的阻值,阻值大的一次测量时黑表笔所接的就是电容的正极。

(4)电感器的检测

利用万用表的欧姆挡可简单地测量出电感器的优劣情况。具体方法如下。

①选择万用表的$R\times1$挡(先调零)。

②用万用表的测试笔任意接电感器的两端。测试时的现象和结论如表 5.1.1 所示。

表 5.1.1 电感器测试现象和结论

现　象	可能原因	结 论
表针指示电阻很大	电感线圈多股线中有几股断线	坏电感
表针不动(停在∞上)	电感线圈开路	坏电感
表针指示电阻值为零	电感线圈严重短路	坏电感
表针指示电阻值为零点几欧至几欧		好电感

(5)二极管的检测

用模拟式万用表可检测二极管的正负极、材料性质及质量好坏等。

1° 正负极性判别

二极管的正负两极可通过二极管外形或管壳上的标志直接确定。

用万用表判别极性时应置于 $R\times1$ k 或 $R\times100$ 挡。先将两表笔分别接在二极管两极，记下表针指示的阻值，再调换两表笔，记下第二次测出的阻值。由于二极管具有单向导电性，正反向电阻相差很大，故比较两次测出的阻值，阻值小的那次黑表笔所接的就是二极管的正极。

二极管的正反向电阻与材料有关，表 5.1.2 给出了参考值。需要注意的是，用万用表测量二极管(也包括三极管)时，一般不能用 $R\times1$、$R\times10$ 和 $R\times10$ k 挡。这是因为 $R\times1$、$R\times10$ 挡表的内阻小，测二极管正向电阻时二极管将通过较大电流，很容易烧坏二极管。而 $R\times10$ k 挡表内电源电压较高，测二极管反向电阻时，若被测管反向击穿电压小于表内电源电压，将击穿二极管。

2° 二极管硅锗材料的判别

制造二极管的材料不同，正向电阻也不同。利用这一特点可根据二极管正向电阻的阻值范围，判别是硅管还是锗管。测量时应注意，万用表内电池电压和内阻不同，测得的同一只二极管的正向电阻也不同。所以，不能给出统一的标准。表 5.1.2 给出了用 MF—47 型万用表 $R\times100\ \Omega$挡测出的正向阻值，供参考。

表 5.1.2 二极管正反向电阻参考值

材　料	正向电阻	反向电阻
硅	几千欧	∞
锗	几百欧	几百千欧

3° 二极管好坏的判别

若测得的正反向电阻都很小或都很大，则可判定二极管已损坏。

5.1.4 实验内容及要求

1. 测量信号的参数

①由数字信号发生器给出 $f = 1$ kHz、$U_i = 1$ V 的正弦波信号，用数字式交流毫伏表测量该正弦信号的大小，并用示波器观察该信号的波形，并测试该正弦信号的周期、有效值、峰峰值。将波形及波形的相关参数记入表 5.1.3。

②由数字信号发生器给出 $f = 1$ kHz、$U_i = 5$ mV 的正弦信号，用示波器观察波形并测试其周期有效值，峰峰值。

表 5.1.3　信号发生器产生信号的参数测量

波形	周期 T	有效值	峰峰值
(坐标轴 U, O, f)			

2. 常用元器件检测练习

①按图 5.1.2 给出的电位器端子号，测量 10 kΩ 电位器，结果填入表 5.1.4。

表 5.1.4　电位器测量

阻　值	顺时针旋转到底	旋至中间	逆时针旋转到底
R_{1-3}			
R_{1-2}			
R_{2-3}			

②定性检测电容器好坏。测试时应合理选择万用表电阻挡位，将测试情况填入表 5.1.5。

表 5.1.5　电容定性检测

电容器标称值	22 μF	0.047 μF	5 100 μF
电阻挡位 表针偏转情况			

③按表 5.1.6 给出的项目定性测试二极管。

表 5.1.6　二极管定性检测

型　号	正向电阻		反向电阻		材　料
	阻值	挡位	阻值	挡位	
2AP9					
IN4148					

5.1.5　实验报告要求

1. 预习报告的要求

写出实验名称、实验内容、电路元件和电源的参数、画出实验线路和相应测量数据的表格。

2. 讨论并回答如下问题

①数字信号发生器输出的信号频率范围及幅度范围是多少？频率调整方式有几种？幅度调整方式有几种？

②如何由信号发生器给出 $f = 1$ kHz，$U_i = 1$ V 的正弦波？

③如何用数字示波器测量信号的有效值、峰峰值、周期、频率？

5.2 三极管及其单级共射放大电路

5.2.1 实验目的

①了解晶体三极管的命名方法和主要技术指标,学习识别其类型和管脚的技能。

②学习共射极放大电路静态工作点的测量与调整,研究静态工作点对放大电路动态性能的影响。

③学习放大电路主要性能指标(电压放大倍数、输入电阻、输出电阻及最大不失真输出电压)的测量方法。

5.2.2 实验设备

①数字示波器、数字函数信号发生器、数字交流毫伏表、数字万用表。

②单管放大器实验板。

5.2.3 基础知识要点及参考电路

1. 半导体三极管

半导体三极管是组成放大电路的核心器件,是集成电路的组成元件,在电路中主要用于电流放大、开关控制或与其他元器件组成特殊电路等。

半导体三极管的种类较多,按制造材料不同有硅管、锗管等;按极性不同有 NPN 型和 PNP 型;按工作频率不同有低频管、高频管等;按功耗不同有大功率管和小功率管。它们的参数主要有电流放大倍数β、极间反向电流I_{CEO}、极限参数及频率特性参数等,如表 5.2.1 所示。

表 5.2.1 几种常用三极管的参数

参数	P_{CM}/mW	I_{CM}/mA	V_{BRCBO}/V	I_{CBO}/μA	h_{FE}	f_T/MHz	极性
3DG100D	100	20	40	1	4	0.01	NPN
3DG200A	100	20	15	0.1	25~270	0.01	NPN
CS9013H	400	500	25	0.5	144	150	NPN
CS9012H	600	500	25	0.5	144	150	PNP
参数	V_P(V)	I_{DSS}(A)	g_m(mA/V)	P_{DM}(mW)	r_{GS}(Ω)	f_M	
3DJ6G	-9	3~6.5	1	100	10^8	30	N 沟道

2. 半导体三极管的识别与检测

(1)三极管的类型

半导体三极管的类型有 NPN 型和 PNP 型两种。通常可根据管子外壳标注的型号判别是 NPN 型还是 PNP 型。在半导体三极管型号命名中,第二部分字母 A、C 表示 PNP 型管;B、D 表示 NPN 型管;A、B 表示锗材料;C、D 表示硅材料。另外,目前市场上广泛使用的 9011~9018 系列中,高频小功率 9012、9015 为 PNP 型,其余为 NPN 型。半导体三极管更为详细的型号和命名方法,请阅读有关手册。

(2)三极管的电极判别

1° 直观辨识法

半导体三极管有基极(B)、集电极(C)和发射极(E),有些三极管可根据管脚的排列图位置直接确定是哪一个极。图5.2.1是常用三极管的结构特征及极性标识图。

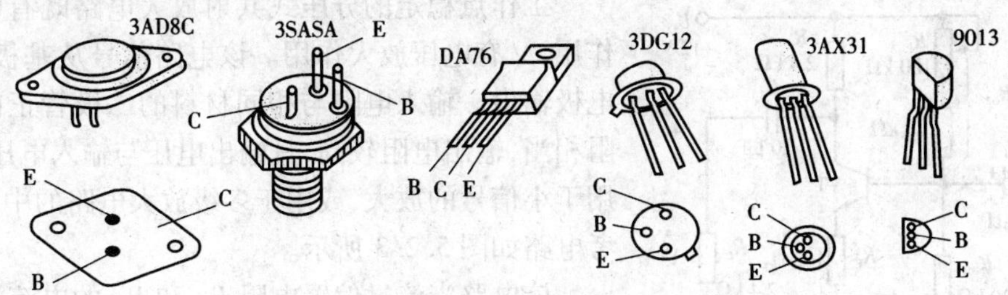

图5.2.1 常用三极管的结构特征及极性标识图

2° 特征辨识法

如图5.2.1所示,有些三极管用结构特征标识来表示某一电极。如高频小功率管3DG12、3DG6的外壳有一小凸起标识。该凸起标识旁的引脚为发射极。

3° 万用表欧姆挡判别法

如果不知道管脚排列规则,同时外形结构又无明显标识时,可通过指针式万用表判别三极管的电极(图5.2.2)。

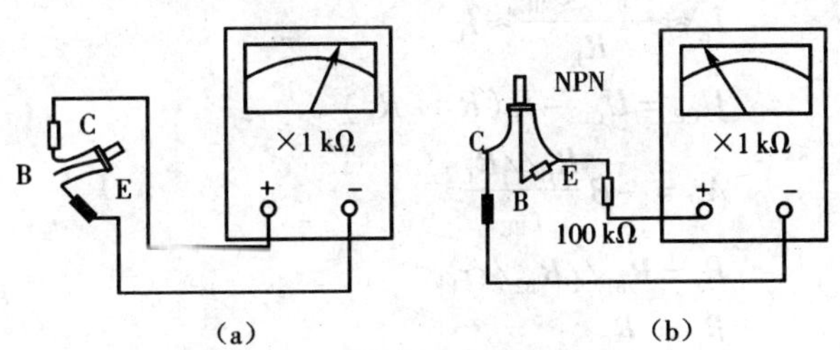

图5.2.2 用万用表欧姆挡判别法

(a)判别基极;(b)判别集电极和发射极

首先假设一个基级,万用表置于 $R\times1$ 或 $R\times100$ 挡,黑表笔接在假定的基极上,用红表笔依次碰触另外两个电极,并测得两电极间阻值。若两次测得电阻均很小(为PN结正向电阻值),则黑表笔对应为基极,此管为NPN型;或者两次测得电阻值均很大(为PN结反向电阻值),交换表笔后再用黑笔去碰触另两极,也测量两次,若两次阻值也很小,则原黑表笔对应为三极管基极,此管为PNP型。注意:选用指针式万用表欧姆挡时,黑表笔为正极,红表笔为负极,这与数字式万用表不同。

其次,判别集电极和发射极。其基本原理是把三极管接成基本放大电路,利用测量三极管的电流放大倍数 β 值的大小判定集电极和发射极。

以NPN管为例说明,如图5.2.2(b)所示。基极确定后,不管基极,用万用表两表笔分别接另两电极,用100 kΩ的电阻一端接基极,电阻的另一端也接万用表黑表笔。若表针偏转角度较大,则黑表笔对应为集电极,红表笔对应为发射极。可以用手捏住基极与黑表笔(但不能使两者相碰),以人体电阻代替100 kΩ电阻的作用(对于PNP型,手捏红表笔与基极)。

上面这种方法,实质上是把三极管接成了正向偏置状态。若极性正确,则集电极会有较大电流。

(3)三极管类型判别(硅管、锗管判别)

根据硅材料PN结正向电阻较锗材料大的特点,可用万用表欧姆 $R\times1$ kΩ 挡测定。若测得发射结正向阻值约为 3 ~ 10 kΩ,则为硅材料管;若测得正向阻值约为 50 Ω ~ 1 kΩ,则为锗材料管。或测量发射结(集电结)反向电阻值,若测得反向阻值约为 500 kΩ,则为硅材料管;若测得反向阻值约为 100 kΩ,则为锗材料管。

3. 基本放大电路——工作点稳定的分压式共射放大电路

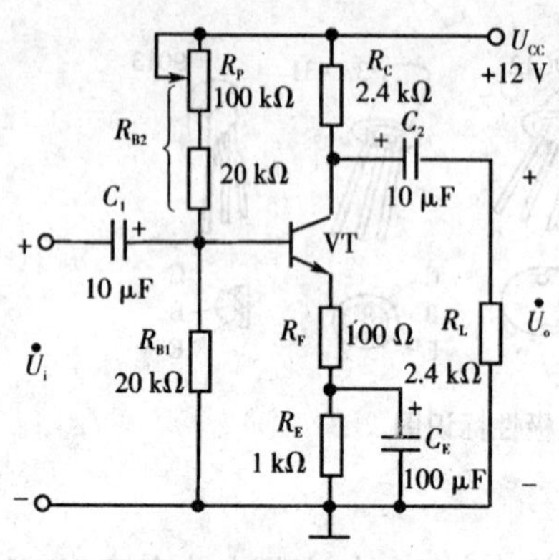

图 5.2.3　共射极单管放大器参考电路

工作点稳定的分压式共射放大电路既有电流放大作用,又有电压放大作用。该电路信号从基极输入,集电极输出。输入电阻与相同材料的二极管正向偏置电阻相当,输出电阻较高,且输出电压与输入电压反相,故用于小信号的放大,或用于多级放大电路的中间级。参考电路如图 5.2.3 所示。

该电路当流过偏置电阻 R_{B1} 和 R_{B2} 的电流远大于三极管的基级电流 I_B 时(一般为 5 ~ 10 倍),则它的静态工作点、电压放大倍数和输出输入电阻,可由下列关系式估算:

$$U_B \approx \frac{R_{B1}}{R_{B1}+R_{B2}} \times U_{CC}$$

$$I_E \approx \frac{U_B - U_{BE}}{R_E} \approx I_C$$

$$U_{CE} = U_{CC} - I_C(R_C + R_E)$$

$$A_U = -\beta \frac{R_C // R_L}{r_{BE}}$$

$$R_i = R_{B1} // R_{B2} // r_{BE}$$

$$R_o = R_C$$

4. 静态工作点的含义及其测量和调试

(1) 静态工作点

静态工作点是指放大电路无交流信号输入时,在晶体管的输入特性和输出特性上对应的工作电压和工作电流。为了获得最大不失真的输出电压,静态工作点应设置在交流负载线的中点。若工作点选得过高,易引起饱和失真;若选得过低,易产生截止失真。对于线性放大电路,这两种工作点都是不合适的,必须进行调整。

(2) 静态工作点测量

静态工作点与电路参数 U_{CC}、R_C、R_F、R_{B1}、R_{B2} 及三极管 β 有关。当电路参数确定后,工作点调整一般是通过调节电位器 R_P 实现的。R_P 调小,工作点增高;R_P 调大,工作点降低。调整与测量静态工作点的方法是:从信号发生器输出频率为 1 kHz 的交流信号作为 U_i,用示波器观察输出电压 U_o 的波形,调节电位器 R_P 使输出波形的幅值为最大且不失真,此时的工作点为最佳工作点。然后使 $U_i = 0$,用万用表直接测量 U_{BE} 及 U_{CE},计算 I_C 的值。

在实验中,如果测得 $U_{CEQ} = 0.5\text{V}$,说明三极管已饱和;如测得 $U_{CEQ} \approx U_{CC}$,则说明三极管已截止。但测量电流 I_{CQ} 时要注意,如果直接测电流,需断开集电极回路,比较麻烦。所以,为了避免更改接线,常采用测量电压来换算电流的方法,即先测出发射极对地电压 U_E,再利用公式 $I_{CQ} \approx I_{EQ} = \dfrac{U_E}{R_C}$ 算出 I_{CQ}。此法虽简便,但测量精度稍差,需选用内阻较高的电压表。

(3)静态工作点的调试

放大器静态工作点的调试是指对三极管集电极电流 I_C或(U_{CE})的调整与测试。静态工作点是否合适,对放大器的性能和输出波形都有很大影响。如工作点偏高,放大器在加入交流信号以后容易产生饱和失真,此时 U_o的负半周将被削底,如图 5.2.4(a)所示;如工作点偏低则易产生截止失真,即 U_o的正半周被缩顶(一般截止失真不如饱和失真明显),如图 5.2.4(b)所示。如果输入信号过大,使三极管工作在非线性区,即使静态工作点选在交流负载线的中点,输出电压波形仍可能出现双向失真,这些情况都不符合不失真放大的要求。所以在选定工作点以后还必须进行动态调试,即在放大器的输入端加入一定的输入电压 U_i,检查输出电压 U_o的大小和波形是否满足要求。如不满足,则应调节静态工作点的位置。

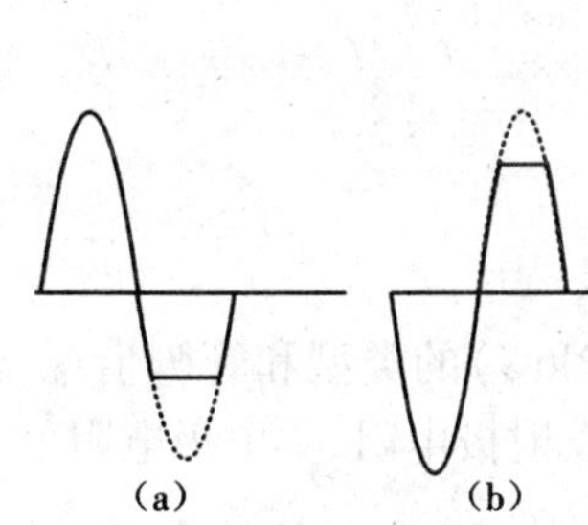

图 5.2.4　静态工作点对 U_o波形失真的影响

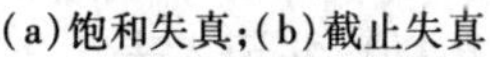

(a)饱和失真;(b)截止失真

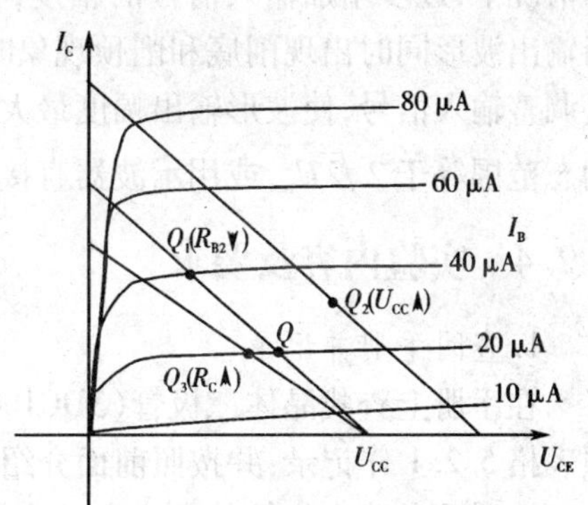

图 5.2.5　电路参数对静态工作点的影响

改变电路参数 U_{CC}、R_C(R_{B1}、R_{B2})都会引起静态工作点的变化,如图 5.2.5 所示。但通常多采用调节偏置电阻 R_W的方法改变静态工作点。如减小电位器电阻 R_W,则可使静态工作点提高等。

最后还要说明的是,上面所说的工作点“偏高”或“偏低”不是绝对的。相对信号的幅度值而言,如输入信号幅度很小,即使工作点较高或较低,也不一定会出现失真。所以确切地说,产生波形失真是信号幅度与静态工作点设置配合不当所致。如需满足较大信号幅度的要求,静态工作点最好尽量靠近交流负载线的中点。

(4)放大电路的动态指标测试

放大电路的主要动态指标有电压放大倍数 A_U、输入电阻 R_i、输出电阻 R_o以及最大不失真输出电压 U_{omax}等。

1° 放大电路电压放大倍数测量

放大器的电压放大倍数是指输出电压与输入电压的有效值之比。当选定三极管和负载电阻(R_C、R_L)后,A_U主要取决于静态工作点 I_{CQ}。测量方法请阅读第 2 章有关内容。

2° 输入电阻与输出电阻的测量

输入电阻 R_i的大小表示放大电路从信号源或前级放大电路获取电流的多少。输入电阻越大,索取前级电流越小,对前级的影响就越小。如图 5.2.3 电路所示参数,放大电路的输入电阻和三极管输入电阻 r_{BE}分别为

$$R_i = R_{B1}//R_{B2}//[r_{BE} + (1+\beta)R_E]$$

$$r_{BE} = 300 + (1+\beta)\frac{26}{I_E}$$

可见,I_{CQ}增加,r_{BE}减小,R_i下降。输入电阻测量方法请阅读2.1.2节中有关内容。

输出电阻R_o的大小表示电路带负载能力的大小。输出电阻越小,带负载能力越强。图5.2.3所示电路的输出电阻近似等于集电极电阻R_C,几乎与I_{CQ}无关,即$R_o \approx R_C$。输出电阻测量方法请阅读2.1.2节中有关内容。

3° 最大不失真输出电压U_{opp}的测量(最大动态范围)

为了得到最大动态范围,应将静态工作点调在交流负载线的中点。为此在放大器正常工作情况下,逐步增加输入信号的幅度,并同时调节R_P(改变静态工作点),用示波器观察U_o。当输出波形同时出现削底和削顶现象时,说明静态工作点已调在交流负载线的中点。然后反复调整输入信号,使波形输出幅度最大,且无明显失真时,用交流毫伏表测出U_o(有效值),则动态范围等于$2\sqrt{2}U_o$,或用示波器直接读出U_{opp}来。

5.2.4 实验内容及要求

1. 查阅手册并记录

在手册上查找晶体三极管(3DG100D、CS9013)、场效应管(1DJ6G)的类型和管脚情况,仿照表格5.2.1作记录,并按照前面介绍的方法用万用表测量β及发射极电阻、集电极电阻。

2. 测量电路在线性放大状态时的静态工作点

接通直流电源前,先将R_P调至最大,函数信号发生器输出旋钮旋至零。接通+12 V电源,调节R_P,使I_C = 2.0 mA(即U_E = 2.0 V)。通过函数信号发生器输入$U_i \approx 10$ mV,频率为1 kHz的正弦信号U_i,用直流电压表测量U_B、U_E、U_C及用万用表测量R_{B2}值,并记入表5.2.2。

表5.2.2 单管放大器静态工作点的测量

测量值				计算值				
U_B/V	U_E/V	U_C/V	R_{B2}/kΩ	U_{BE}/V	U_{CE}/V	I_C/mA	I_B/μA	β

注意:在测量各电极的电位时,最好选用内阻较高的万用表,否则必须考虑到万用表内阻对被测电路的影响。

3. 测量电压放大倍数

在放大器输入端加入频率为1 kHz、$U_i \approx 10$ mV的正弦信号,同时用示波器观察放大器输出电压U_o波形,在波形不失真的条件下用交流毫伏表测量下述三种情况下的U_o值,并用双踪示波器观察U_o和U_i的相位关系,记入表5.2.3。

表5.2.3 单管放大器电压放大倍数的测量

R_C/kΩ	R_L/kΩ	U_o/V	A_U	U_i和U_o波形
2.4	∞			
1.2	∞			
2.4	2.4			

4. 观察静态工作点对电压放大倍数的影响

置R_C = 2.4 kΩ,R_L = ∞,适量调节R_P,用示波器监视输出电压波形。在U_o不失真的情况下，测量数组 I_C 和 U_o 值，记入表 5.2.4。

表 5.2.4 静态工作点对电压放大倍数的影响

测量值 计算值	工作点 A ($I_C<2.0$ mA)	工作点 B ($I_C<2.0$ mA)	工作点 C ($I_C=2.0$ mA)	工作点 D ($I_C>2.0$ mA)	工作点 E ($I_C>2.0$ mA)
I_C(mA)					
U_o(V)					
A_U					

注意：测量 I_C 时，要先将信号源输出旋钮旋至零（即使 $U_i=0$）。

5. 了解静态工作点设置不当，给放大电路带来的非线性失真现象

置 $R_C=2.4\ \mathrm{k\Omega}$，$R_L=2.4\ \mathrm{k\Omega}$，$U_i=0$，调节 R_P，使 $I_C=2.0$ mA，测出 U_{CE} 值，再逐步加大输入信号，使输出电压 U_o 足够大但不失真。然后，保持输入信号不变，分别增大和减小 R_P，使波形出现失真，绘出 U_o 的波形，并测出失真情况下的 I_C 和 U_{CE} 值，记入表 5.2.5 中。每次测量时都要将信号源的输出旋钮旋至零。

表 5.2.5 非线性失真的测量

R_P	I_C/mA	U_{CE}/V	U_o 波形	失真情况	三极管工作状态
R_P 最小					
R_P 为某值	2.0				
R_P 最大					

6. 测量最大不失真输出电压

置 $R_C=2.4\ \mathrm{k\Omega}$，同时调节输入信号的幅度和电位器 R_P，用示波器和交流毫伏表测量 U_{opp} 及 U_o 值，记入表 5.2.6，其中 U_{om} 为最大不失真输出电压，U_{im} 为此时对应的输入电压。

表 5.2.6 最大不失真输出电压的测量

I_C/mA	U_{im}/mV	U_{om}/V	U_{opp}/V

7. 测量输入电阻和输出电阻

置 $R_C=2.4\ \mathrm{k\Omega}$，$R_L=2.4\ \mathrm{k\Omega}$，$I_C=2.0$ mA，输入 $f=1$ kHz 的正弦信号。在输出电压不失真的情况下，用交流毫伏表测出 U_s（U_s 为该正弦信号的开路电压）、U_i 和 U_L，并记入表 5.2.7。

保持 U_S 不变，断开 R_L，测量输出电压 U_o，记入表 5.2.7。

表 5.2.7 输入电阻 R_i 与输出电阻 R_o 的测量

R_i/kΩ				R_o/kΩ			
U_s/mV	U_i/mV	测量值	计算值	U_L/V	U_o/V	测量值	计算值

注意：测量输入电阻和输出电阻时，应注意以下几点。

①测量输出电阻时，如图 2.1.16 所示，由于电阻 R_S 两端没有电路公共接地点，所以测量 R_s 两端电压 U_R 时，必须分别测出 U_s 和 U_i，然后按 $U_R=U_s-U_i$ 求出 U_R 的值。

②测量输入电阻时，由于 R_S 的值不宜取得过大或过小，以免产生较大的测量误差，通常取 R_s 与 R_i 为同一数量级为好。

③测量输出电阻时,应注意必须保持 R_L 接入前后输入信号的大小不变。

5.2.5 实验报告要求

1. 预习报告的要求

写出实验名称、实验内容、电路元件和电源的参数、画出实验线路和相应测量数据的表格。

2. 讨论并完成如下工作

①列表整理测量结果,并把实测的静态工作点、电压放大倍数、输入电阻和输出电阻的值与理论计算值比较(取一组数据进行比较),分析产生误差原因。

②总结 R_C、R_L 及静态工作点对放大器电压放大倍数、输入电阻和输出电阻的影响。

③讨论静态工作点变化对放大器输出波形的影响。

④分析讨论在调试过程中出现的问题。

5.3 共射-共集放大电路的研究

5.3.1 实验目的

①掌握共集放大电路的基本特点及其在多级放大电路中的作用。

②学习如何合理设置、调整、测量多级阻容耦合放大电路静态工作点的方法。

③学习多级放大电路技术性能指标(电压放大倍数、输入电阻、输出电阻和最大不失真输出电压)的测试方法。

5.3.2 实验设备

①直流稳压电源、信号发生器、示波器、数字万用表。

②单元电路实验板。

5.3.3 基础知识要点与参考电路

1. 多级放大电路

实验 5.2 进行的工作点稳定的共射极放大电路的放大倍数一般只有几十倍。然而,实际工作中,这样的放大倍数可能不够大或者性能不够稳定,或者某些指标达不到要求等。这就需要将若干基本放大电路串联起来,将前级的输出端加到后级的输入端,组成多级放大器使信号经过多次放大达到所需的值,参考电路如图 5.3.1 所示。

多级放大器的连接称为耦合,它必须满足以下要求。

①各级三极管的静态工作点互不影响。

②前级输出的信号传达到下一级时,尽可能减小衰减和失真。

多级放大器有三种耦合方式,即阻容耦合、直接耦合、变压器耦合。本实验中选用阻容耦合两级放大器研究多级放大器的性能指标。图 5.3.1 的阻容耦合放大器中,第一级是工作点稳定的共射极放大电路,第二级是共集极放大电路,两级之间通过电容 C_2 和 R_{B3} 耦合起来。这里电容具有“隔直流”和“通交流”的作用。因此,各级的静态工作点相互独立,互不影响,这对分析和调整工作点都带来了方便。但在需要放大缓慢变化(频率很低)的信号时,级间耦合电容会造成信号的衰减,甚至对变化极缓慢的信号根本无法响应,这就导致阻容耦合方式应用上的局限性。

共集电极放大电路又称射极输出器。它的信号由晶体管基级输入,发射极输出。由于其电压放大倍数A_U接近于1,输出电压具有随输入电压变化的特性,故又称为电压(射级)跟随器。该电路输入电阻高,输出电阻低,适用作多级放大电路的输入级、输出级、中间级,可使放大电路的工作性能得到很大改善。

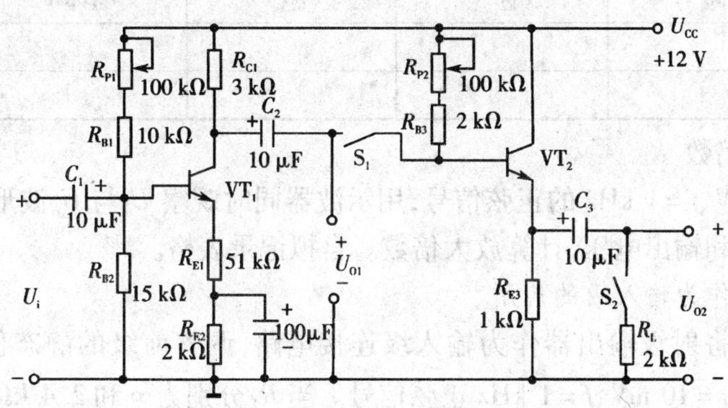

图 5.3.1　多级放大器参考电路

2. 多级放大器的性能指标

(1)电压放大倍数A_U

在多级放大器中,由于各级之间是串联起来的,后一级的输入电阻就是前级的负载。所以,多级放大器的总电压放大倍数等于各级放大倍数的乘积,即

$$A_U = A_{U1}A_{U2}$$

注意:各级的放大倍数已考虑前后级的相互影响。

两级阻容耦合放大器中:

$$A_{U1} = \frac{-\beta(R_{C1}//R_{i2})}{r_{BE1} + (1+\beta_1)R_{E1}}$$

$$R_{i2} \approx (R_{B3} + R_{P2})//\beta_2 R_L$$

$$A_{U2} \approx 1$$

$$A_U = A_{U1}A_{U2}$$

(2)输入、输出电阻

两级放大器的输入电阻就是第一级(输入级)的输入电阻,两级放大器的输出电阻就是末级(输出级)的输出电阻。两级放大器输入电阻

$$R_i = R_{i1} = R_{B1}//R_{B2}//[r_{BE1} + (1+\beta_1)R_{E1}]$$

两级放大器输出电阻

$$R_o = R_{o2} = R_{E3}//\frac{r_{BE2} + [R_{C1}//(R_{B3}+R_{P2})]}{1+\beta_2}$$

测量输入、输出电阻的方法可阅读实验 5.2 的有关内容。

5.3.4 实验内容及要求

1. 射极输出器的测量

(1)测量静态工作点

按图 5.3.1 所示线路,将射级输出器的输出端开路,即 S_1 开路。调节 R_{P2},使静态值 $U_{CE} \approx$ 9 V,测量静态值并记入表 5.3.1 中。

表 5.3.1 射极输出器静态工作点测量

	U_{B2}/V	U_{E2}/V	U_{C2}/V	I_{B2}/μA	I_{C2}/mA
计算值					
测量值					

(2)计算放大倍数

输入 U_i =0.2 V、f=1 kHz 的正弦信号,用示波器同时观察 U_i与 U_o波形及相位关系,用毫伏表测量输入电压和输出电压,计算放大倍数。自拟记录表格。

2. 射级输出器作为输入级的应用

①按图 5.3.1 将射级输出器作为输入级连接电路,调整前级的静态值 $U_{CE1} \approx 9$ V,后级 $U_{CE2} \approx 7$ V。输入 U_i = 10 mV、f=1 kHz 正弦信号。当 R_L分别为∞和 2.4 kΩ 时,测量两级放大电路的输出电压 U_o值,记入表 5.3.2 中。

②拆去射级输出器,保持单管放大电路不变,重复上述步骤,测量单管放大电路输出电压 U_o值,记入表 5.3.2 中。

表 5.3.2 射级输出器作为输入级的应用

R_L	两级放大电路			图 5.2.3 单管放大电路		
	U_i/mV	U_o/mV	计算 $\lvert A_U \rvert$	U_i/mV	U_o/mV	计算 $\lvert A_U \rvert$
∞						
2.4 kΩ						

3. 射级输出器作为输出级的应用

①按图 5.3.1 将射级输出器作为输出级连接电路,调整前级的静态值 $U_{CE} \approx 7$ V,后级 U_{CE} =9 V。输入 U_i =10 mV、f=1 kHz 正弦信号,当 R_L分别为∞和 5.1 kΩ 及 2.7 kΩ 时,测量两级放大电路的输出电压 U_o值,记入表 5.3.3 中。

②拆去射级输出器,保持单管放大电路不变,重复上述步骤,测量单管放大电路输出电压 U_o值,记入表 5.3.3 中。

表 5.3.3 射级输出器作为输出级的应用

R_L	两级放大电路			单管放大电路		
	U_i/mV	U_o/mV	计算 $\lvert A_U \rvert$	U_i/mV	U_o/mV	计算 $\lvert A_U \rvert$
∞						
5.1 kΩ						
2.7 Ω						

5.3.5 实验报告要求

1. 预习报告的要求

写出实验名称、实验内容、电路元件和电源的参数、画出实验线路和相应测量数据的表格。

2. 讨论并完成如下工作

①分析表 5.3.2 中的数据,说明射级输出器作输入级的作用。

②分析表 5.3.3 中的数据,说明射级输出器作输出级的作用。

5.4 集成运算放大器的基本应用

5.4.1 实验目的

①掌握运算放大器的正确使用方法。

②掌握用集成运算放大器构成各种基本运算电路的方法。

③学习正确使用示波器交流输入方式和直流输入方式观察波形的方法,重点掌握积分器输入、输出波形的测量和描绘方法。

5.4.2 实验设备

①实验电路板。

②直流稳压电源、直流信号源。

③万用表。

5.4.3 基础知识要点及参考电路

集成运算放大器是一种直接耦合的电压放大器。它是具有两个输入端和一个输出端的高增益(一般可达 120 dB)、高输入阻抗(通常为 100 kΩ ~ 10 MΩ)、低输出阻抗(通常为 70 Ω ~ 300 Ω)的多级电路。集成运放的外部配以适当反馈网络可实现各种不同的电路功能。如果反馈网络为线性电路,可实现比例、加减、积分、微分运算。如果反馈网络为非线性电路,则可实现对数、乘法、除法等运算。在这些应用电路中,引入了深度负反馈,使集成运放工作在线性放大区,属于运算放大器的线性应用范畴,因此分析时可将集成运放视为理想运放,运用虚断和虚短的原则,从而可方便地得出输入与输出之间的运算表达式。

1. 比例运算电路

比例运算是应用最广泛的一种基本运算电路,可分为反相比例运算和同相比例运算。在理想条件下比例运算电路的闭环特性如表 5.4.1 所示。

表 5.4.1　比例运算电路闭环特性

	反相比例运算	同相比例运算
原理电路	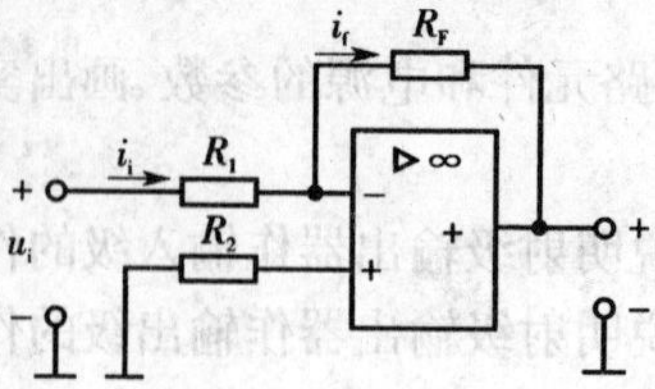	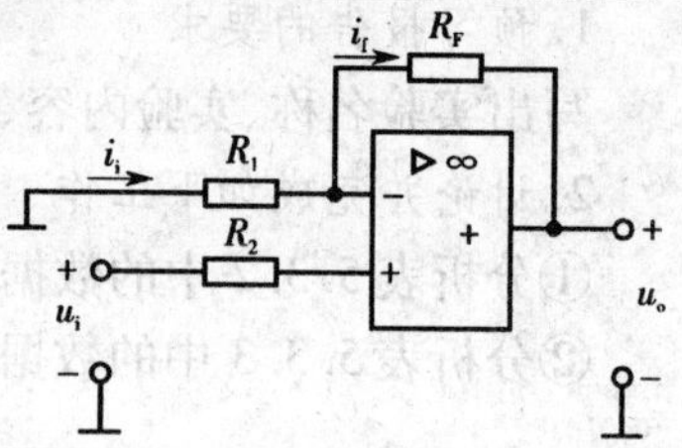
闭环电压增益 A_{uf}	$-\dfrac{R_F}{R_1}$	$1+\dfrac{R_F}{R_1}$
输入电阻 R_i	R_1	∞
输出电阻 R_o	≈ 0	≈ 0
平衡电阻 R_2	$R_1 /\!/ R_F$	$R_1 /\!/ R_F$

2. 加法运算电路

加法运算电路根据输入信号是从反相端输入还是从同相端输入，可分为反相加法电路与同相加法电路，分别如图 5.4.1 和图 5.4.2 所示。

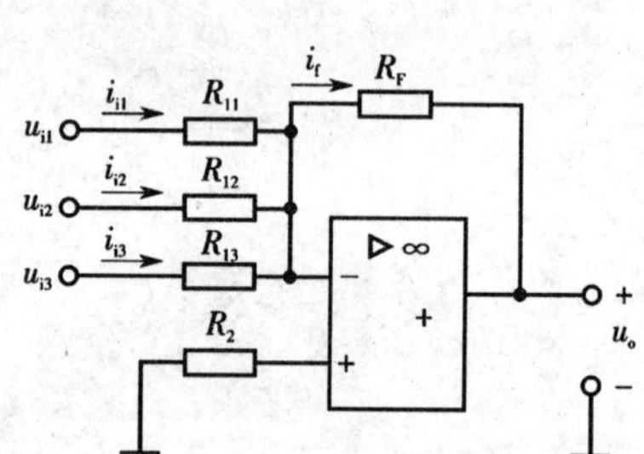

图 5.4.1 反相加法电路

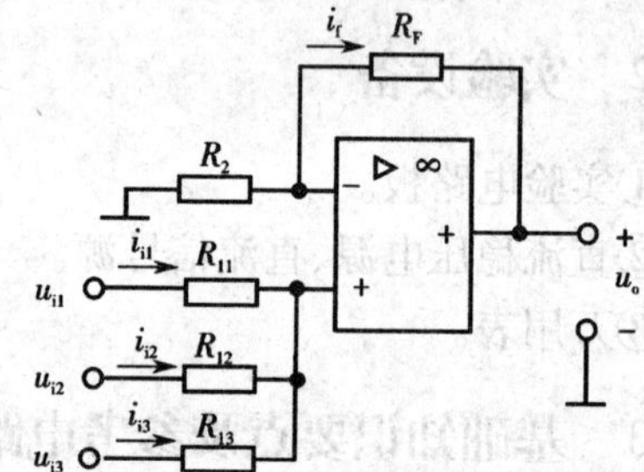

图 5.4.2　同相加法电路

在理想条件下，图 5.4.1 所示反相加法电路的输出电压与输入电压的关系式为

$$u_o = -\left(\frac{R_F}{R_{11}}u_{i1} + \frac{R_F}{R_{12}}u_{i2} + \frac{R_F}{R_{13}}u_{i3}\right)$$

平衡电阻

$$R_2 = R_{11}//R_{12}//R_{13}$$

同理，在理想条件下，图 5.4.2 所示同相加法电路的输出电压与输入电压的关系式为

$$u_o = \left(1+\frac{R_F}{R_2}\right)(R_{11}//R_{12}//R_{13})\left(\frac{1}{R_{11}}u_{i1} + \frac{1}{R_{12}}u_{i2} + \frac{1}{R_{13}}u_{i3}\right)$$

3. 减法运算电路

(1)单运放减法运算电路(利用差动式电路实现减法运算)

是由一个运算放大器构成的减法电路，如图 5.4.3 所示。在理想条件下，图 5.4.3 所示减法电路的输出电压与输入电压的关系式为

$$u_o = \left(1+\frac{R_F}{R_1}\right)\left(\frac{R_3}{R_2+R_3}\right)u_{i2} - \frac{R_F}{R_1}u_{i1}$$

当 $R_1 = R_2, R_3 = R_F$ 时，有

$$u_o = \frac{R_F}{R_1}(u_{i2} - u_{i1})$$

应当注意的是，由于电路中存在共模电压，所以应选用共模抑制比高的集成运放才能保证一定的运算精度。

(2)双运放减法运算电路(利用反相信号求和实现减法运算)

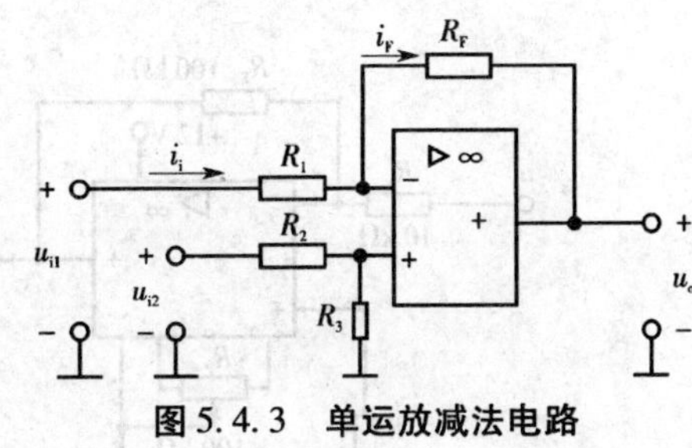

图 5.4.3　单运放减法电路

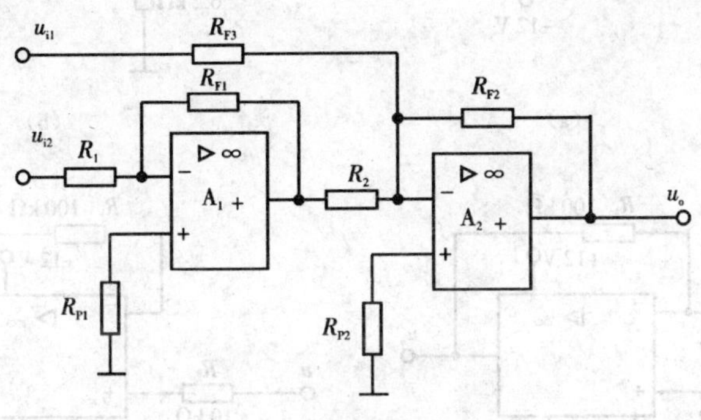

图 5.4.4　双运放减法电路

电路如图 5.4.4 所示。第一级为反相比例运算电路，第二级为反相加法电路。在理想条件下，图示电路的输出电压与输入电压的关系式为

$$u_o = \frac{R_{F1}R_{F2}}{R_1R_2}u_{i1} - \frac{R_{F2}}{R_{F3}}u_{i2}$$

4. 积分运算电路

根据输入信号的输入方式不同，积分运算电路可分为反相积分电路、同相积分电路和差动积分电路。这里以反相积分电路为例介绍积分电路的原理。

反相运算积分电路如图 5.4.5 所示。在理想条件下，反相积分运算电路的输出电压与输入电压的关系式为

$$u_o = -\frac{1}{RC}\int ui\mathrm{d}t = -\frac{1}{\tau}\int ui\mathrm{d}t$$

图中静态平衡电阻 R_P($R_P = R$)用来补偿偏置电流产生的失调。在实际应用电路中，往往在电容 C 的两端并接一积分漂移泄放电阻 R_f，用以防止积分漂移造成的积分器饱和或截止现象。但是 R_f 对电容 C 的分流作用会引入新的积分误差。为了减小由此而产生的误差，必须满足 R_fC 远远大于 RC。通常选取 $R_f \geqslant 10R$。

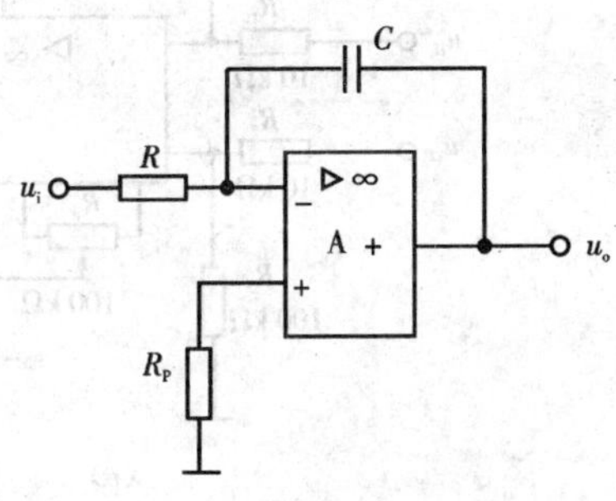

图 5.4.5　反相积分运算电路

5. 实验参考电路

实验参考电路见图 5.4.6。

5.4.4　实验内容及要求

选择集成运放芯片，确定各电阻并连接电路。电阻阻值一般选择 10 kΩ ~ 100 kΩ，同时注

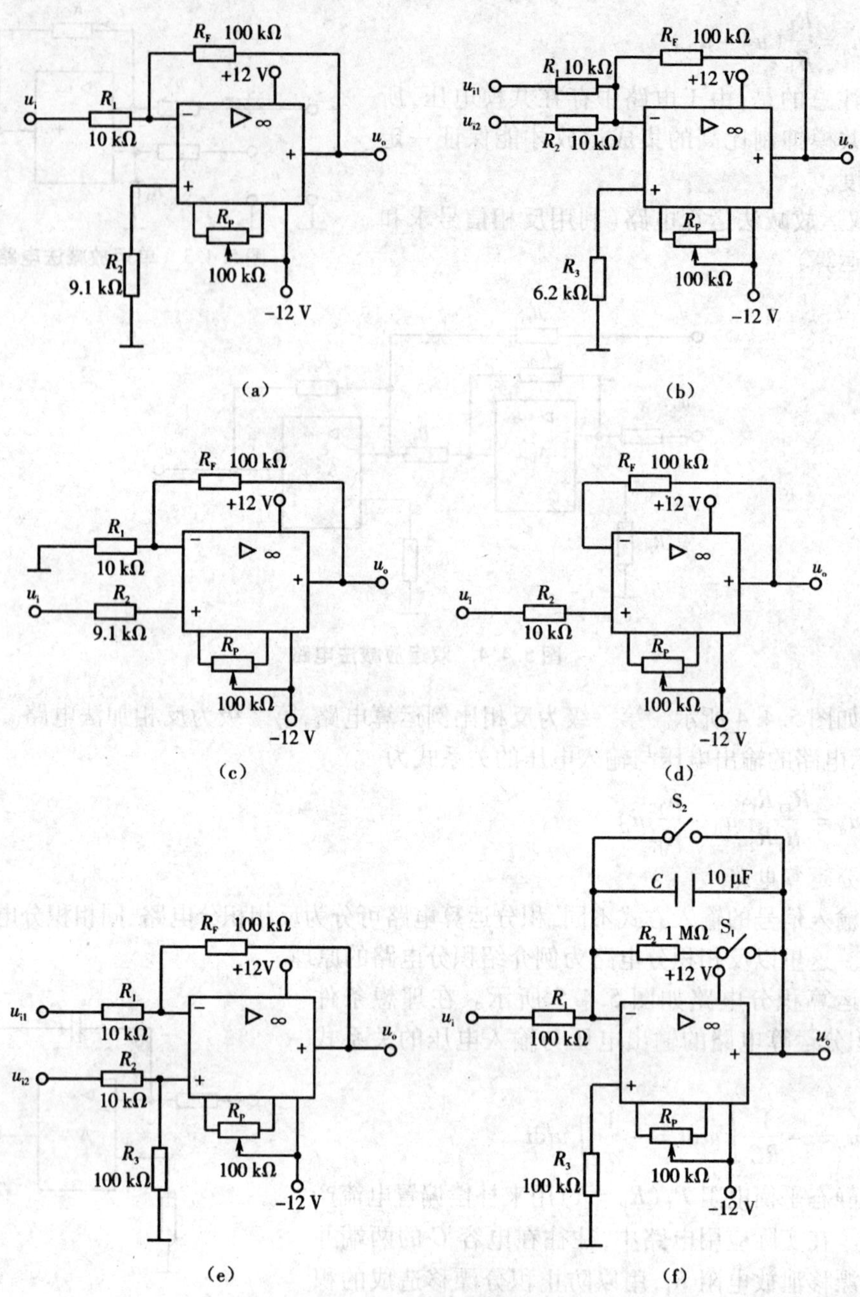

图 5.4.6　实验参考电路

(a)反相比例运算;(b)反相求和运算;(c)同相比例运算;(d)电压跟随器;(e)加减混合运算;(f)反相积分运算

意电阻的选择应满足输入电阻平衡。调零后,加入直流信号 U_i,用万用表测量输出电压 U_o,将测量值与理论值比较,计算相对误差。

1. 反相比例运算

按图 5.4.6(a)连接电路,输入三种不同幅值的 U_i,测量 U_o,将测量结果和计算值填入表 5.4.2 中。

2. 同相比例运算

按图5.4.6(c)连接电路,对电路进行调零。输入三种不同幅值的 U_i,测量 U_o,将测量结果和计算值填入表5.4.2中。

表5.4.2 比例运算

	U_i/mV	U_o/mV		
		测量值	计算值	误差/%
反相比例	100			
	500			
	1 000			
同相比例	100			
	500			
	1 000			

3. 反相求和运算

按图5.4.6(b)连接电路,对电路进行调零。按表5.4.3要求输入三组幅值不同的输入信号,分别测量输出值,并与理论值比较,计算误差,填入表5.4.3中。

4. 加减混合运算

按图5.4.6(e)连接电路,对电路进行调零。按表5.4.3要求输入三组幅值不同的输入信号,分别测量输出值,并与计算值比较,计算误差,填入表5.4.3中。

表5.4.3 加、减运算计算与测试数据

		输入信号 U_i/mV		输出信号 U_o/mV		
		U_{i1}	U_{i2}	测量值	计算值	误差/%
反相求和运算	第一组	100	200	400		
	第二组	200	300	200		
	第三组	400	100	300		
加减混合运算	第一组	100	200	400		
	第二组	400	300	200		
	第三组	200	400	100		

5. 积分运算电路

实验电路如图5.4.6(f)所示,实验步骤如下。

①打开 S_2,闭合 S_1,对运放输出进行调零。

②调零完成后,再打开 S_1,闭合 S_2,使 $u_C(0)=0$。

③预先调好直流输入电压 $U_i=0.5$ V,接入实验电路,再打开 S_2,然后用直流电压表测量输出电压 U_o,每隔5秒读一次 U_o,记入表5.4.4中,直至 U_o 不继续明显增大为止。

表5.4.4 积分运算

t/s	0	5	10	15	20	25	30	……
U_o/V								

5.4.5 实验报告要求

1. 预习报告的要求

写出实验名称、实验内容、电路元件和电源的参数、画出实验线路和相应测量数据的表格。

2. 讨论并完成如下工作

①整理测量数据填入表格。

②计算理论值并与实测值比较，分析误差原因。

③实验中为何要对电路预先调零？不调零对电路有什么影响？

④在上述运算电路中为什么要求两输入端所接电阻满足平衡？

5.5 集成运算放大器的非线性应用

5.5.1 实验目的

①学习电压比较器的基本工作原理与电路类型，深入理解其功能和特点。

②学习迟滞比较器传输特性的测试方法。

③进一步掌握示波器的使用。

5.5.2 实验设备

①示波器、低频信号发生器、直流稳压电源、晶体管毫伏表。

②数字万用表。

5.5.3 基础知识要点及参考电路

1. 电压比较器

电压比较器是一种能进行电压幅度比较和幅度鉴别的电路，它能够将输入信号与参考电压进行比较，并用输出的高低电平表示比较的结果。电压比较器的特点是电路中的集成运放工作在开环或正反馈状态，输入和输出之间呈现非线性传输特性。这种电路能把输入的模拟信号转换为输出的脉冲信号。它是一种模拟量到数字量的接口电路，常被应用于模数转换、自动控制和自动检测等技术领域以及波形产生和变换等场合。

2. 单门限比较器

单门限比较器的特点是只有一个阈值电压。阈值电压指输出由一个状态跳变到另一状态的临界条件所对应的输入电压值。单门限比较器的抗干扰能力差。如果阈值电压等于零，则单门限比较器就变为过零比较器，通常用于信号过零检测。过零比较器如图5.5.1(a)所示。

3. 滞回比较器

滞回比较器的特点是有迟滞回环传输特性，抗干扰能力大大强于单门限电压比较器。它有两个不同的阈值电压(U_{T+}、U_{T-})。当输入逐渐由小增大或由大减小时，输出状态发生跳变时所对应的阈值电压是不同的。其抗干扰能力的强弱主要取决于回差电压的大小。回差电压为$\Delta U_T = U_{T+} - U_{T-}$。

反相输入迟滞电压比较器电路如图5.5.2(a)所示。运放同相输入端的电压实际上就是

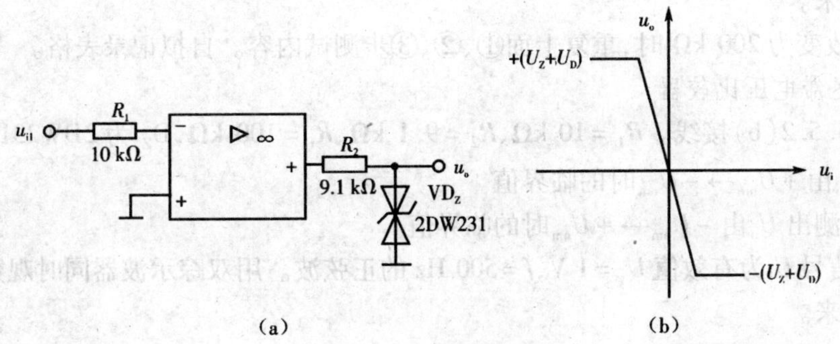

图 5.5.1　过零比较器

(a)电路图;(b)电压传输特性

门限电压。根据输出电压的高电平 U_{OH} 和低电平 U_{OL}，可求得上限门限电压 U_{T+} 和下限门限电压 U_{T-}

$$U_{T+} = \frac{R_2}{R_2 + R_F} U_{OH}$$

$$U_{T-} = \frac{R_2}{R_2 + R_F} U_{OL}$$

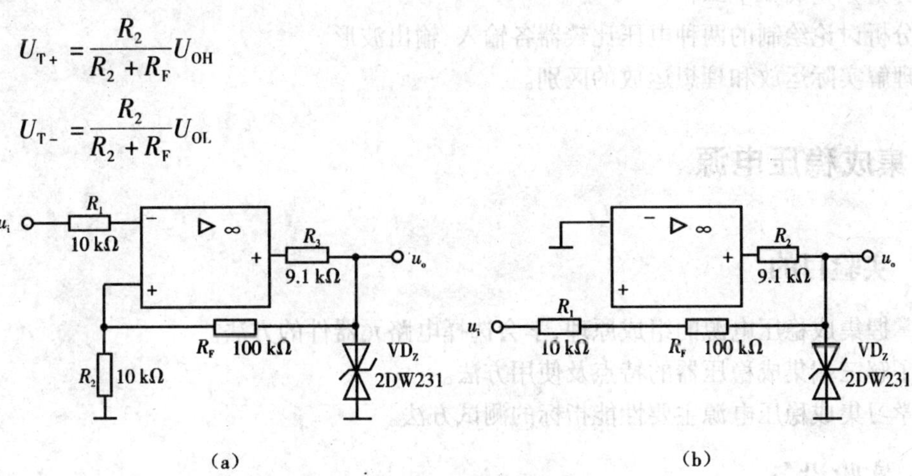

图 5.5.2　滞回比较器电路

(a)反相滞回比较器;(b)同相滞回比较器

5.5.4　实验内容及要求

1. 过零电压比较器

①按图 5.5.1 接线。将同相输入端接地，U_i悬空时，测试 U_o电压。

②输入信号为有效值 U_i = 1.0 V、f =500 Hz 的正弦波，用双踪示波器同时观察 U_i及 U_o波形，并描绘下来。自拟记录表格。

③改变 U_i幅值，观察 U_o变化。

2. 反相迟滞电压比较器

①按图 5.5.2(a)接线。$R_1 = R_2 = 10$ kΩ、$R_3 = 9.1$ kΩ、$R_f = 100$ kΩ，VD_Z 为 2DW231。U_i接直流电源，测出 U_o由 $+U_{om} \to -U_{om}$时的临界值。

②同上，测出 U_o由 $-U_{om} \to +U_{om}$时的临界值。

③输入信号为有效值 U_i =1 V、f = 500 Hz 的正弦波。用双踪示波器同时观察 U_i及 U_o波

形，并描绘下来。

④将 R_f 改变为 200 kΩ 时，重复上面①、②、③步测试内容。自拟记录表格。

3. 同相迟滞电压比较器

①按图 5.5.2(b)接线。$R_1 = 10$ kΩ、$R_2 = 9.1$ kΩ、$R_f = 100$ kΩ，D_Z 为 2DW231。U_i 接直流电源，测出 U_o 由 $+U_{om} \rightarrow -U_{om}$ 时的临界值。

②同上，测出 U_o 由 $-U_{om} \rightarrow +U_{om}$ 时的临界值。

③输入信号 U_i 为有效值 $U_i = 1$ V，$f = 500$ Hz 的正弦波。用双踪示波器同时观察 U_i 及 U_o 波形，并描绘下来。

5.5.5 实验报告要求

1. 预习报告的要求

写出实验名称、实验内容、电路元件和电源的参数、画出实验线路和相应测量数据的表格。

2. 讨论并完成如下工作

①分析讨论绘制的两种电压比较器各输入、输出波形。

②理解实际运放和理想运放的区别。

5.6 集成稳压电源

5.6.1 实验目的

①掌握集成稳压电源的组成原理，学会选择电路元器件的方法。

②了解三端集成稳压器的特点及使用方法。

③学习集成稳压电源主要性能指标的测试方法。

5.6.2 实验设备

①电子学综合实验设备。

②数字示波器。

5.6.3 基础知识要点及参考电路

集成稳压电源有串联式、并联式和开关式三种。本次实验以串联三端固定式 W7812 集成稳压器为例进行电路调整与测量。

1. 电源的组成

电子设备一般都需要直流电源供电。大多数电子设备是采用把交流电转变为直流电的直流稳压电源。直流稳压电源由电源变压器、整流电路、滤波器和稳压电路四部分组成，其原理框图如图 5.6.1 所示。各部分的作用说明如下。

①电源变压器。电网提供的交流电为 220 V，而各种电子设备所需要的直流电压却各不相同，此模块的作用是将电网电压降低，得到符合电路需要的交流电压。

②整流电路。其作用是将降压后的交流电压变换成方向不变、大小随时间变化的脉动电压。

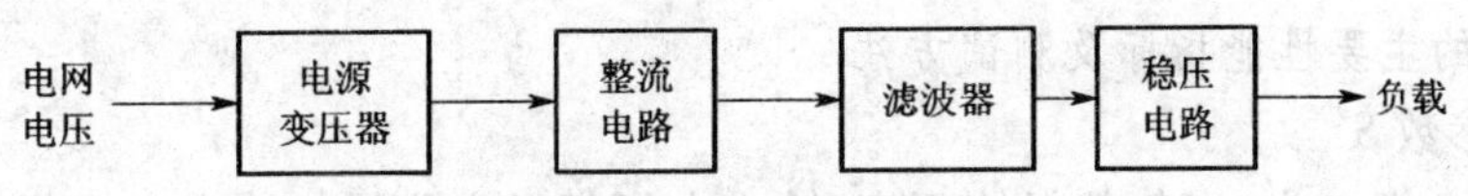

图 5.6.1　稳压电源原理框图

③滤波器。其作用是尽可能将单相脉动电压中的交流成分滤掉，使得输出电压成为比较平滑的直流电压。但这样的直流输出电压，还会随交流电网电压的波动或负载的变动而变化。

④稳压电路。其作用是使输出的直流电压在电网电压或负载发生变化时，保证输出直流电压稳定。

2. 实验参考电路

集成稳压电源参考电路如图 5.6.2 所示。其中 2W06 是一个由四个二极管组成的桥式整流元件（又称桥堆）。电容 C_1 是低频滤波电容；C_3 是高频滤波电容，用以抵消输入端较长引线的电感效应，防止产生自激振荡，引线不长时也可不用。C_3 一般在 0.1 ~ 1 μF 之间。集成稳压器 W7812 是集成稳压电路的核心元件，起到稳压作用。C_2 为电解电容，以减少稳压电源输出端由输入电源引入的低频干扰。C_4 为高频旁路电容，是为了瞬时增减负载电流时不致引起输出电压有较大的波动，一般取 0.1 μF。接入二极管 VD 可避免输入端短路或输入电容开路所造成的输出瞬间过压。

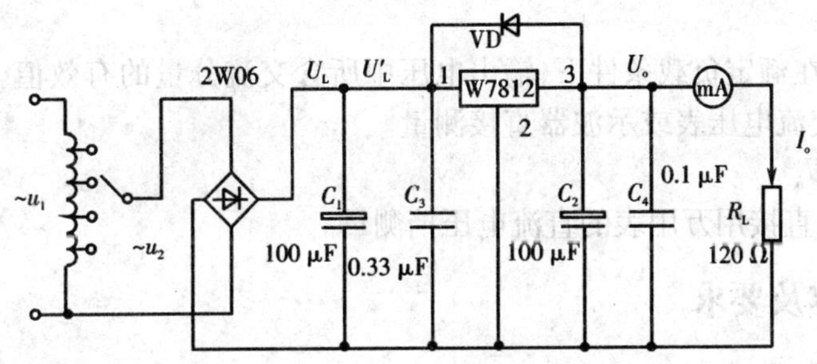

图 5.6.2　集成稳压电源参考电路

为使电路正常工作，要求输入直流电压 U_i 应高于输出直流电压 U_o 值 2 ~ 3 V，也不宜高出太多，以避免因稳压器功耗过大而损坏稳压器。

3. 三端集成稳压器简介

W7800 系列和 W7900 系列集成稳压器均有输入端、输出端和公共引出端，故称为三端集成稳压器。W7800 系列输出为固定正极性电压，一般有 5 V、6 V、9 V、12 V、15 V、18 V、24 V 七个档次；W7900 系列输出为固定负极性电压。无论哪种系列，稳压器型号后面的两位数代表固定稳压输出值，如 7809 表示稳压器输出 +9V，7905 表示稳压器输出 −5 V。

图 5.6.3 是 W7800 系列稳压器的外形、管脚和接线图。管脚 1，2，3 分别对应输入端、公共端和输出端。使用时只需在其输出端和输入端与公共端之间各并联一个电容即可。

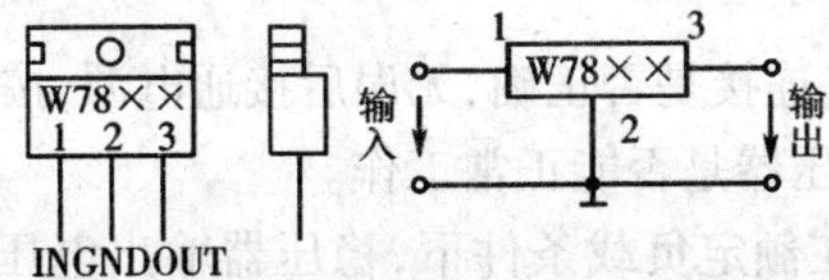

图 5.6.3　三端集成稳压器的管脚、外形和接线图

4. 稳压器的主要性能指标及测试方法

(1)稳压参数 S

稳压参数 S 定义为:当负载保持不变,输出电压相对变化量与输入电压相对变化量之比(R_L = 常数),即

$$S=\left.\frac{\Delta U_o/U_o}{\Delta U_i/U_i}\right|_{R_L=\text{常数}}$$

$$S=\frac{\Delta U_o/U_o}{\Delta U_i/U_i}$$

测量时,可选用多位直流数字电压表,测出当输入电压增加或减小 10% 时输出电压的变化量。显然,稳压系数越小,稳压效果越好。

(2)输出电阻 R_o

输出电阻 R_o的定义为:当输入电压保持不变,由于负载变化引起的输出电压变化量与输出电流变化量之比(U_i = 常数),即

$$R_o=\left.\frac{\Delta U_o}{\Delta I_o}\right|_{U_i=\text{常数}}$$

$$R_o=\frac{\Delta U_o}{\Delta I_o}$$

(3)纹波电压

纹波电压是指在额定负载条件下,输出电压中所含交流分量的有效值。纹波电压一般为毫伏数量级,可用交流电压表或示波器直接测量。

(4)输出电压 U_o

输出电压 U_o可直接用万用表的直流电压挡测量。

5.6.4 实验内容及要求

1. 整流滤波电路测试

按图 5.6.2 连接电路,整流电路输入电压为工频电压 14 V,接通工作电源,分别测试整流、滤波输出电压及纹波电压,并观测波形,记入表 5.6.1 中。

输出纹波电压 $\sim u_L$是指在额定负载条件下,滤波器输出电压中所含交流分量,读取的数据是其有效值(或峰值)。

表 5.6.1 整流滤波电路测试

方式 \ 测试	交流输入电压 $\sim u_2$(V)	整流器输出电压 U_L(V)	滤波器输出电压 U_L'(V)	纹波电压 $\sim u_L$(mV)	$U_L/\sim u_2$	$U_L'/\sim u_2$
数据						
波形						

2. 集成稳压器性能测试

(1)稳压器检测

按图 5.6.2 所示检查电路连接是否正确,无误后接通电源,按表 5.6.2 要求测量并记录数据。比照稳压器的型号,看稳压器是否能正常工作。

输出纹波电压 $\sim u_{no}$是指在额定负载条件下,稳压器输出电压中所含交流分量,读取的数据是其有效值(或峰值)。

表 5.6.2　稳压器正常工作检测

交流输入电压	稳压器输入直流电压	输出直流电压	输出端纹波电压
$\sim u_2$/V	U_L'/V	U_o/V	$\sim u_{no}$/mV

(2) 稳压器的输出电阻 r_o 测试

在稳压器正常工作的条件下，在图 5.6.2 所示电路中，使经过整流滤波后输入到稳压电路的直流电压 U_L 保持不变，测量电源带载和空载两种情况下的负载电流和输出电压，从而按照公式求出输出电阻 r_o，并将测量与计算的数据填入表 5.6.3 中。

表 5.6.3　输出电阻 r_o 测试

带载输出电压	无载输出电压	电压变化值	负载电流	电流变化量	输出电阻
U_o/V	U_o'/V	ΔU_o/V	I_o/mV	ΔI_o/mV	r_o/Ω

(3) 稳压器的稳压系数测试

在图 5.6.2 所示电路中，使电源带载后调整输入交流电压 $\sim u_2$，使稳压器的输入直流电压 U_L 变化 ±10%，测出对应的输出电压 U_o，从而按照公式求出稳压系数 S，并将测量值与计算的数据填入表 5.6.4 中。

表 5.6.4　稳压系数测试

输入直流电压		输入直流电压变化量	输出电压		输出电压变化量	稳压系数
变化前	变化后	ΔU_L/V	变化前 U_o/V	变化后 U_o/V	ΔU_o/V	S

5.6.5 实验报告要求

1. 预习报告的要求

写出实验名称、实验内容、电路元件和电源的参数、画出实验线路和相应测量数据的表格。

2. 讨论并完成下面工作

①画出本次实验的整体接线图。

②整理实验数据及波形，并说明各项参数的趋势。

5.7 综合训练

5.7.1 电子电路故障的检查和排除训练

1. 训练目的

①掌握电子电路故障检查的基本方法。

②熟悉排除故障的一般步骤。

③掌握示波器的使用，提高分析问题、解决问题的能力。

2. 训练任务

①按图 5.7.1 独立完成单元电路元器件的检测与组装。

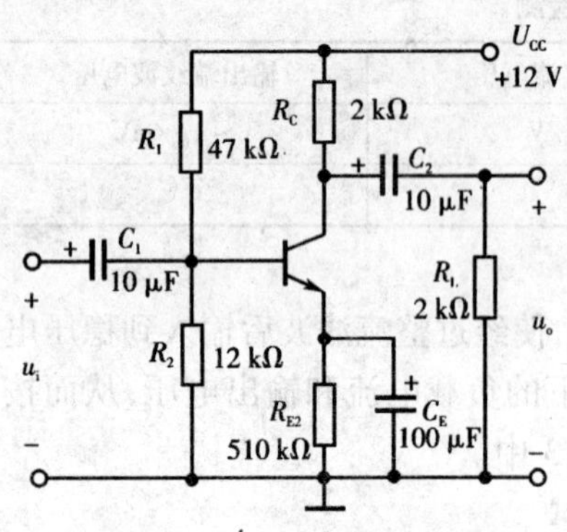

图 5.7.1　单管共射放大电路

②排除组装过程中的故障，自拟步骤调整测试单元电路，记录电路的静态工作点和动态技术指标。

③拆除电阻 R_1 的引线，模拟电阻 R_1 开路的故障。测量晶体管各级的电位，并与理论分析的情况相比较。

④拆除电阻 R_2 的引线，模拟电阻 R_2 开路的故障。测量晶体管各级的电位，并与理论分析的情况相比较。

3. 故障检查的方法

电路故障检查的基本方法参阅 1.4 节。

4. 训练报告要求

①根据所排除的故障及测试数据，写出实验报告。

②说明所遇故障的原因及具体的检查方法。

③根据电路原理，分析所测数据的正确性。

④总结故障分析及排除的方法和一般步骤。

⑤写出心得和体会。

5.7.2　正反相比例运算联级电路

1. 训练目的

了解集成运算放大器 LM324 在低频放大电路中的联级应用方法。

2. 训练参考电路

使用的正反相比例运算联级电路，如图 5.7.2 所示。

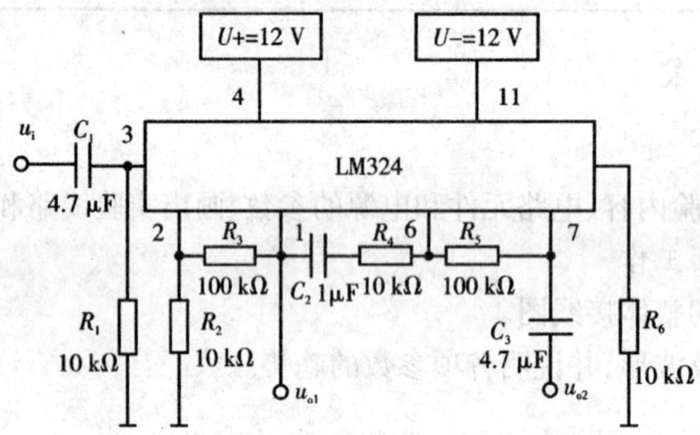

图 5.7.2　正反相比例运算联级电路图

3. 说明

由通用型集成运算放大器 LM324 组成的低频交流信号正反相比例运算联级电路，如图 5.7.2 所示。当同相比例运算电路 3 脚输入端加一正弦波信号 U_{i1} 时，经第一级电路放大后（当忽略耦合电容的压降时），1 脚输出电压为 $U_{o1}=(1+R_3/R_2)U_{i1}$，其电压放大倍数 $A_{U1}=U_{o1}/U_{i1}$，即电路比例系数为 $1+R_3/R_2$。电压 U_{o1} 再经反相比例运算电路放大后（当忽略耦合电容的压降时），由 7 脚输出电压为 $U_{o2}=-(R_5/R_4)U_{o1}$，其电压放大倍数 $A_{U2}=U_{o2}/U_{o1}$，即电路的比例系数为 $A_{U2}=-R_5/R_4$。因此，正反相比例运算联级电路总的电压放大倍数为 $A_U=U_{o2}/U_{i1}$，故电路总的比例系数 $A_U=A_{U1}\times A_{U2}$。

4. 训练任务

按图 5.7.2 独立完成单元电路元器件的检测与电路组装并逐级调试。然后进行动态性能测试。测试输入信号为 $f=1$ kHz, $U_i=10$ mV。测试要求如下。

①测试各级电压放大倍数、总的电压放大倍数并观测各级波形。

②输入正弦波信号频率 $f=1$ kHz, $U_i=10$ mV,测量输出电压 U_{o2} 值。

③将频率 f 调低,使输出电压为 U_{o2} 的 0.95 倍,记录此时的频率点;再将频率继续调低,使输出电压为 U_{o2} 的 0.707 倍,记录此时的下限频率 f_L。

④将频率 f 调高,使输出电压为 U_{o2} 的 0.95 倍,记录此时的频率点;再将频率继续调高,使输出电压为 U_{o2} 的 0.707 倍,记录此时的上限频率 f_H。

将以上测量结果绘成幅频特性图。

5. 训练报告要求

总结多级放大电路动态参数的调整和测试方法。

6. 训练指导

(1)调试

安装前要对整体电路进行合理布局,安装时要特别注意运放、电容等主要器件的引脚和极性,不能接错。从放大器电路开始逐级安装,安装一级调试一级,安装两级要进行级联调试,直到整机安装与调试完成。

(2)布线技巧及注意事项

对于初学者,布线时应按电路图一一接线。连接电路时应注意,导线长短要适中。接线太长则缠绕不清,不便检查;太短则牵扯仪器,易脱线造成事故。对于复杂的电路,正确接线的程序是:按图布置,先串后并,先分后合,先主后辅。布线时应注意以下几点。

①安装的分立元件要能便于看到极性和标志。为了防止裸露的引线短路,必要时加套管,一般不采用剪断引脚的方法,以利于重复使用。

②对多次使用过的集成电路的引脚,必须修理整齐,引脚不能弯曲,所有的引脚应稍向外偏,这样才能使引脚与插孔接触良好。要根据电路图确定元器件在实验区上的排列位置,目的是走线方便。双列直插式集成电路要插在相应插座的两边。为了能够正确布线并便于查线,所有集成电路的插入方向要保持一致,豁口一律朝左,一定不能为了临时走线方便或缩短导线长度而把集成电路倒插。

③根据信号流向的顺序,采用边安装边调试的方法。元器件安装之后,先连接电源线和地线。为了方便查线,连线应该用不同的颜色。例如,正电源用红色绝缘皮导线,负电源用白色,地线用黑色,信号线用黄色,也可根据条件选用其他颜色的导线。

④导线尽可能排列有序,尽可能从集成电路周围通过,不允许跨接在集成电路上,也不要使导线互相重叠在一起。这样有利于查线、更换器件及连线。

⑤最好在各电源的输入端和地之间并联一个容量为几十微法的电容,以减少瞬变过程对电流的影响;同时应在该电容两端再并联一个高频去耦电容,以抑制电源中的高频成分。去耦电容一般取容量为 0.01 ~0.04 μF 的独立电容。

⑥在布线过程中,如电路复杂,要把所用的引脚号标在电路图上,以保证调试和查找故障的顺利进行。

⑦为了使电路能够正常工作与测量,所有的地线必须连在一起,形成一个公共地参考点。

第6章 数字电子技术基础实验

6.1 逻辑门电路功能及参数的测试

6.1.1 实验目的

①掌握 TTL 门电路逻辑功能的测试方法。

②了解 TTL"与非"门主要参数的含义及测试方法。

③掌握数字集成芯片的使用,学习检查集成芯片的好坏。

6.1.2 实验设备及器件

①示波器。

②直流稳压电源。

③数字电路实验箱。

④万用表。

6.1.3 基础知识要点及参考电路

1. 门电路逻辑功能的测试

TTL 逻辑门电路系列中有很多不同功能、不同用途的逻辑门电路。可通过实验方法验证其真值表和测试其逻辑功能。同时,根据逻辑功能是否正确可以初步判断集成芯片的好坏。

2. TTL"与非"门主要参数

(1)输出高电平电压 U_{oH}

输出高电平电压 U_{oH} 是指"与非"门有一个以上输入端接地或接低电平时的输出电平值。空载时,U_{oH} 必须大于标准高电平($U_{SH}=2.4$ V),测试电路如图 6.1.1 所示。

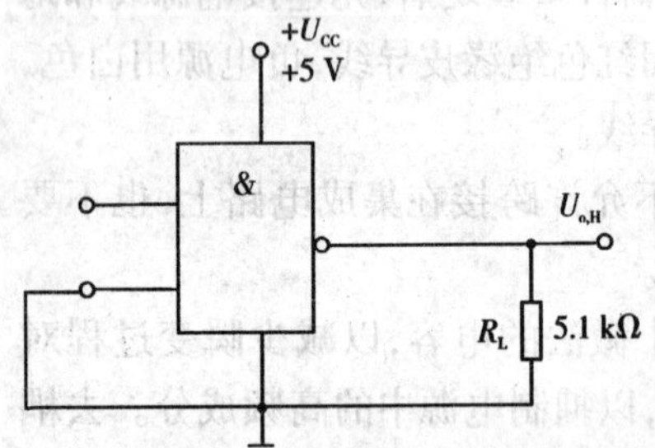

图 6.1.1 测试 U_{OH} 电路

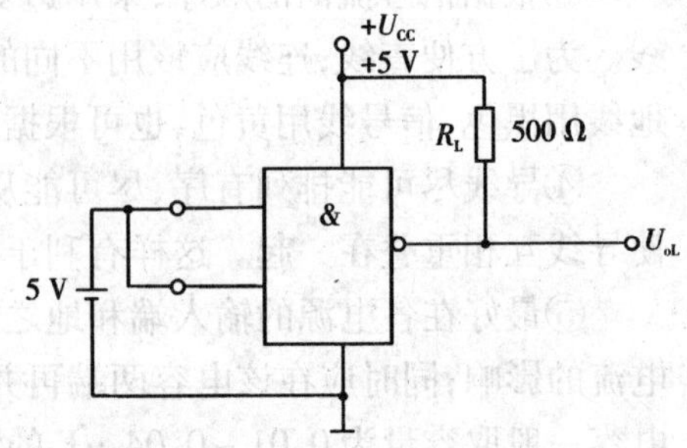

图 6.1.2 测试 U_{OL} 电路

(2)输出低电平电压 U_{oL}

输出低电平电压 U_{oL} 是指“与非”门所有输入端都接高电平时的输出电平值。空载时，U_{oL} 必须小于标准低电平(U_{SL} = 0.4 V)，测试电路如图 6.1.2 所示。

(3)输入短路电流 I_{iS}

输入短路电流 I_{iS} 是指“与非”门被测输入端接地和其余输入端悬空时，由被测端流出的电流。一般，I_{iS} < 1.6 mA。测试电路如图 6.1.3 所示。

(4)扇出系数 N

扇出系数 N 是指一个“与非”门能带同类门的最大数目，用以衡量带负载的能力。计算式为

$$N=\frac{I_{oL}}{I_{iS}}$$

式中，I_{iS} 为输入短路电流，I_{oL} 为输出低电平时，最大允许负载电流。一般要求 N > 8，测试电路如图 6.1.4 所示。

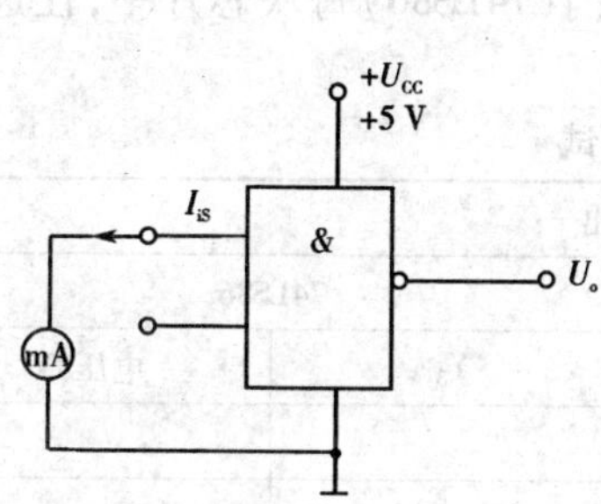

图 6.1.3　测试 I_{iS} 电路

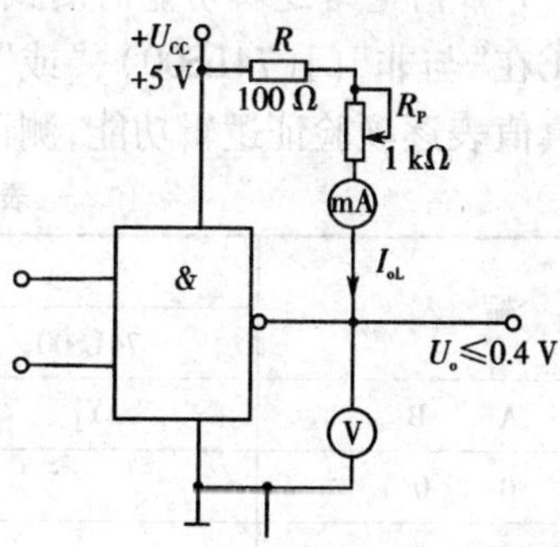

图 6.1.4　测试扇出系数 N 电路

3. 74LS00 等门电路外引线排列

74LS00 为四 2 输入“与非”门，芯片含有 4 个 2 输入“与非”门，外引线排列和逻辑符号如图 6.1.5 所示，设 A、B 为输入端，Y 为输出端。

74LS32 为四 2 输入“或”门 $Y=(A+B)$，74LS86 为四 2 输入“异或”门 $Y=(A\oplus B)$，74LS08 为四 2 输入“与”门 $Y=(A\cdot B)$。74LS32、74LS08 及 74LS86 的外引线排列与 74LS00 的规律相同，如图 6.1.5 所示。

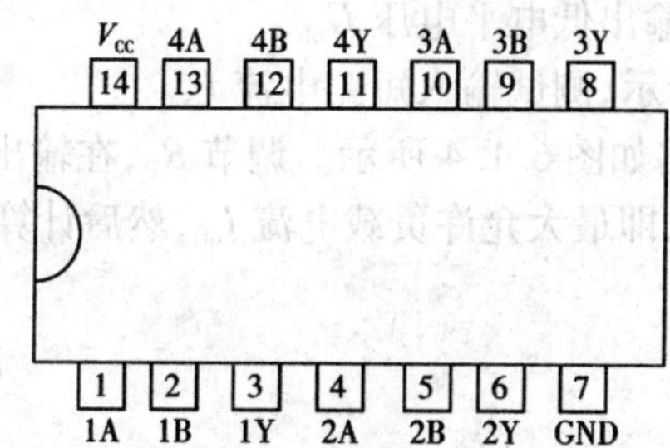

图 6.1.5　74LS00(74LS32,74LS08,74LS86)的外引线排列图

TTL 集成门电路外引脚分别对应逻辑符号图中的输入、输出端。电源和地一般为集成块的两端，如 14 脚集成块，7 脚为电源地（GND）、14 脚为电源正端（V_{CC}）。外引脚的识别方法是：从豁口或标志黑点处逆时针依次递增，1、2、3……。DIP 管脚按电路需要有 8、14、16、20、24、28 和 40 脚等。

4. 集成门电路的质量判别

可以用数字万用表逻辑挡检测 TTL 门电路的好坏。先将集成电路电源"V_{CC}"和"GND"管脚接通电源和地，其他管脚悬空，数字万用表的黑表笔接电源"地"上，用红表笔测门电路的输入端，数字万用表逻辑显示应为 1 态。如显示为 0 态，则说明 TTL 门电路输入端内部击穿，门电路坏了，不能再使用；用红表笔测门电路的输出端，输出应符合门电路的逻辑关系。例如"与非"门（74LS00），数字万用表测量两输入端悬空都为逻辑 1，输出应符合逻辑"与非"的关系，测量输出应为逻辑 0 态。如果逻辑关系不对，则可判断门电路已坏。

6.1.4 实验内容及要求

1. TTL 门电路逻辑功能的测试

①在"与非"门（74LS00）、"或"门（74LS32）及"异或"门（74LS86）每块芯片中，任选一个门按真值表逐项验证逻辑功能，测试结果填入表 6.1.1 中。

表 6.1.1 门电路逻辑功能测试

输入		输出			
		74LS00	74LS32	74LS86	
A	B	Y_1	Y_2	Y_3	电压/V
0	0				
0	1				
1	0				
1	1				

②观察"与非"门对脉冲的控制作用。在实验板上选用 74LS00 的任一"与非"门，用连续脉冲信号作为"与非"门的一个输入变量，用示波器观察当另一个输入端接高电平和接低电平时，电路的输入、输出波形。

2. TTL"与非"门主要参数的测试

①按图 6.1.1 接线，测试输出高电平电压 U_{oH}。

②按图 6.1.2 接线，测试输出低电平电压 U_{oL}。

③测试电路如图 6.1.3 所示，测试输入短路电流 I_{iS}。

④测试扇出系数 N 的电路如图 6.1.4 所示。调节 R_P，在输出电压保持 $U_o = 0.4$ V 的条件下，读出毫安表的最大电流值，即最大允许负载电流 I_{oL}，然后计算扇出系数 N。

6.1.5 实验报告要求

1. 预习报告的要求

写出实验名称、实验内容、电路元件和电源的参数、画出实验线路和相应测量数据的表格。

2. 讨论并完成下面工作

①整理实验数据和观察的波形。

②总结实验的收获与体会。

6.2　OC 门和三态门的应用

6.2.1　实验目的

①熟悉 OC 门和三态门的逻辑功能。

②掌握 OC 门的典型应用,了解 R_L对 OC 电路的影响。

③掌握 TTL 和 CMOS 电路的接口转换电路。

④掌握三态门的典型应用。

6.2.2　实验设备

①74LS07。

②74LS125。

6.2.3　基础知识要点及参考电路

OC 门即集电极开路门。三态门即除正常的高电平 1 和低电平 0 两种状态外,还有第三种状态输出——高阻态。OC 门和三态门均是特殊的 TTL 电路,若干个 OC 门的输出可以并接在一起,三态门亦然。而一般普通的 TTL 门电路,由于它的输出电阻太低,所以它们的输出不可以并接在一起,构成“线与”。

1. 集电极开路门(OC 门)

集电极开路“与非”门的逻辑符号如图 6.2.1 所示,由于输出端内部电路——输出管的集电极是开路的,所以,工作时需外接负载电阻 R_L。两个“与非”门(OC)输出端相连时,其输出相当于把两个 OC “与非”门的输出相“与”(称“线与”),完成“与或非”的逻辑功能,如图 6.2.2 所示。

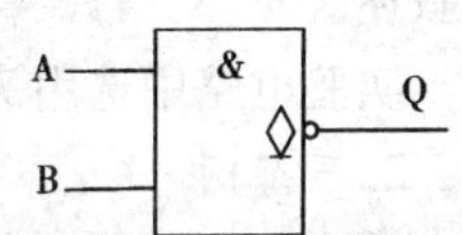

图 6.2.1　OC“与非”门逻辑符号

R_L的计算方法可通过图 6.2.3 说明。如果 n 个 OC 门“线与”驱动 N 个 TTL“与非”门,则负载电阻 R_L可以根据“线与”的“与非”门(OC)数目 n 和负载门的数目 N 选择。

为保证输出电平符合逻辑关系,R_L的数值范围为

$$R_{L\max} = \frac{E_C - V_{oH}}{nI_{oH} + mI_{iH}}$$

$$R_{L\min} = \frac{E_C - V_{oL}}{I_{LM} + NI_{iL}}$$

式中:I_{oH}——OC 门输出管的截止电流;

I_{LM}——OC 门输出管允许的最大负载电流;

I_{iL}——负载门的低电平输入电流;

E_C——负载电阻 R_L所接的外接电源电压;

I_{iH}——负载门的高电平输入电流;

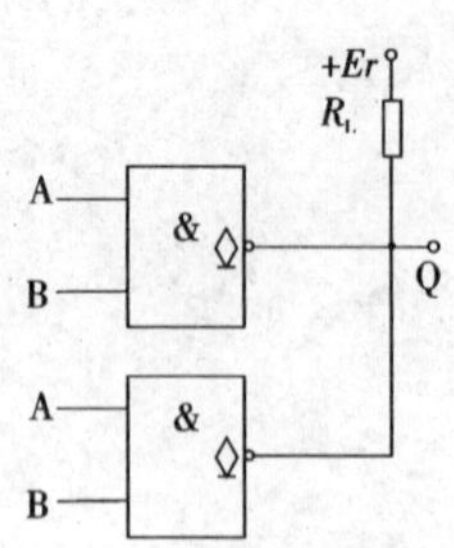

图 6.2.2　OC“与非”门线与应用

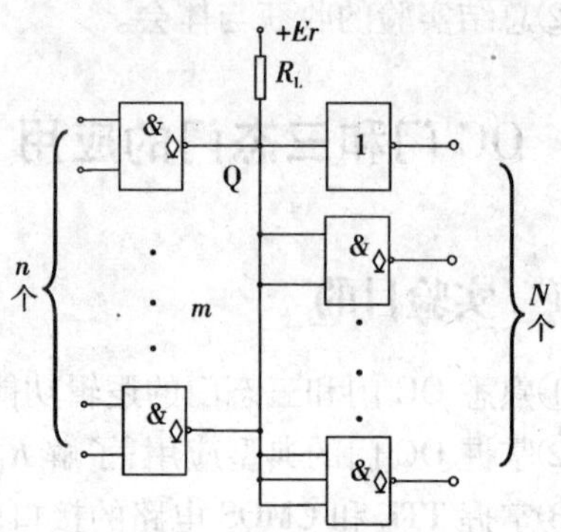

图 6.2.3　OC 门 R_L 值的确定

n ——“线与”输出的 OC 门的个数；

N——负载门的个数；

m——接入电路的负载门的输入端个数。

R_L值的大小会影响输出波形的边沿时间，在工作速度较高时，R_L的值应尽量小，接近 R_{Lmin}。

OC 门的应用主要有如下三个：

①组成“线与”电路，完成某些特定的逻辑功能；

②组成信息通道（总线），实现多路信息采集；

③实现逻辑电平的转换，以驱动 MOS 器件、继电器、三极管等电路。

TTL 电路中，除集电极开路“与非”门外，还有集电极开路“或”门、“或非”门等，在此不详细叙述。

实验电路中选用 74LS01 集电极开路输出的 2 输入端四“与非”门。

2. 三态门

三态门有三种状态，即 0、1、高阻态。处于高阻态时，电路相当于开路。图 6.2.4（a）是三态门的逻辑符号。它有一个控制端（又称禁止端或使能端）EN，EN = 1 为禁止工作状态，Q 呈高阻状态：EN = 0 为正常工作状态，Q = A。

三态电路最重要的用途是实现多路信息的采集，即用一个传输通道（或称总线）以选通的方式传送多路信号，如图 6.2.4（b）所示。本实验选用 74LS125 三态门电路进行实验。

6.2.4　实验内容及要求

1. 集电极开路（OC）门实验

选用 74LS01“与非”门（OC），其外引线排列如图 6.2.5 所示。

（1）“线与”逻辑功能的实现

按图 6.2.6 接线。负载电阻 R_L用一只 200 Ω 电阻和 10 kΩ 电位器串联代替，用实验法确定 R_{Lmax}和 R_{Lmin}，并和理论计算相比较。将“线与”Q 端接发光二极管，拨动逻辑开关 K_1 ~ K_8，观察输出端 Q，其结果是否符合“线与”的逻辑关系，即 $Q=\overline{A_1B_1+A_2B_2+A_3B_3+A_4B_4}$“与或非”逻辑功能。

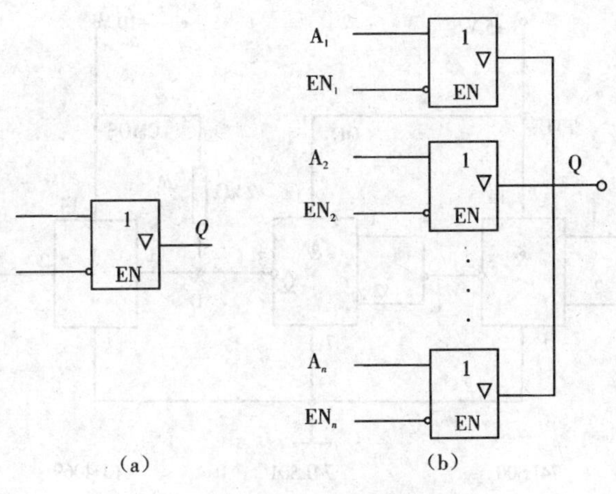

图 6.2.4 三态门

(a)逻辑符号;(b)应用举例

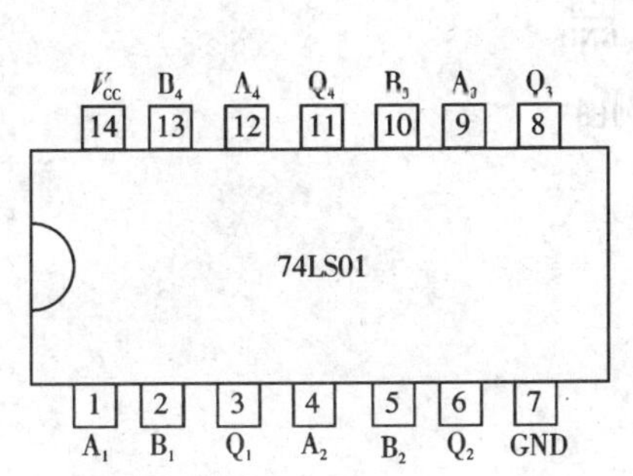

图 6.2.5 74LS01 外引线排列图

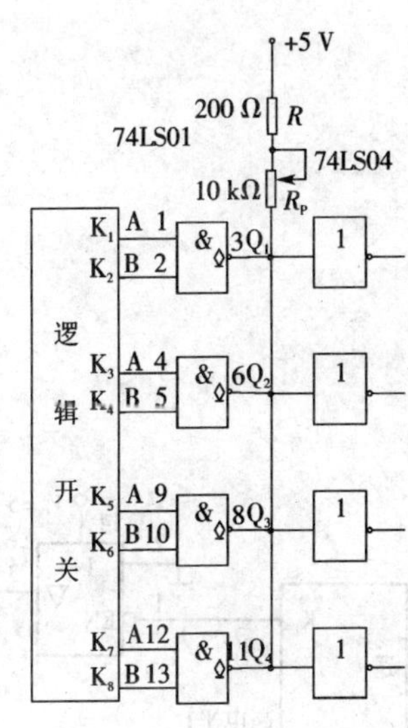

图 6.2.6 OC 门"线与"实验电路

(2)OC 门实现电平转换

按图 6.2.7 接线,实现 TTL 电路驱动 CMOS 电路的电平转换。

图 6.2.7 中 TTL 门电路用 74LS00"与非"门,OC 门为 74LS01,CMOS 电路为 CD4069 反相器。CD4069 引脚排列如图 6.2.8 所示。注意,CMOS 电路在接电源后,CMOS 剩余的输入端需加保护,在此只需将不用的 3、5、9、11、13 引脚连在一起,再接到地上,或接实验板上的开关电平上即可。

电路接线无误后,接通电源,在输入端 A、B 输入全 1,用万用表测量 C、D、E 点的电压,再将 B 输入置 0,用万用表测量 C、D、E 点的电压。自拟表格记录数据。

2. 三态门实验

三态门选用 74LS125,实验接线图如图 6.2.9 所示。74LS125 引脚排列如图 6.2.10 所示。当 EN = 0 时,其逻辑关系为 Q = A;EN = 1 时,为高阻态。

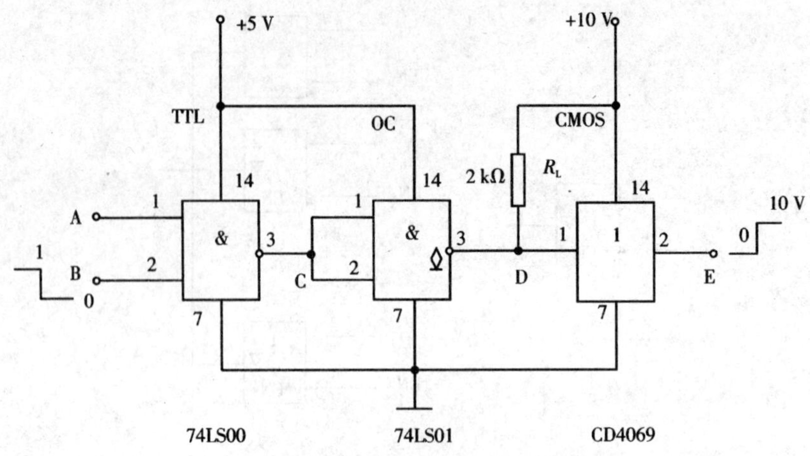

图 6.2.7 TTL 电路驱动 CMOS 接口电路

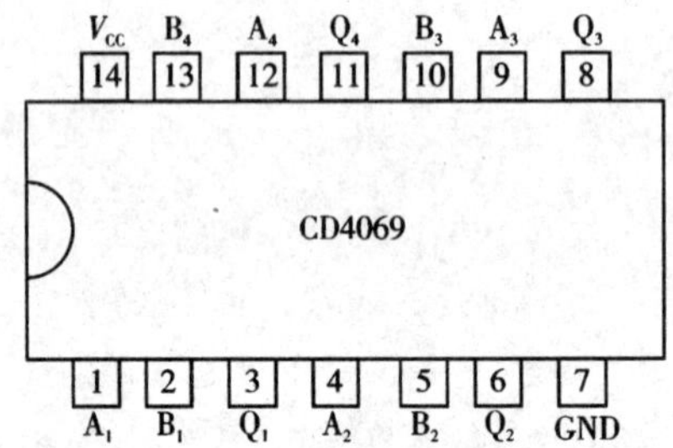

图 6.2.8 CD4069 引脚排列图

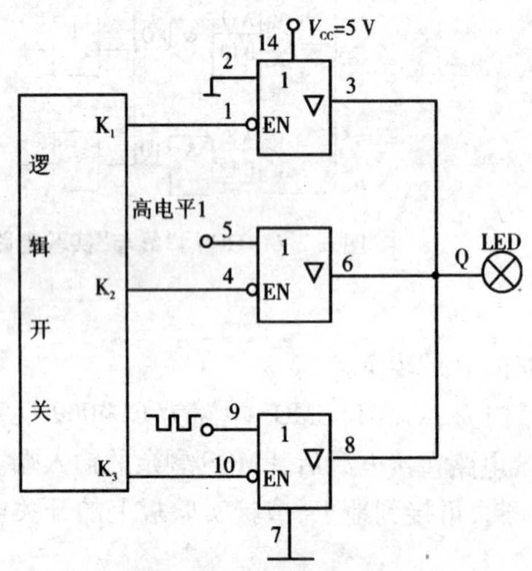

图 6.2.9 三态门实验电路

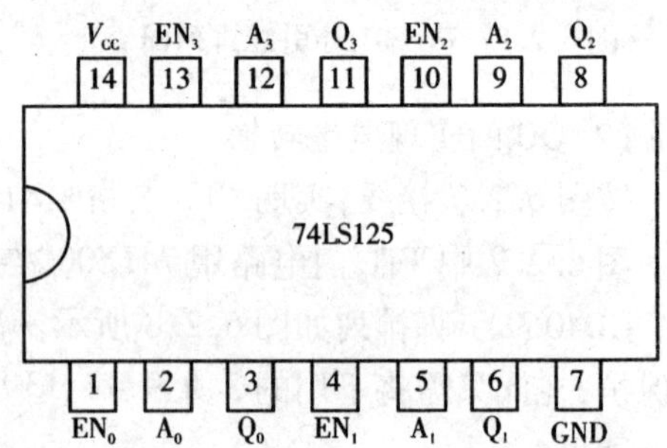

图 6.2.10 74LS125 三态门外引脚排列图

按图 6.2.9 接线。其中三态门三个输入分别接地、1 电平和脉冲源,输出连在一起接 LED。三个使能端分别接逻辑开关 K_1、K_2、K_3并全置 1。

在三个使能端均为 1 时,用万用表测量 Q 端输出。

分别使 K_1、K_2、K_3为0,观察输出Q端情况。

K_1、K_2、K_3不能有一个以上同时为0,否则造成"与"门输出相连,这是绝对不允许的。

记录、分析这些结果。

6.2.5 实验报告要求

1. 预习报告的要求

写出实验名称、实验内容、电路元件和电源的参数、画出实验线路和相应测量数据的表格。

2. 讨论并完成下面工作

①画出实验电路,并注明有关元件型号。

②整理、分析实验数据和结果。

6.3 组合逻辑电路分析——全加器和加法器

6.3.1 实验目的

①熟悉组合逻辑电路分析的步骤。

②加深对全加器、加法器电路的理解,并学会灵活运用这些电路。

③掌握BCD码的加法运算电路。

6.3.2 实验设备

74LS283,74LS54,74LS86,74LS00。

6.3.3 基础知识要点及参考电路

1. 组合逻辑电路的特点

按照逻辑功能的不同特点,常把数字电路分成两大类,一类叫做组合逻辑电路,另一类叫做时序逻辑电路。组合逻辑电路在逻辑功能上的特点是电路某一时刻的稳态输出只取决于当前的输入值,而与电路过去的状态无关。它在电路结构上的特点是只包含门电路,而没有存储(记忆)单元。

2. 组合逻辑电路的分析步骤

①根据给出的组合逻辑电路图,由输入级向后递推,写出每个门电路的输出对于输入的逻辑关系,最后得到整个组合逻辑电路的输出变量对于输入变量的逻辑函数表达式。

②利用逻辑代数法或卡诺图法,对所得逻辑函数表达式进行转换或化简,得到逻辑函数的标准或最简的"与-或"表达式。

③由逻辑函数的标准或最简"与-或"表达式逐值代入,得出真值表。

④通过真值表判断逻辑功能,并用简要语言描述逻辑功能。

3. 全加器

所谓全加器就是完成两个1位二进制数相加,并考虑到低位来的进位,得到本位的和产生向高位进位的逻辑部件。若 A_i、B_i分别表示第 i 个全加器的两个加数,C_i为低位来的进位,S_i为本位和,C_{i+1}是向高一位的进位,则可得到全加器的逻辑函数最小项表达式如下:

$$S_i = \overline{A_i}\,\overline{B_i}C_i + \overline{A_i}B_i\overline{C_i} + A_i\overline{B_i}\,\overline{C_i} + A_iB_iC_i = \sum m(1,2,4,7)$$

$$C_i + 1 = \overline{A_i}B_iC_i + A_i\overline{B_i}C_i + A_iB_i\overline{C_i} + A_iB_iC_i = \sum m(3,5,6,7)$$

4. 4 位超前进位全加器(74LS283)

74LS283 是两个 4 位二进制数超前进位全加器(原理详见教材),其引脚功能见图 6. 3. 2。A 和 B 是两个 4 位二进制数的输入端,C_4、S_3、S_2、S_1、S_0是 5 位输出端,C_0是进位输入端,而 C_4 是进位输出端。

5. 8421BCD 码加法运算

通常用二—十进制(BCD)码表示十进制数,因此在运算中 BCD 码加法运算也是必需的。对于任何一位十进制数需要用一个 4 位二进制码来表示,如 8421BCD 码。但在相加过程中,若所得和大于 9 或产生进位,则和的结果是无效 BCD 码,这时需把十进制 6(二进制 0110)加到和上,成为加 6 纠错,结果就为正确的 BCD 码的和了。

6. 3. 4　实验内容及要求

1. 分析逻辑电路的功能并测实验证

①逻辑电路如图 6. 3. 1 所示,试分析两个逻辑电路功能,并且弄清全加器和加法器的概念,写出表达式,列出真值表。

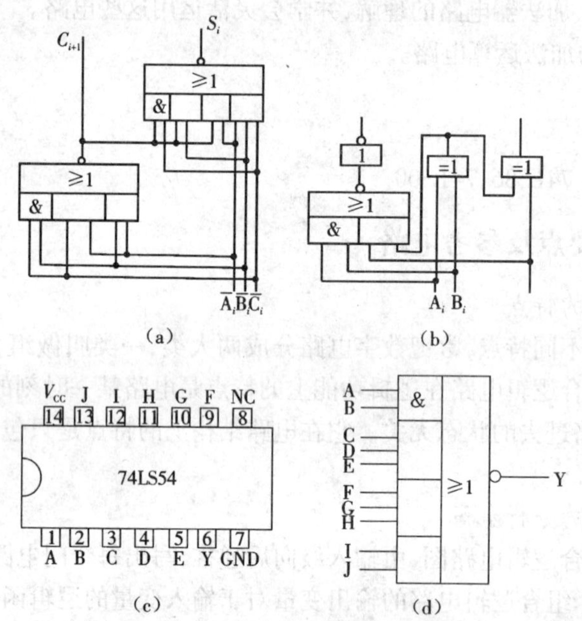

图 6. 3. 1　全加器方案

(a)方案一;(b)方案二;(c)74LS54 引脚排列图;(d)74LS54 逻辑符号图

②用 74LS00、74LS54 及 74LS86 实现这两个电路,并验证真值表。

2. 分析加法器逻辑电路功能并验证结果

用"与非"门和加法器(74LS283)实现两个 1 位的 8421BCD 码的加法运算,逻辑电路如图 6. 3. 2 所示,并验证所加结果。

注:在实验室用钮子开关的发光二极管表示"被加数 A"和"加数 B",用 8 段数码管输出表示"和"。观察 A、B 取不同值时的加法结果并记录实验数据。

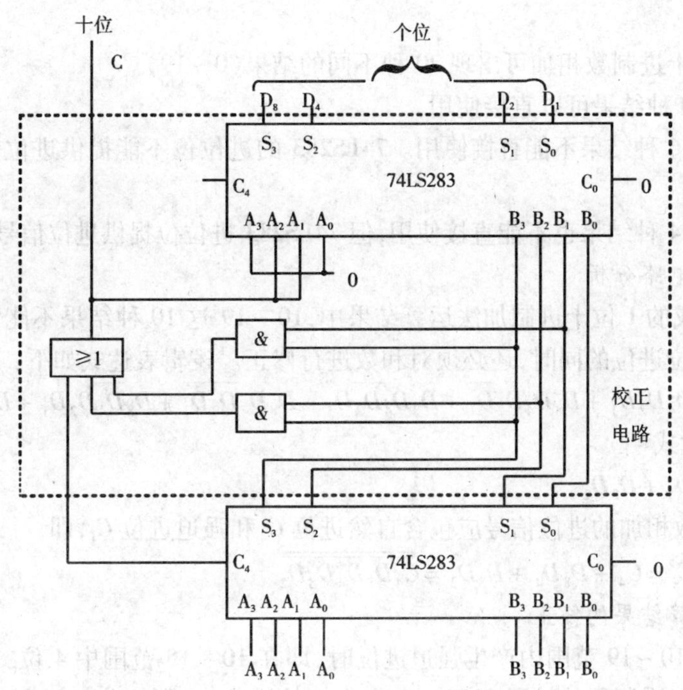

图 6.3.2　8421BCD 码加法器

6.3.5　实验报告要求

1. 预习报告的要求

写出实验名称、实验内容、电路元件和电源的参数、画出实验线路和相应测量数据的表格。

2. 讨论并完成下面工作

①按照组合逻辑电路分析步骤，总结实验内容，相应分析测试结果。

②根据实验内容 2 测试的结果，分析实验中出现的问题并思考如何用 74LS283 组合两位 BCD 码加法器，74LS283 应该怎样连接。

③为什么通用集成电路只有加法器而没有减法器？

6.3.6　实验指导

1. 实验顺序及注意事项

将集成芯片正确插放在单元电路实验区上，先连接好电源端与接地端，然后按引脚排列图连接逻辑功能导线。

注意，+5 V 电源需经数字万用表校准后才能连接到电路芯片。在做 74LS54 芯片功能测试时注意观察“与或非”门多余输入引脚的处理。

2. 全加器 74LS283 组成 1 位十进制加法器工作原理分析

(1) 十进制全加器运算结果分析

4 位二进制加法器的和有 16 种结果(0 ~ 15)并逢 16 进 1，见表 6.3.1。用 4 位二进制码表示 1 位十进制数，只能取其中 10 种结果(0 ~ 9)并逢 10 进 1。如用 74LS283 实现 1 位十进制全加法，全加器运算结果需进行修正，才可以构成十进制全加器。从运算结果表得出以下结论。

①两个1位十进制数相加可出现20种不同的结果(0~19)。

②0~9这10种结果可以直接使用。

③10~15这6种结果不能直接使用。74LS283的进位位不能提供进位信号,需要强迫进位。

④16~19这4种结果也不能直接使用,但74LS283进位位提供进位信号,产生自然进位。

3. 强迫进位电路分析

74LS283组成的1位十进制加法运算结果中,10~19这10种结果不能直接使用,需向高位进位。在向高位进位的同时,还必须对和数进行修正。逻辑表达式如下:

$$C_f = D_8D_4D_2D_1 + D_8D_4D_2\overline{D_1} + D_8D_4\overline{D_2}D_1 + D_8D_4\overline{D_2}\,\overline{D_1} + D_8\overline{D_4}D_2D_1 + D_8\overline{D_4}D_2\overline{D_1}$$

化简后,得到表达式

$$C_f = D_8D_4 + D_8D_2$$

1位十进制数相加的进位信号应包含自然进位 C_4 和强迫进位 C_f,即

$$C_i = C_4C_f = C_4 + D_8D_4 + D_8D_2 = \overline{\overline{C_4D_8D_4D_8D_2}}$$

4. 全加器运算结果的修正

在运算结果10~19范围内产生强迫进位时,即在10~15范围中4位二进制码的和减去10,即加上10的二进制码的补码0110。在产生自然进位时,因4位二进制码是逢16进1,所以在和数中加上6(即加上0110)。从上述分析可知,无论产生自然进位还是强迫进位,都在4位二进制码的和数加上0110。BCD码求和结构示意图如图6.3.4所示。

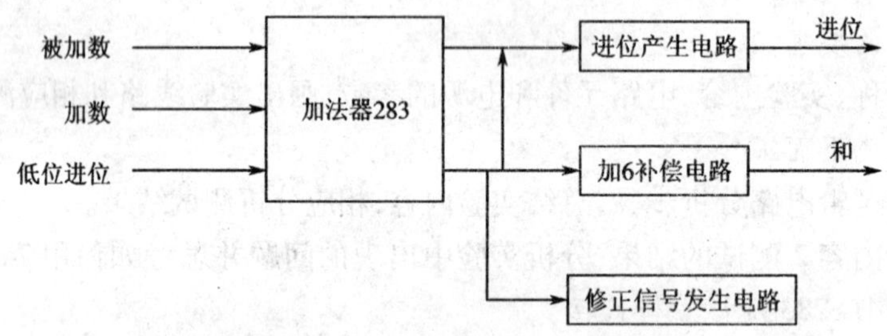

图6.3.3 BCD码求和结构示意图

表6.3.1 BCD码未经修正和修正之后的和

十进制的和	未经修正的BCD码的和					修正后的BCD码的和					
	C_4	S_3	S_2	S_1	S_0	C_i	D_8	D_4	D_2	D_1	
0	0	0	0	0	0	0	0	0	0	0	
1	0	0	0	0	1	0	0	0	0	1	
2	0	0	0	1	0	0	0	0	1	0	
3	0	0	0	1	1	0	0	0	1	1	
4	0	0	1	0	0	0	0	1	0	0	
5	0	0	1	0	1	0	0	1	0	1	
6	0	0	1	1	0	0	0	1	1	0	
7	0	0	1	1	1	0	0	1	1	1	

续表

十进制的和	未经修正的BCD码的和					修正后的BCD码的和					
	C_4	S_3	S_2	S_1	S_0	C_i	D_8	D_4	D_2	D_1	
8	0	1	0	0	0	0	1	0	0	0	
9	0	1	0	0	1	0	1	0	0	1	
10	0	1	0	1	0	Cf	0	0	0	0	强迫进位
11	0	1	0	1	1	Cf	0	0	0	1	
12	0	1	1	0	0	Cf	0	0	1	0	
13	0	1	1	0	1	Cf	0	0	1	1	
14	0	1	1	1	0	Cf	0	1	0	0	
15	0	1	1	1	1	Cf	0	1	0	1	
16	1	0	0	0	0	1	0	1	1	0	自然进位
17	1	0	0	0	1	1	0	1	1	1	
18	1	0	0	1	0	1	1	0	0	0	
19	1	0	0	1	1	1	1	0	0	1	

6.4 MSI数字集成电路的功能测试及应用

6.4.1 实验目的

①了解编码器、译码器的性能和使用方法。

②熟悉用通用译码器实现任意组合逻辑函数的方法。

③了解数据选择器的逻辑功能及使用方法。

6.4.2 实验设备及器件

74LS147,74LS138,74LS151,74LS248,BS203。

6.4.3 基础知识要点及参考电路

中规模集成器件(MSI)一般都是专用功能器件,具有某种特定的逻辑功能(一般都具有附加的控制端,也称做片选段、使能端),可以使用这些功能器件实现逻辑函数,实现方法是逻辑函数对比法。

1. 译码器

其功能是将每个输入的代码进行"翻译",译成对应的输出高、低电平信号。译码器按用途可分为变量译码器、码制变换译码器和显示译码器。

①变量译码器又称二进制译码器。若有 n 个输入变量,则对应 2^n 个不同的组合状态。常用的有双2-4线译码器74LS139,3-8线译码器74LS138等。

②码制变换译码器用于同一个数据的不同代码之间的相互变换。如二-十进制译码器74LS42等。

③显示译码器用来驱动各种数字、文字或符号的显示器,如共阴极 BCD 七段显示译码器-驱动器 74LS248 等。

2. 译码器 74LS138 构成逻辑函数的方法

一个 n 变量的译码器的输出包含 n 变量的所有最小项。如 3-8 线译码器(74LS138)的 8 个输出包含了 3 个变量的全部最小项的译码。因此,用 n 变量译码器加上合适的"与非"门电路,就能获得任何形式的输入变量不大于 n 的组合逻辑电路。74LS138 的外引线排列如图 6.4.1 所示。

3. 编码器

编码器的作用和译码器相反,是一个多输入、多输出的组合逻辑电路。按照被编码信号的不同特点和要求,编码器分为二进制编码器、二-十进制编码器和优先编码器。

(1)二进制编码器

如 4 线-2 线编码器、8 线-3 线编码器等。

(2)二-十进制编码器

这是用 4 位二进制数对十进制数 0 ~ 9 进行编码的电路,如 10 线-4 线 BCD 码编码器 74LS147,其作用是将某一信息的输入(低电平有效)变成二进制代(反)码输出。74LS147 的外引线排列如图 6.4.2 所示。

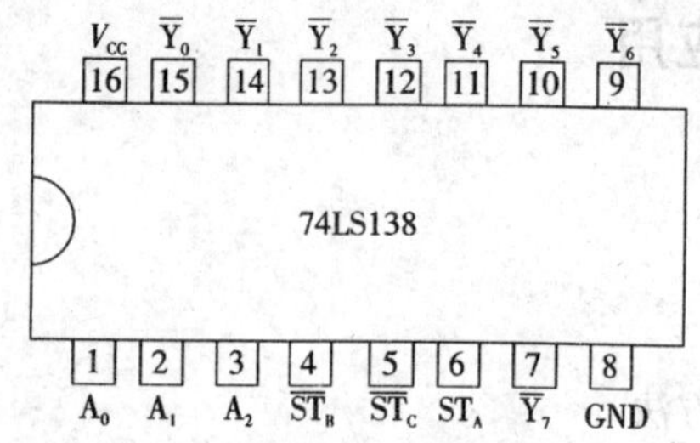

图 6.4.1 74LS138 的外引线排列图

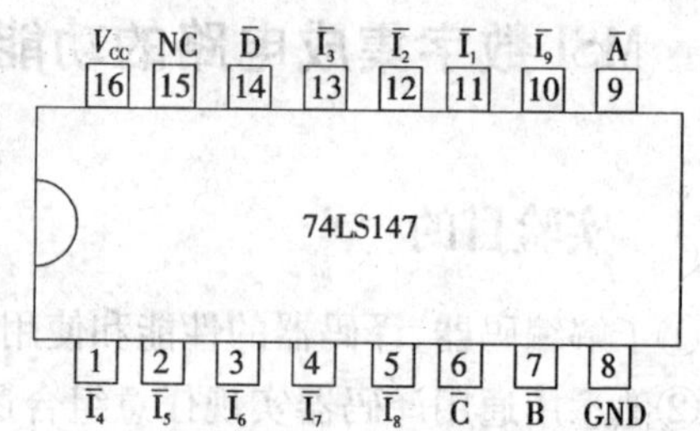

图 6.4.2 74LS147 的外引线排列图

(3)优先编码器

这是对输入信号按照优先权的高低进行编码的电路,如 8 线-3 线优先编码器 74LS148 等。

4. 数据选择器

数据选择器相当于多个输入的单刀多掷开关,作用是在地址码的控制下,从几个输入数据中选择一个送到公共输出端。74LS153 为双四选一数据选择器,外引线排列如图 6.4.3 所示。

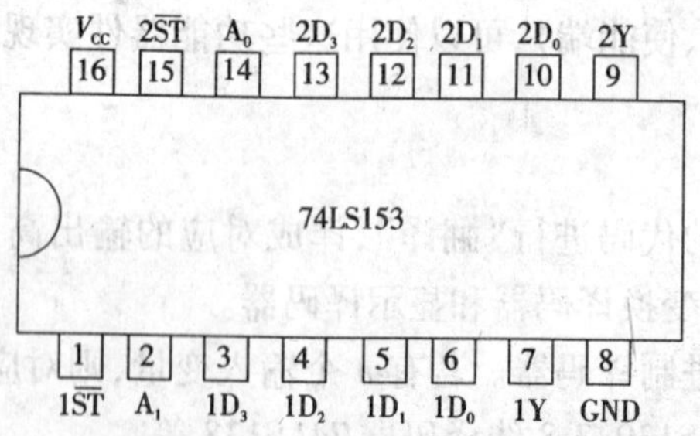

图 6.4.3 74LS153 的外引线排列图

5. 译码显示电路

常见的数码显示器有半导体数码管(LED)和液晶显示器(LCD)两种,其中 LED 又分为共阴极和共阳极两种类型。半导体数码管和液晶显示器都可以用 TTL 或 CMOS 集成电路驱动。

七段数码管内部由 8 个发光二极管组成,包含 7 个各段划和一个小数点,位置排成"8"形。8 个发光二极管的连接电路有共阴接法和共阳接法两种。共阳接法就是把所有发光二极管的阳极都接在一起,形成一个由高电平驱动的公共端 COM,各管的阴极由低电平有效的段码信号 a ~ g 控制。共阴接法则相反,它的公共端 COM 是所有发光二极管的阴极,由低电平驱动,而各段发光二极管的阳极由高电平驱动。各段发光二极管正向导通时发光,导通电压 U_D 为 2 V,导通电流 I_D 约为 3 ~ 5 mA,电流太大可能会损坏器件。所以,使用时必须根据所加信号的幅度选择限流电阻。图 6.4.4 为七段译码及显示电路。该电路把四位 BCD 代码译成驱动七段数码管的信号。

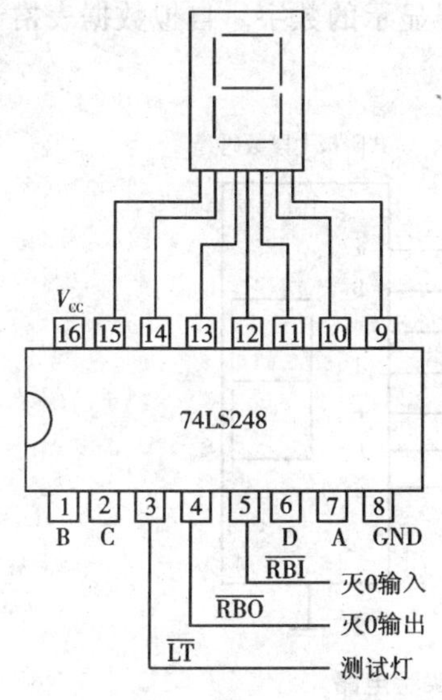

图 6.4.4　七段译码及显示电路

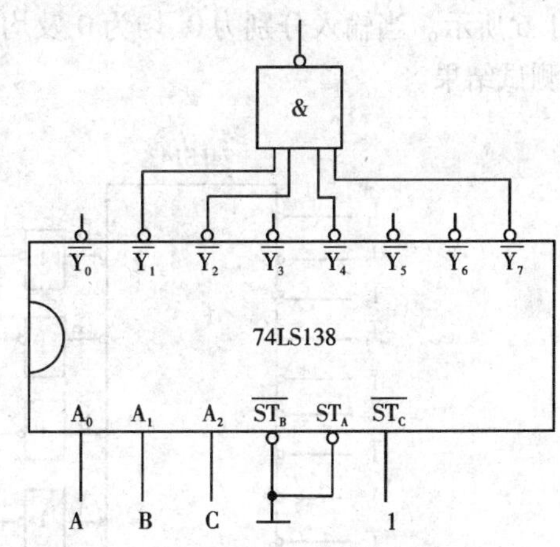

图 6.4.5　74LS138 构成的组合逻辑电路

6.4.4　实验内容及要求

1. 测试 74LS138 的逻辑功能

用 3 线-8 线译码器 74LS138 构成的组合逻辑电路如图 6.4.5 所示。按图 6.4.5 连接电路,自拟测试表格,验证 74LS138 的逻辑功能,并测试电路的逻辑功能。

2. 测试 74LS153 的逻辑功能

测试 74LS153 四选一数据选择器的逻辑功能。在四选一数据选择器的 A_0、A_1 端输入不同的逻辑电平,测试 Y 端相应的输出电平,并填入表 6.4.1 中。

表 6.4.1　74LS153 的逻辑功能表

输入			输出
选择		选通	数据
A_1	A_0	$\overline{ST}$	Y
×	×		
0	0		
0	1		
1	0		
1	1		

3. 显示电路

由优先编码器 74LS147、七段显示译码器 74LS248 和数码显示器构成的实验电路如图 6.4.6 所示。当输入分别为 0、均为 0 及均为 1 时，观察显示器显示的数字。自拟数据表格记录测试结果。

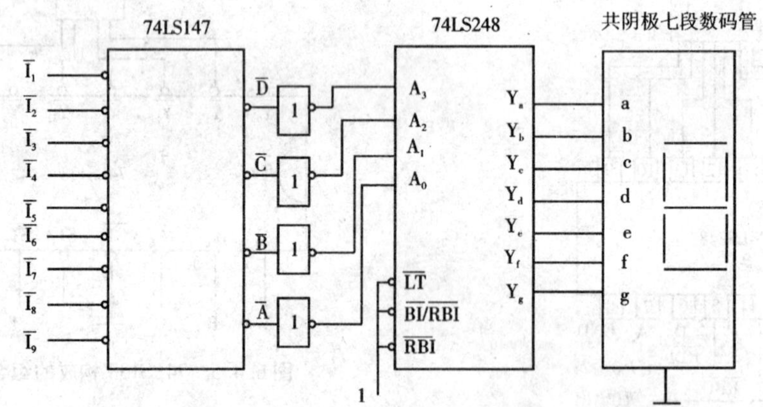

图 6.4.6　优先编码器、译码器及显示器的实验电路

4. 74LS153 的应用

试用双四选一数据选择器 74LS153 设计一个多数表决电路。该电路有三个输入端和一个输出端。表决结果用指示灯表示。如果多数赞成，则指示灯亮，Y = 1；反之灯不亮，Y = 0。

6.4.5　实验报告要求

1. 预习报告的要求

写出实验名称、实验内容、电路元件和电源的参数、画出实验线路和相应测量数据的表格。

2. 讨论并完成下面工作

①分析说明用数据选择器设计多数表决电路的步骤、过程。

②整理各个实验结果。

6.5　锁存器、触发器功能测试及应用

6.5.1　实验目的

①掌握基本 RS 触发器、JK 触发器、D 触发器和 T 触发器的逻辑功能。

②熟悉各类触发器之间相互转换方法。

③熟悉 D 锁存器的功能及应用。

6.5.2　实验设备

①数字双踪示波器。

②74LS74,74LS112,74LS373,74LS00。

6.5.3　基础知识要点及参考电路

1. 时序逻辑电路及其主要单元电路

实用中的数字系统大多是时序逻辑电路,而时序逻辑电路又是由组合电路与存储电路结合而成的,简称时序电路。它的特点是任一时刻的稳态输出不仅和当时的输入值有关,而且和以往各个时刻的输入取值有关。其中存储电路是电路记忆功能的核心电路,而实现存储功能的两种逻辑单元电路,就是锁存器和触发器。

锁存器和触发器是构成各种时序电路的主要单元电路,共同特点是都具有 0 和 1 的两种稳定状态。一旦状态被确定,就能自行保持,即长期存储 1 位二进制码,直到有外部信号作用时才有可能改变。锁存器是一种对脉冲电平敏感(即脉冲电平触发)的存储单元电路,它可以在特定输入脉冲电平作用下改变状态。而触发器则是一种对脉冲边沿敏感的存储电路,它只有在作为触发信号的时钟脉冲沿(上升沿或下降沿)的变化瞬间才能改变状态,是属于脉冲边沿触发。触发器通常由锁存器构成。按功能来分,锁存器有 RS 锁存器、D 锁存器。触发器有 JK 触发器、D 触发器、T 触发器和 T′触发器等。按制造材料分,有 TTL 类和 CMOS 类,它们在电路结构上有较大差别,但逻辑功能基本相同。

锁存器、触发器除作为时序逻辑电路的主要单元外,一般还用来作消振颤电路、同步单脉冲发生器、分频器及倍频器等。

2. 基本 RS 锁存器

基本 RS 锁存器是由两个“与非”门或“或非”门在输出端交互反馈组成的双稳态存储电路。其功能是完成置 0 和置 1 任务,其中 R 端(CLR 端)称复位端或置 0 端。S 端(PR 端)称为置 1 端。图 6.5.1 所示为用“与非”门构成的基本 RS 锁存器。

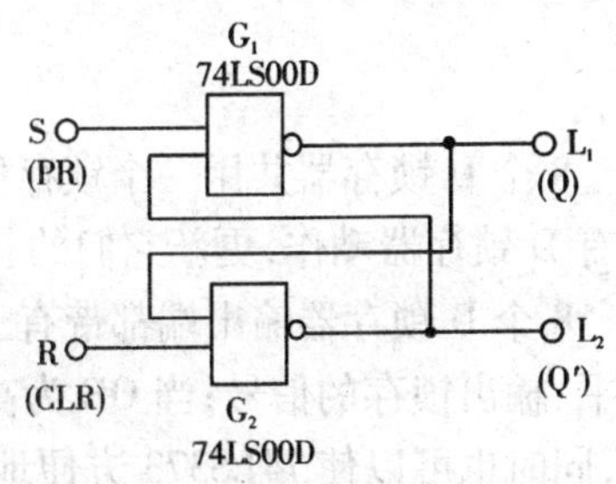

图 6.5.1　用与非门构成的基本 RS 锁存器

3. D 锁存器

D 锁存器有两种结构:逻辑门控的 D 锁存器和传输门控的 D 锁存器。无论哪种结构,都有两个输入端,即数据输入 D 和使能输入 E。当 E =0 时,无论 D 信号怎样变化,

输出 Q 和$\overline{Q}$均保持不变。当需要更新状态时，可将门控信号 E 置 1。此时，根据送到 D 端新的二值信息将锁存器置为新的状态。若 D = 0，无论基本 RS 锁存器原来状态如何，都将使 Q = 0，$\overline{Q}$ = 1；反之，则将锁存器置为 1 状态。若 D 信号在 E = 1 期间发生变化，电路提供的信号路径将使 Q 端的信号跟随 D 而变化。在 E 由 1 跳变为 0 以后，锁存器将锁存跳变前瞬间 D 端逻辑值，作为暂存的一位二进制数据。常用 TTL 型 D 锁存器有 74LS75(4D)、74LS373(8D)；CMOS 有 CC4042、CC40174、CC4508。

74LS373 是中规模集成的 CMOS 8D 锁存器。它的引脚排列如图 6.5.2 所示，内部结构如图 6.5.3 所示。74LS373 核心电路是 8 个传输门控 D 锁存器。

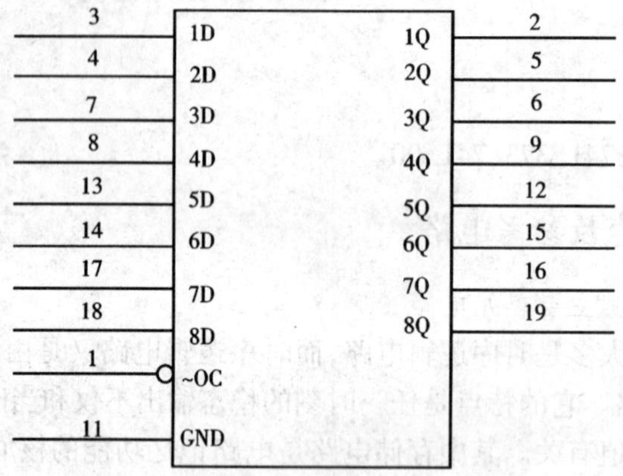

图 6.5.2　74LS373 引脚排列图

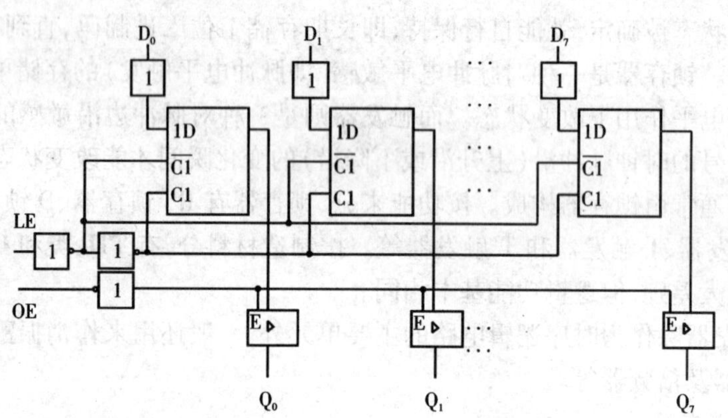

图 6.5.3　74LS373 内部结构图

8 个 D 锁存器共用一个锁存使能信号 LE(ENG)驱动。当 LE 高电平时为有效电平，允许所有 D 锁存器动作，更新它们的状态；LE 为低电平时则保持 8 位数据不变。

8 个 D 锁存器输出端都带有三态门，OE(OC)为输出使能信号。当 OE 低电平时，为有效电平，输出锁存的信号；当 OE 为高电平时，则输出为高阻态，使锁存器与输出负载得到有效隔离，同时也可以使 74LS373 方便地应用于微处理机或计算机的总线传输电路。

4. D 触发器

D 触发器(74LS74)在时钟脉冲 CP 的前沿(上升沿 0→1)触发翻转，触发器的次态 Q^{n+1} 取决于 CP 脉冲上升沿来到之前 D 端的状态，特性方程为 $Q^{n+1}=D^n$。因此，它具有置 0、置 1 两种功能。在 CP = 0、CP = 1 期间和下降沿到来，D 端的数据状态变化，都不会影响触发器的输出状态。74LS74 的逻辑符号如图 6.5.4 所示，引脚排列如图 6.5.5 所示。

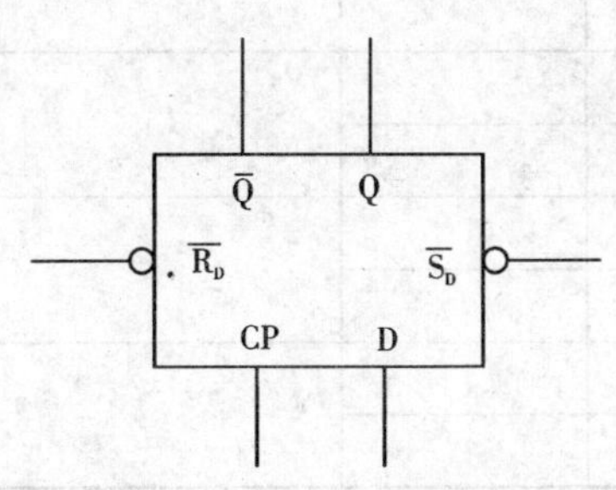

图 6.5.4　74LS74 逻辑符号图

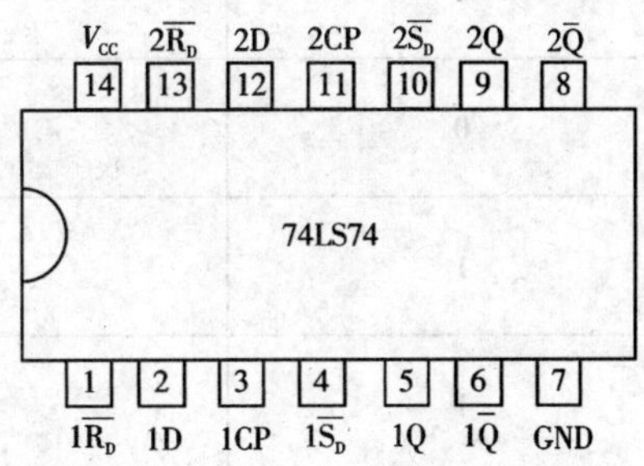

图 6.5.5　74LS74 引脚排列图

$\overline{R_D}$ 和 $\overline{S_D}$ 分别是决定触发器初始状态的异步置 0、置 1 端（又叫直接置 0、置 1 端）。当不需要强迫置 0、置 1 时，$\overline{R_D}$ 和 $\overline{S_D}$ 端都应置高电平（如接 +5 V 电源）。常用 TTL 型 D 触发器有 74LS74（双 D）、74LS174（6D）、74LS175（4D）、74LS377（8D）等；CMOS 有 CD4013（双 D）、CD4042（4D）。

5. JK 触发器

JK 触发器(74LS112)是一种利用传输延迟时间的边沿 JK 触发器，它在时钟脉冲 CP 的后沿即在 CP 脉冲的下降沿 1→0 触发翻转。它具有置 0、置 1、保持和翻转四种功能，可用特性方程 $Q^{n+1}=\overline{J Q^n}+\overline{K}Q^n$ 表示。$\overline{R_D}$ 和 $\overline{S_D}$ 仍为直接置 0、置 1 端。常用的 TTL 型 JK 触发器有 74LS107、74LS112（双 JK 下降沿触发，带清零）、74LS109（双 JK 下降沿触发，带清零）、74LS111（双 JK，带数据锁定）等；CMOS 有 CD4027（双 JK 上升沿触发）等。

本实验采用的集成芯片为 74LS112 型，引脚排列如图 6.5.6 所示，逻辑符号如图 6.5.7 所示。

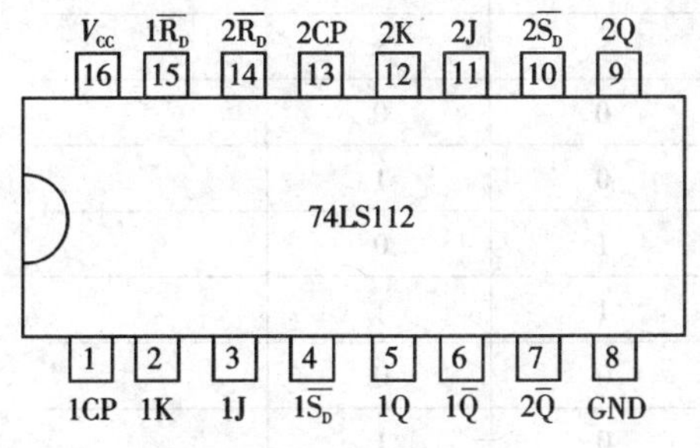

图 6.5.6　74LS112 引脚排列图

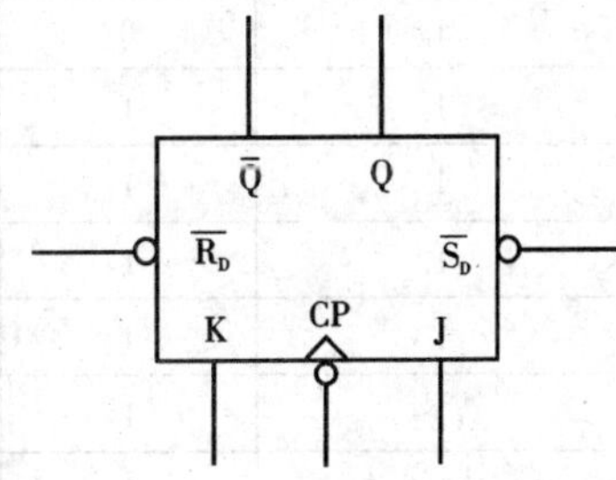

图 6.5.7　74LS112 逻辑符号图

6.5.4　实验内容及步骤

1. 基本 RS 锁存器的功能测试

选用一片 74LS00 组成一个 RS 锁存器。按图 6.5.1 连接测试电路，按照表 6.5.1 中条件，观察并记录锁存器输出端 Q^{n+1} 的变化情况，体会脉冲电平触发的特点。

表 6.5.1　对应基本 RS 锁存器的功能表

S(PR)	R(CLR)	Q^n	Q^{n+1}	功能
0	0	0		
		1		
0		0		
		1		
1		0		
		1		
1		0		
		1		

2. D 锁存器的功能测试

选用 74LS373 按图 6.5.3 连接好测试电路，使 $D_7D_6D_5D_4D_3D_2D_1D_0$ = 10000001，并使 LE 从低电平变为高电平时，观察并记录锁存器输出端的变化情况，体会锁存器的功能。

3. JK 触发器的功能测试

选用 74LS112，按表 6.5.2 要求测试 74LS112 的逻辑功能，观察并记录触发器输出端 Q^{n+1} 的变化情况。

①测试直接复位、置位端的功能，体会它决定触发器初态的作用。

②测试逻辑功能，要求在不同的输入状态和初始状态下测试输出端状态。

4. JK 触发器构成 T′触发器

按图 6.5.8 连接好测试电路，用实验室提供的连续脉冲作为时钟脉冲，用示波器观测并记录 CP 和 Q 的波形，认真体会触发器的分频作用。

表 6.5.2　JK 触发器功能测试表

$\overline{S_D}$	$\overline{R}_D$	CP	J	K	Q^n	Q^{n+1}
0	1	×	×	×	×	
1	0	×	×	×	×	
1	1	↓	0	0	0	
1	1	↓	0	0	1	
1	1	↓	0	1	0	
1	1	↓	0	1	1	
1	1	↓	1	0	0	
1	1	↓	1	0	1	
1	1	↓	1	1	0	
1	1	↓	1	1	1	
1	1	↑	1	1	1	

5. D 触发器的功能测试

选用 74LS74，按表 6.5.3 要求测试 74LS74 的逻辑功能，观察并记录触发器输出端 Q^{n+1} 的变化情况。

①测试直接复位、置位端的功能，体会它决定触发器初态的作用。

②逻辑功能的测试。要求在不同的输入状态和初始状态下测试输出端状态。

表 6.5.3　D 触发器功能测试表

CP	D	$\overline{R_D}$	$\overline{S_D}$	Q^n	Q^{n+1}
×	×	0	1	×	
×	×	1	0	×	
↑	1	1	1	×	
↑	0	1	1	×	

6. D 触发器构成 T′触发器

按图 6.5.9 连接好测试电路，用实验室提供的连续脉冲作为时钟脉冲，用示波器观测并记录 CP 和 Q 的波形，认真体会触发器的分频作用。

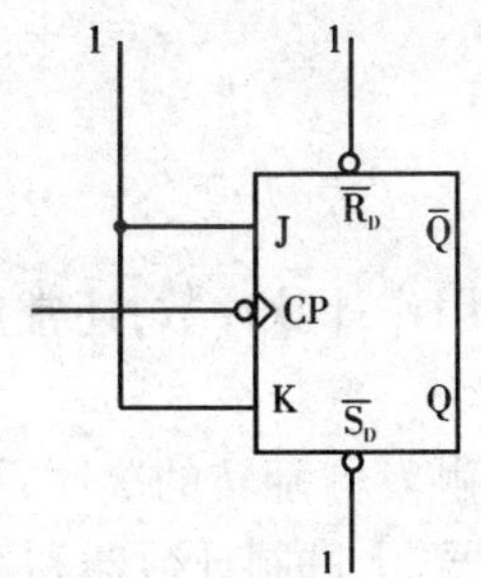

图 6.5.8　JK 触发器构成 T′触发器

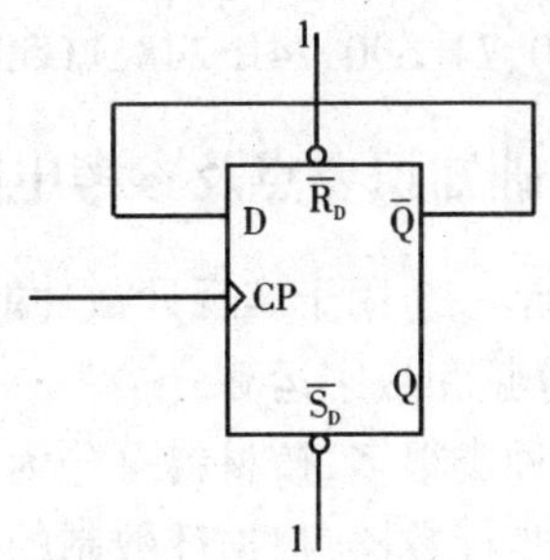

图 6.5.9　D 触发器构成 T′触发器

6.5.5　实验报告要求

1. 预习报告的要求

写出实验名称、实验内容、电路元件和电源的参数、画出实验线路和相应测量数据的表格。

2. 讨论并完成下面工作

①列表整理各类型触发器的逻辑功能。

②总结 JK 触发器 74LS112 和 D 触发器 74LS74 的特点。

③画出用 JK 和 D 触发器构成 T′触发器时输出端波形图，讨论相位和时间的关系。

6.5.6　实验指导

①在锁存器、触发器的静态测试中，为了防止因开关触点机械抖动可能造成的误动作，CP 信号由实验室提供的单脉冲发生器产生。按键按下瞬时，P + 端输出为脉冲上升沿（↑），按键抬起瞬时为脉冲下降沿（↓）。

②在做 RS 基本锁存器和 D 触发器的功能测试时可以练习用单脉冲信号和开关分别测试其功能，从而进一步观察它们在不同的外部信号作用下输出状态改变时的区别。

6.6 十进制计数译码及显示电路

6.6.1 实验目的

①了解十进制计数器的逻辑功能和使用。

②学习译码器和共阴极七段显示器的使用方法。

③熟悉组成计数、译码、显示电路的方法。

④初步掌握分析和排除数字电路故障的一般方法。

6.6.2 实验设备

74LS160,74LS90,74LS248,LG5012。

6.6.3 基础知识要点及参考电路

计数器是一个用于实现计数功能的时序部件。它不仅可用作计脉冲数,还常用作数字系统的定时、分频和数字运算。

计数器种类很多,按材料可分为 TTL 型及 CMOS 型;按各触发器翻转的次序,可分为同步计数器和异步计数器;根据计数制的不同,可分为二进制计数器、十进制计数器和 N 进制计数器;根据计数的增减趋势,又分为加法、减法和可逆计数器;还有可预置数和可编程功能计数器等。目前,无论是 TTL 还是 CMOS 集成电路,都有品种较齐全的中规模集成计数器。使用者只要借助于器件手册提供的功能表和工作波形图以及引出端的排列,就能正确地运用这些器件。

1. 74LS160 外引线排列及功能

同步十进制计数器 74LS160 芯片内有 4 个 D 型触发器,单时钟脉冲输入,上升沿触发,输出采用 8421 码。它具有清除、送数、计数和保持功能,并且本级设有进位信号输出,可用作快速计数及几位串级计数时的进位输出。该芯片为 DIP-16 封装。图 6.6.1 为该芯片外引线排列图及功能。其中 8 脚是数字电路地 GND;16 脚是正电源端 V_{CC},标准工作电压是 $V_{CC}=+5V$;1 脚是置“0”端$\overline{CR}$;2 脚是时钟脉冲信号控制端 CP;3、4、5、6 脚分别是计数器数据输入端 A、B、C、D;7、10 脚分别是封锁预置数端 ET_P、ET_T;9 脚是使能端$\overline{LD}$;11、12、13、14 脚分别是计数器计数结果输出端 Q_D、Q_C、Q_B、Q_A;15 脚是进位信号输入端 Q_{CC}。

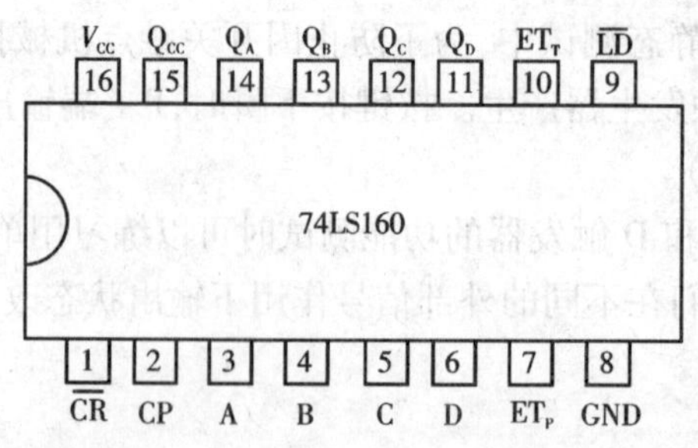

图 6.6.1 74LS160 外引线排列及功能

图 6.6.2 是用 74LS160 组成的同步十进制计数器电路。

74LS160 的逻辑功能表见表 6.6.1。

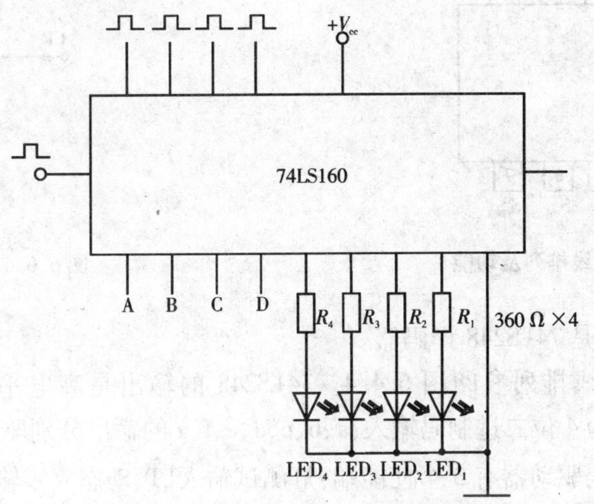

图 6.6.2　同步十进制计数器电路

表 6.6.1　74LS160 逻辑功能表

项目	输入或控制									输出			
	2 脚	1 脚	9 脚	7 脚	10 脚	3 脚	4 脚	5 脚	6 脚	11 脚	12 脚	13 脚	14 脚
	CP	$\overline{CR}$	$\overline{LD}$	ET_P	ET_T	A	B	C	D	Q_D	Q_C	Q_B	Q_A
清零	×	0	×	×	×	×	×	×	×	0	0	0	0
置数	↑	1	0	×	×	A	B	C	D	D	C	B	A
保持	×	1	1	0	×	×	×	×	×	原态			
				×	0								
计数	↑	1	1	1	1	×	×	×	×	加 1 计数			

2. 74LS90 外引线排列及功能

异步计数器 74LS90 采用 8421 码，是双时钟脉冲输入，下降沿触发的二-五-十进制计数器，并具有可直接置 0、置 9 功能。该芯片为 DIP－14 封装，如图 6.6.3 所示。其中 10 脚是数字电路地 GND；5 脚是正电源 V_{CC}，标准工作电压 V_{CC} = +5 V；6、7 脚分别是置 9 端 S_1、S_2；4、13 脚是空脚；12、9、8、11 脚分别是计数器输出端 Q_A、Q_B、Q_C、Q_D；14、1 脚分别是时钟脉冲输入端 CP_1、CP_2；2、3 脚分别是置 0 端 R1、R2。

图 6.6.4 为其组成的异步十进制计数器电路。

3. 数码显示电路

数码显示电路的原理前面已经介绍过，参考实验 6.4。

4. 七段显示译码器

译码器的种类很多，如 74LS48、74LS248、74LS47、74LS247 等，其中 74LS48、74LS248 是驱动共阴极数码管的七段显示译码器，74LS47、74LS247 是驱动共阳极数码管的七段显示译码器，74LS48 和 74LS47 的引脚排列、功能和电气特性分别与 74LS248 和 74LS247 相同，差别仅在显示的字形 6 和 9 上。

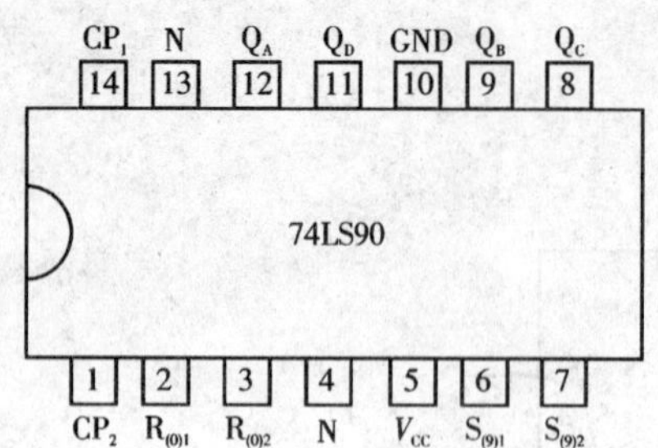

图 6.6.3 74LS90 外引线排列及功能

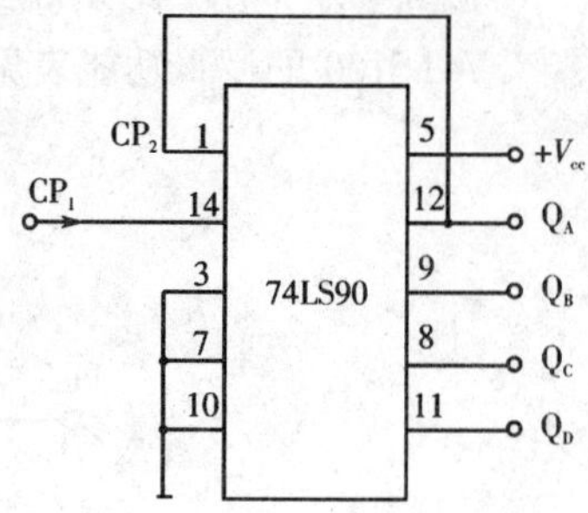

图 6.6.4 异步十进制计数器电路

本实验中采用的是 74LS248 译码器。

74LS248 的外引线排列参阅图 6.4.4。74LS248 的输出是高电平有效，可以直接驱动 LED。D_3、D_2、D_1、D_0为 4 位二进制码输入；a、b、c、d、e、f、g 的输出分别驱动七段数码管的 a、b、c、d、e、f 和 g 段。译码驱动器有 3 个使能端：灯测试输入$\overline{LT}$、动态灭零输入$\overline{RBI}$、静态灭灯输入$\overline{BI}$/动态灭零输出$\overline{RBO}$(管脚功能复用)。

当$\overline{LT}$接低电平时，译码器各段输出低电平，数码管 7 段全亮。因此可利用此端输入低电平对数码管的好坏进行判别测试。

$\overline{RBI}$是动态灭零输入使能端。当$\overline{LT}=1$，$\overline{RBI}=0$ 时，如果输入数码 $D_3D_2D_1D_0=0000$，译码器各段输出均为低电平，数码管不显示数字(但输入其他数码，数码管仍显示)，并且灭零输出$\overline{RBO}$为 0。因此，可以利用$\overline{RBI}$端对无意义的零进行消隐。

$\overline{BI}$是静态灭灯输入使能端。它与灭零输出$\overline{RBO}$共用一个管脚。当$\overline{BI}=0$，不论 $D_3D_2D_1D_0$ 为何状态，译码器各段输出均为低电平，显示器各段均不亮，利用$\overline{BI}$可对数码管进行熄灭或工作控制。

$\overline{RBO}$是动态灭零输出端，当$\overline{RBI}=0$，$\overline{LT}=1$，$D_3D_2D_1D_0=0000$ 时，$\overline{RBO}=0$(即$\overline{BI}/\overline{RBO}$为输出端)，表示译码器处于灭零状态。$\overline{RBO}$端的这个功能设置主要用于多个译码器级联时，对无意义的零进行消隐。其他情况下，$\overline{RBO}$输出状态均为 1。74LS248 的功能详见表 6.6.2，驱动电路如图 6.4.4 所示。

表 6.6.2 74LS248 功能表

十进制功能	输入						$\overline{BI}/\overline{RBO}$	输出							字形
	$\overline{LT}$	$\overline{RBI}$	D	C	B	A		a	b	c	d	e	f	g	
0	1	1	0	0	0	0	1	1	1	1	1	1	1	0	0
1	1	—	0	0	0	1	1	0	1	1	0	0	0	0	1
2	1	—	0	0	1	0	1	1	1	0	1	1	0	1	2
3	1	—	0	0	1	1	1	1	1	1	1	0	0	1	3
4	1	—	0	1	0	0	1	0	1	1	0	0	1	1	4
5	1	—	0	1	0	1	1	1	0	1	1	0	1	1	5
6	1	—	0	1	1	0	1	0	0	1	1	1	1	1	6
7	1	—	0	1	1	1	1	1	1	1	0	0	0	0	7

续表

十进制功能	输入						$\overline{BI}/\overline{RBO}$	输出							字形
	$\overline{LT}$	$\overline{RBI}$	D	C	B	A		a	b	c	d	e	f	g	
8	1	—	1	0	0	0	1	1	1	1	1	1	1	1	8
9	1	—	1	0	0	1	1	1	1	1	0	0	1	1	9
10	1	—	1	0	1	0	1	0	0	0	1	1	0	1	
11	1	—	1	0	1	1	1	0	0	1	1	0	0	1	
12	1	—	1	1	0	0	1	0	1	0	0	0	1	1	
13	1	—	1	1	0	1	1	1	0	0	1	0	1	1	
14	1	—	1	1	1	0	1	0	0	0	1	1	1	1	
15	1	—	1	1	1	1	1	0	0	0	0	0	0	0	暗
消隐	—	—	—	—	—	—	0	0	0	0	0	0	0	0	暗
脉冲消隐	1	0	0	0	0	0	0	0	0	0	0	0	0	0	暗
灯测试	0	—	—	—	—	—	1	1	1	1	1	1	1	1	8

6.6.4 实验内容及要求

1. 测试 74LS160 的计数功能

①按图 6.6.2 所示，将 74LS160 在实验电路插件板绝缘槽两侧的合适位置上插好，接线中 8 脚接数字电路地；16 脚 V_{CC} 接 +5V；11、12、13、14 脚输出端分别外接电阻 R_1、R_2、R_3、R_4 和发光二极管 LED_1、LED_2、LED_3、LED_4 串联后接地；2 脚接数字脉冲信号；3、4、5、6 脚接逻辑电平输入信号；1、7、9、10 脚接逻辑电平控制信号；15 脚进位信号输出。

②通电以前，重新检查电路连接是否正确，无误后接通电源。

③按表 6.6.1 所示，测量十进制计数器的电路功能，其方法如下。

a. 清零：计数器清零时，只要 1 脚清零端为低电平“0”，不管其他脚为何种状态，此时计数器输出为零。

b. 置数：1 脚清零端为高电平“1”，9 脚使能端为低电平“0”，当 2 脚时钟脉冲上升沿到来时，计数器输出结果与输入数据相同 。

c. 保持：1 脚清零端为高电平“1”，9 脚使能端为高电平“1”，只要 7、10 脚中有一个为低电平“0”，那么，计数器输出保持原态。

d. 计数：1 脚清零端为高电平“1”，9 脚使能端为高电平“1”，7、10 脚封锁预置数端为高电平“1”，计数脉冲由 2 脚输入，观察计数器输出端 11、12、13、14 脚外接发光二极管显示状态，发光二极管亮为数字“1”，不亮为数字“0”。

将测试结果记入表 6.6.3 中。

表 6.6.3　74LS160 十进制计数测试

计数脉冲个数	计数器输出 8421 码				十进制输出
CP(2 脚)	Q_D(11 脚)	Q_C(12 脚)	Q_B(13 脚)	Q_A(14 脚)	计数结果 0 ~ 9
0					
1					
2					
3					
4					
5					
6					
7					
8					
9					
10					

2. 测试 74LS90 的计数功能

①按图 6.6.4,将 74LS90 在实验电路插件板绝缘槽两侧的合适位置上插好,10 脚接数字电路地;5 脚 V_{CC} 接 +5 V;12、9、8、11 脚输出端分别外接电阻 R_1、R_2、R_3、R_4 和发光二极管 LED_1、LED_2、LED_3、LED_4 串联后接地;1、12 脚短接;14 脚时钟脉冲控制端接计数脉冲信号;2、3、6、7 脚接低电平"0"或数字电路地;4、13 脚为空脚。

②通电以前,重新检查电路连接是否正确,无误后接通电源。

③参考表 6.6.1 和 6.6.3,按实验内容 1 的方法,测量并记录十进制计数器的逻辑功能和计数功能。

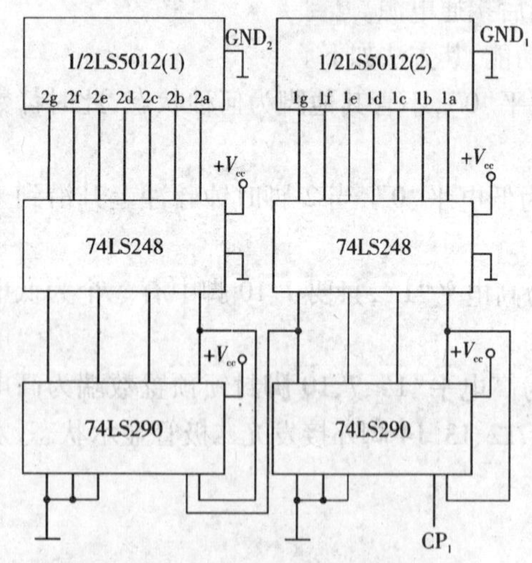

图 6.6.5　2 位十进制计数器接线图

3. 计数、译码显示

(1) 先把共阴极数码管 LS5012 和译码器 74LS248 芯片插入实验系统中。按图 6.4.4 接线。参考表 6.6.2,测量并验证 74LS248 译码器芯片的逻辑功能。

(2)2 位十进制计数器

做一个 2 位十进制计数器(1 ~ 99),并用译码显示电路将计数器的个位和十位显示出来。接线如图 6.6.5 所示。

6.6.5　实验报告要求

1. 预习报告的要求

写明实验名称、实验内容、实验线路、电路元件和电源的参数、相应测量数据的表格。

2. 讨论并完成下面工作

①整理实验结果,写出实验报告。

②根据所观察的波形,说明对分频概念的理解。

③结合实验,总结计数器清零、预置数及计数功能的实现,并简述计数器异步清零和同步预置数的功能。

④如何实现2位十进制数的显示?

⑤上述数码显示器为共阴极,如果为共阳极显示器,应如何连接电路?

⑥怎样检测共阴极七段字形显示器的好坏?可以用+5 V的电压直接测量吗?

6.7 任意进制计数器的设计

6.7.1 实验目的

①进一步熟悉集成计数器的逻辑功能和各控制端的作用。

②掌握用集成计数器实现任意进制计数器的方法。

③熟悉集成计数器的级联方法。

6.7.2 实验设备

74LS161,74LS192,74LS00,74LS20。

6.7.3 基础知识要点及参考电路

常用的集成计数器均有典型产品,不必自己设计。如需要其他任意一种进制的计数器,可以用已有的计数器再添加适当的反馈逻辑电路构成。用模值为M进制计数器实现N进制计数器且$M>N$时,必须设法跳过$(M-N)$个状态,可用反馈置零法或反馈置数法;若$N>M$,则要用多片M进制计数器实现,片间的级联方法有串行进位、并行进位、整体置零和整体置数几种方式。

1.反馈清零法

反馈清零法适用于有清零功能的计数器。在计数过程中,若将某中间状态N_1反馈到清零输入端,计数器的输出将立即回到0000状态,计数器将开始重新计数。若为异步清零功能计数器,则实现的进制为$N=N_1$;若为同步清零功能,则实现的进制为$N=N_1-1$。

4位二进制同步计数器74LS161的引线排列和逻辑符号如图6.7.1所示,具有异步清零功能。图6.7.2电路的工作循环状态为0000~0110,构成了七进制计数器。

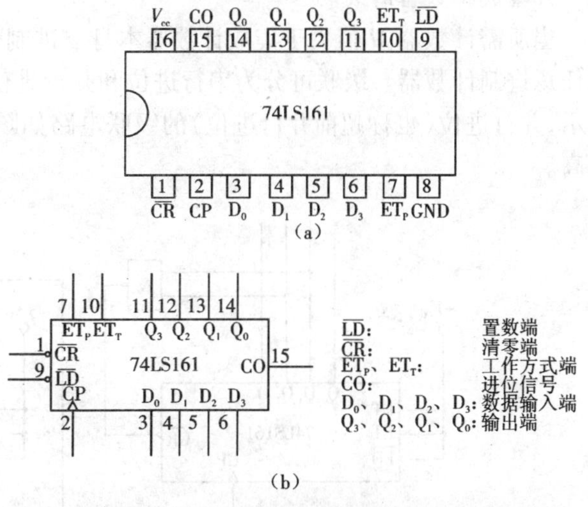

图6.7.1 74LS161的引线排列图和逻辑符号图

(a)74LS161引脚排列;(b)74LS161的逻辑符号

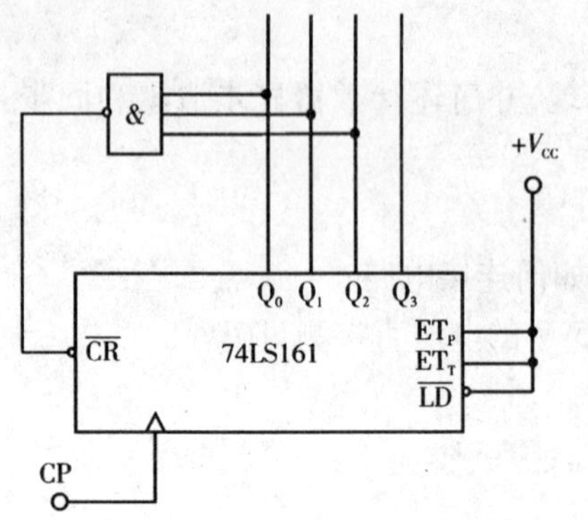

图 6.7.2　74LS161 应用于反馈清零法

2. 反馈置数法

反馈置数法有两种形式：利用预置数端$\overline{LD}$或进位位输出端 CO 实现，适用于有预置数或进位位功能的计数器。

(1)利用预置数端$\overline{LD}$构成

当计数器计到($N-1$)时，通过反馈逻辑使$\overline{LD}=0$，则当第 10 个 CP 到来时，计数器输出端 $Q_0Q_1Q_2Q_3$为置数端输入 $D_0D_1D_2D_3$。电路如图 6.7.3 所示，计数器输出状态为 0000 ~0110，构成了七进制计数器。

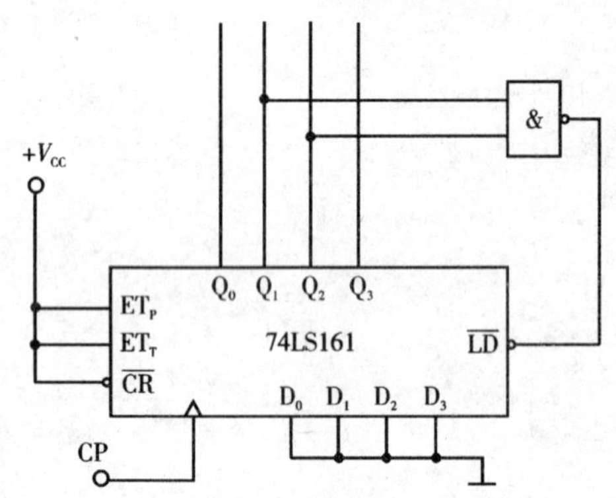

图 6.7.3　74LS161 应用于反馈置数法

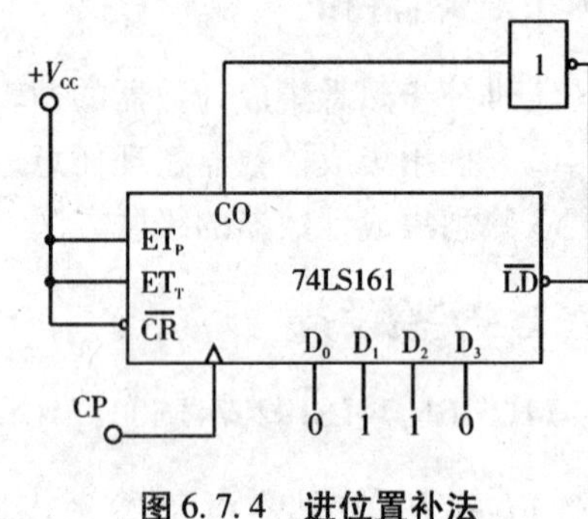

图 6.7.4　进位置补法

(2)利用进位位输出端 CO 构成

当反馈逻辑通过进位位输出端 CO 实现时，即 $D_3D_2D_1D_0$预置为 $M_{补}$，$M_{补}=M-N$。电路如图 6.7.4 所示。

3. 集成计数器的级联

当所需计数器 M 值大于集成计数器本身二进制计数器的最大值(模)时可采用级联法构成任意进制计数器。级联可分为串行进位和并行进位两种。串行进位的级联电路如图 6.7.5 所示，并行进位(也称超前并行进位)的级联电路如图 6.7.6 所示。后者比前者的速度有较大提高。

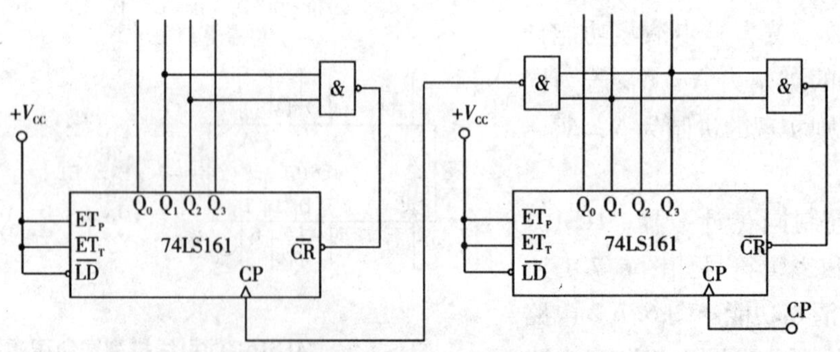

图 6.7.5　串行进位的级联电路

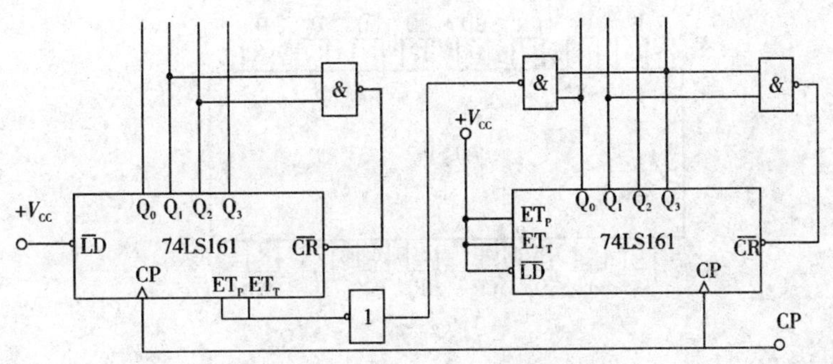

图 6.7.6 并行进位的级联电路

4. 74LS161 芯片介绍

计数器是应用最广泛的时序逻辑器件,主要用于对输入脉冲计数。在中规模集成计数器的清零和置数控制中,有同步清零、同步置数(这种清零和置数都需借助 CP 脉冲有效沿),和异步清零、异步置数(这种清零和置数不需要 CP 脉冲,而是立即作用)两种方式。74LS161 是一种同步置数、异步清零的 4 位二进制计数器或 1 位十六进制计数器,可以直接用来组成 4 位二进制计数器或 1 位十六进制计数器。除此之外,借助异步清零法和同步置数法,它还可以灵活地组成二 ~ 十六中的任意一种进制,它的主要功能如下。

(1)异步清零

当$\overline{CR}=0$时,$Q_0Q_1Q_2Q_3=0000$。

(2)同步置数

当$\overline{CR}=1$,$\overline{LD}=0$时在 CP 上升沿作用下,$Q_0Q_1Q_2Q_3=D_0D_1D_2D_3$。

(3)计数

当$\overline{CR}=1$,$\overline{LD}=1$,$ET_P=1$,$ET_T=1$时,对 CP 脉冲实现同步计数。

(4)保持

当$\overline{CR}=1$,$\overline{LD}=1$,若$ET_P=1$,$ET_T=0$或$ET_P=0$,$ET_T=1$时,计数器禁止计数,为保持状态。

其引脚排列与逻辑符号如图 6.7.1 所示,CO 为进位输出端,逻辑功能见表 6.7.1。

表 6.7.1 74LS161 逻辑功能表

输入									输出					功能
$\overline{CR}$	$\overline{LD}$	ET_P	ET_T	CP	D_0	D_1	D_2	D_3	Q_0^{n+1}	Q_1^{n+1}	Q_2^{n+1}	Q_3^{n+1}	CO	
0	×	×	×	×	×	×	×	×	0	0	0	0	0	异步清零
1	0	×	×	↑	a	b	c	d	a	b	c	d	#	同步预置
1	1	0	×	×	×	×	×	×	Q_0^n	Q_1^n	Q_2^n	Q_3^n	#	保持
1	1	×	0	×	×	×	×	×	Q_0^n	Q_1^n	Q_2^n	Q_3^n	0	保持
1	1	1	1	↑	×	×	×	×	加 1 计数				#	同步计数

5. 74LS192 芯片介绍

74LS192 是同步十进制可逆计数器,具有双时钟输入,并具有清除和置数等功能,该芯片最直接的应用是形成十进制加法或减法计数器,其引脚排列及逻辑符号如图 6.7.7 所示,逻辑功能见表 6.7.2。

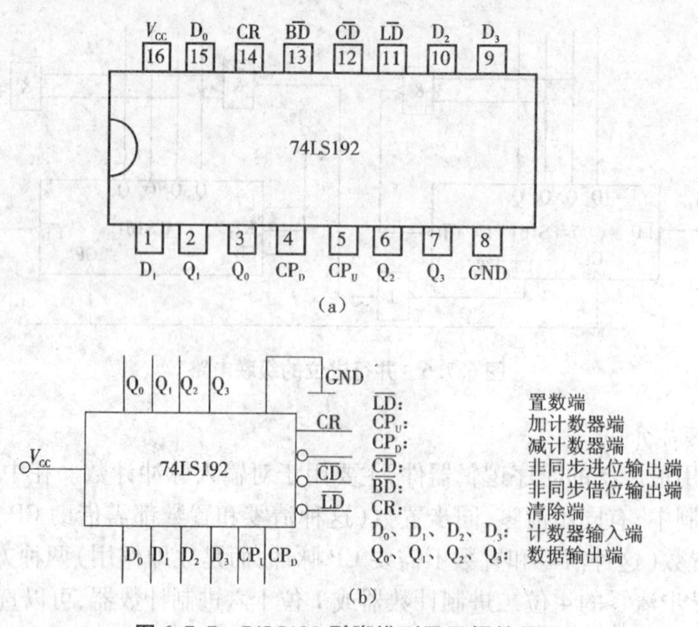

图 6.7.7　74LS192 引脚排列及逻辑符号图

(a)74LS192 引脚排列;(b)74LS192 的逻辑符号图

表 6.7.2　74LS192 逻辑功能表

输入								输出			
CR	$\overline{LD}$	CP_U	CP_D	D_3	D_2	D_1	D_0	Q_3	Q_2	Q_1	Q_0
1	×	×	×	×	×	×	×	0	0	0	0
0	0	×	×	d	c	b	a	d	c	b	a
0	1	↑	1	×	×	×	×	加计数			
0	1	1	↑	×	×	×	×	减计数			

①当清除端 CR 为高电平"1"时,计数器直接清零。

②当 CR 为低电平,置数端$\overline{LD}$也为低电平时,数据直接从置数端 D_0 D_1 D_2 D_3 置入计数器。

③当 CR 为低电平,$\overline{LD}$为高电平时,执行计数器功能。执行加计数时,减计数端 CP_D 接高电平,计数器脉冲由加计数端 CP_U 输入。执行减计数时,加计数端 CP_U 接高电平,计数脉冲由减计数端 CP_D 输入。

6.7.4　实验内容及要求

①测试计数器 74LS161 功能(计数、清零、置数、使能及进位)。根据预习中设计好的测试电路连接,按表 6.7.1 要求验证。CP 脉冲选用手动单次脉冲或 1 Hz 正方波,输出接电平显示或用数码管显示。

②分别按照图 6.7.2、图 6.7.3、图 6.7.4 接线,验证用清零复位法、置位法、CO 置补法构成十进制计数器。

③试用 74LS161 及基本逻辑门电路实现十进制计数器要求。

a. 利用异步清零端$\overline{CR}$实现。

b. 利用同步置数端$\overline{LD}$实现,反馈逻辑由输出端 $Q_3Q_2Q_1Q_0$ 构成,从 0000 开始计数。

c. 利用同步置数端$\overline{LD}$实现,反馈逻辑由输出端 $Q_3Q_2Q_1Q_0$ 构成,从 0101 开始计数。

d. 利用同步置数端$\overline{LD}$实现,反馈逻辑由进位输出端 CO 构成。

④利用 74LS161 及基本逻辑门构成六十进制计数器,要求如下。

a. 计数前清零。

b. 用串行进位和并行进位两种方式设计。

⑤利用 74LS192 及基本逻辑门构成二十四进制计数器,要求如下。

a. 设计二十四进制加法计数器,实现由 00 ~ 23 累加计数。

b. 设计二十四进制减法计数器,实现由 23 ~ 00 递减计数。

6.7.5 实验报告要求

1. 预习报告的要求

写出实验名称、实验内容、电路元件和电源的参数、画出实验线路和相应测量数据的表格。

2. 讨论并完成下面工作

①总结集成计数器 74LS161 和 74LS192 的使用体会。

②总结利用集成计数器实现 N 进制计数器的使用体会。

6.8 555 时基电路及其应用

6.8.1 实验目的

①熟悉基本定时电路的工作原理及定时元件 RC 对振荡周期和脉冲密度的影响。

②掌握用 555 集成定时器构成定时电路的方法。

6.8.2 实验设备

①数字双踪示波器。

②定时器芯片 555(556)。

③电位器、电阻、电容自选。

6.8.3 基础知识要点及参考电路

在数字逻辑电路的设计中,经常用到不同频率且具有一定宽度和幅度的脉冲信号。通常情况下,可产生此种脉冲信号的电路有两种,即自激脉冲振荡电路和脉冲整形电路。

集成定时器 555,又叫 555 时基电路,是一种将模拟电路和数字电路巧妙地结合在一起的单片集成电路。它具有结构简单、使用电压范围宽、工作速度快、定时精度高、驱动能力强等优点。555 定时器配以外部元件,可以构成多种实际应用电路,广泛应用于产生多种波形的脉冲振荡器、检测电路、自动控制电路、家用电器以及通信产品等电子设备中。在作定时器使用时,555 和 7555 的定时精度分别是 1% 和 2% 。555 电路在作振荡器使用时,输出脉冲的最高频率可达 500 kHz。

555 集成定时器分为双极型和单极型两类。若集成片内只有一个时基电路,则双极型型号为 555,单极型型号为 7555;若在一个集成芯片内包含有两个时基电路,则对应的型号分别是556和7556。双极型的电源电压范围为 $V_{cc}=4.6\sim16$ V,单级型的电源电压范围为 $V_{cc}=3\sim18$ V。

虽然定时器的型号很多,但内部电路基本相同,引脚和功能也完全相同。图6.8.1是555的内部结构图,图6.8.2是它的引脚排列图,表6.8.1是它的逻辑功能表。

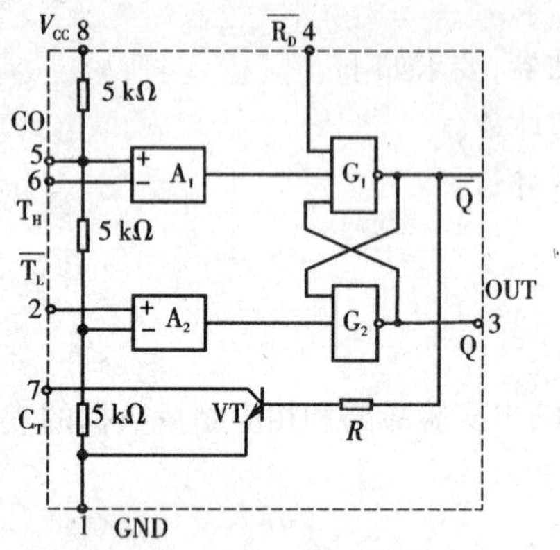

图6.8.1　555内部结构图

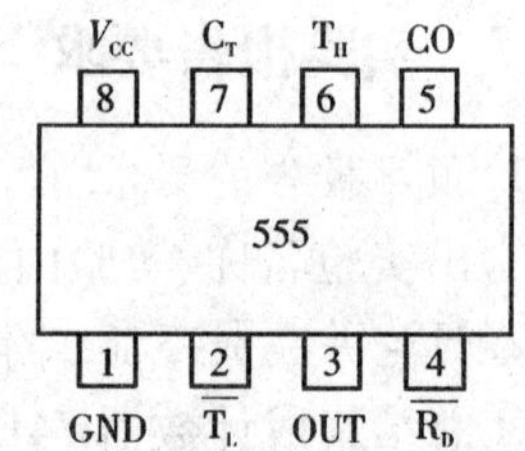

图6.8.2　555外引脚排列图

表6.8.1　555逻辑功能表

$\overline{T_L}$	$\overline{R_D}$	T_H	Q	VT的状态
×	0	×	0	导通
$<1/3V_{cc}$	1	$<2/3V_{cc}$	1	截止
$>1/3V_{cc}$	1	$>2/3V_{cc}$	0	导通
$>1/3V_{cc}$	1	$<2/3V_{cc}$	原态	不变

6.8.4　实验内容及要求

1.自激多谐振荡器

图6.8.3是用555定时器构成的自激多谐振荡器,R、R_P和 C 为定时元件。C 的作用是防止干扰电压对电路的影响。如果是用555,R 的取值一般要大于1 kΩ;如果使用7555,则应在2 kΩ以上,否则易损坏器件。

波形主要参数估算公式如下:

$$T_{W1}\approx0.69(R+R_P)C\quad(\text{正脉冲宽度})$$

$$T_{W2}\approx0.69R_PC\quad(\text{负脉冲宽度})$$

$$T=T_{W1}+T_{W2}\approx0.7(R+2R_P)C\quad(\text{重复周期})$$

$$f=\frac{1}{T}=\frac{1}{0.7(R+2R_P)C}=\frac{1.43}{(R+2R_P)C}\quad(\text{重复频率})$$

$$q=\frac{R+R_P}{R+2R_P}\quad(\text{占空比})$$

①按图6.8.3接线,要求振荡频率范围为500～1 000 Hz,给定电容值 $C=0.1$ μF,确定其他元件参数。

②装调所设计的振荡器,用双踪示波器观察 u_C 与 u_o 的同步波形。用示波器改变 R_P 及 C,

再用双踪示波器观察 u_C 与 u_o 同步波形的变化，并记录下来。

2. 单稳态触发器

图 6.8.4 是用 555 定时器构成的单稳态触发器。R_P 和 C 为定时元件，T_W 由 R_P、C 参数决定，估算公式 $T_W \approx 1.1 R_P C$。

①按图 6.8.4 连线，要求输出脉冲宽度可调。给定电容值 $C = 0.1\ \mu F$。输入信号用上一步骤自激多谐振荡器的输出信号或实验室提供的信号源。

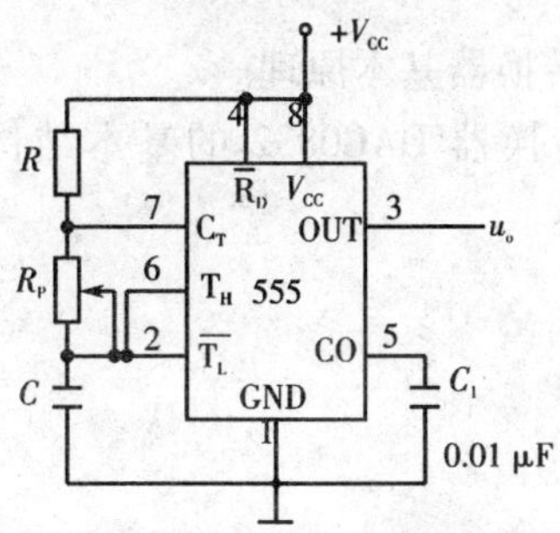

图 6.8.3 自激多谐振荡器

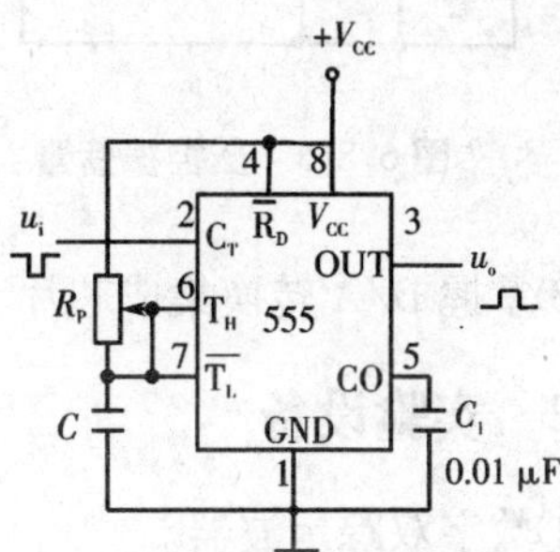

图 6.8.4 单稳态触发器

②装调所设计的单稳态触发器，用双踪示波器观察 u_C 与 u_o 的同步波形。改变 R_P 及 C，再用双踪示波器观察 u_C 与输出电压 u_o 同步波形的变化，并记录下来。

3. 555 定时器构成的压控振荡器

①利用 555 定时器按图 6.8.5 连接成一压控振荡器电路。根据表 6.8.2 的条件观察并记录输出端的波形状态，体会不接入控制信号时，电路的初始振荡频率与控制电压之间的关系；试计算振荡频率与控制电压之间的关系，观察当输入控制电压增大或减小时，输出频率如何变化，并记入表 6.8.2。

表 6.8.2 压控振荡器数据量表

U_a/V	T/s	f/Hz	U_a/V	T/s	f/Hz
1.0			2.5		
1.2			3.0		
1.5			4.0		
2.0			5.0		

②按表 6.8.2 所得的数据绘制 U_a—f 曲线。

6.8.5 实验报告要求

1. 预习报告的要求

写出实验名称、实验内容、电路元件和电源的参数、画出实验线路和相应测量数据的表格。

2. 讨论并完成下面工作

①按实验内容要求整理实验数据。

②画出 555 电路组成单稳态电路中要求的相应波形。计算各波形的脉宽，并讨论影响脉宽公式的实际误差原因。

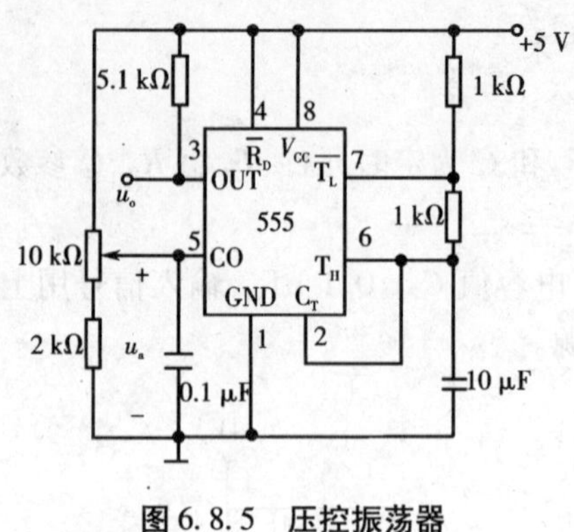

图 6.8.5　压控振荡器

③简述 555 定时器构成压控振荡器的原理。

④写出对 555 定时器的应用体会。

6.9　D/A 数据转换器

6.9.1　实验目的

①熟悉 D/A 转换器基本原理。

②了解数模转换器 DAC0832 的基本结构和特性。

③掌握 D/A 转换集成芯片 DAC0832 的使用方法

6.9.2　实验设备

①数字双踪示波器。

②D/A0832，741，74LS161。

③电位器、电阻、电容自选。

6.9.3　基础知识要点及参考电路

1. D/A 转换器

D/A 转换器是把数字量转换成模拟量的器件，它相当于一种译码器。其输入的是二进制（或 BCD）代码，输出是与之成比例的模拟量数值。但 D/A 转换器的输出大都为电流输出形式。一个 n 位 D/A 转换器的基本构成如图 6.9.1 所示。它是由数码寄存器、模拟电子转换开关、电阻解码网络、求和电路及基准电压等几部分组成。数字量以串行或并行输入方式输入并存储于数码寄存器中，寄存器并行输出的每位数码驱动对应数位上的模拟开关，将在电阻解码网络中获得的相应数位权值送到求和电路，求和电路将各位权值相加便得到与数字量对应的模拟量。

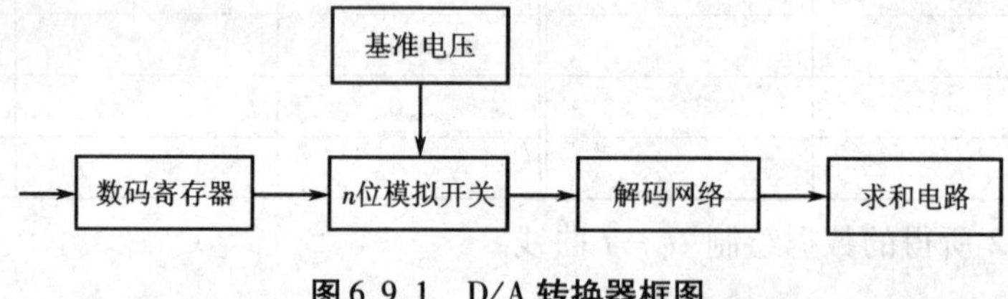

图 6.9.1　D/A 转换器框图

2. DAC0832 内部结构简介

DAC0832 是由双缓冲寄存器和 R-2R 电阻网络组成的 D/A 转换器，采用 CMOOS 工艺制造，与 TTL 电平兼容，属于电压输入、电流输出型。它是目前微机控制系统常用的 D/A 转换芯片。其结构框图和外引脚排列图如图 6.9.2 所示。其中：$D_7 \sim D_0$ 为数字信号输入端；ILE 输入寄存器允许，高电平有效；$\overline{CS}$ 片选信号，低电平有效；$\overline{WR_1}$ 写信号 1，低电平有效，$\overline{XFER}$ 传送控制信号，低电平有效；$\overline{WR_2}$ 写信号 2，低电平有效；I_{OUT1}、I_{OUT2} 是 DAC 电流输出端；R_{FB} 是集成在片内外接运放的反馈电阻；V_{REF}是基准电压（-10～10 V）；V_{CC}是电源电压（+5～15 V）；AGND是模拟地；DGND是数字地。

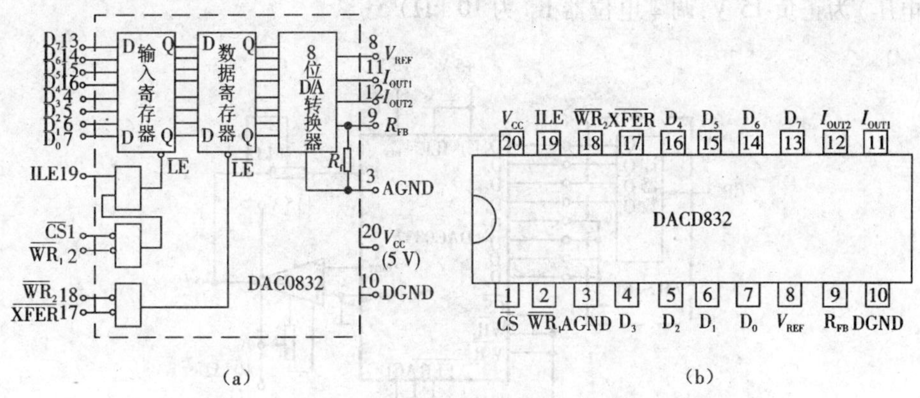

图6.9.2　DAC0832单片D/A转换器逻辑框图和引脚排列

（a）逻辑框图；（b）引脚排列

3. DAC0832工作方式

由于DAC0832内部有两级缓冲寄存器，所以可方便地选择如下三种工作方式。

①直通工作方式，$\overline{WR_1}$、$\overline{WR_2}$、$\overline{XFER}$和$\overline{CS}$接地，而ILE接高电平，即不用写信号控制，使输入数据直接进入D/A转换器。

②单缓冲工作方式，两个寄存器之一处于直通状态，另一个寄存器处于受控状态，输入数据只经过一个寄存器缓冲控制后进入D/A转换器。

③双缓冲工作方式，两个寄存器均处于受控状态，即用$\overline{WR_1}$、$\overline{WR_2}$分两步控制，输入数据要经过两个寄存器缓冲控制后进入D/A转换器。在这种方式下，可使D/A转换器输出前一个数据的同时，采集下一个数据，以提高转换速度。

4. 大规模集成DAC芯片使用注意事项

①要选择分辨率、精度、速度足够的DAC芯片。

②要选择功能特征符合需要的DAC芯片。

a. 输入特征。不同的集成芯片，对输入数字信号的要求是不一样的。例如，多数输入为纯二进制码，但有的却为8421BCD码；多数芯片要求并行输入，但有的输入却必须是串行的，如MAX515等。

b. 输出特征。多数集成芯片必须外接运算放大器和基准电压，但DAC1200系列内包含运放和基准电源。另外，输出电平一般是2～10 V，电流型输出为20 mA以下，但也有高压（24～30 V）和大电流（如3 A）产品。

c. 控制功能。如片选、锁存、电平转换等功能，根据需要选用合适芯片。

③基准电源有固定、可变、内载和外接之分。

其他如温度特性、电源极性、产品工艺等，可视价格、功耗、使用环境等选择决定。

6.9.4　实验内容及要求

1. DAC0832典型电路（一）实验

①将DAC0832接成直通工作方式，如图6.9.3所示，要求使能端$\overline{CS}$、$\overline{XFER}$、$\overline{WR_1}$、$\overline{WR_2}$均

接零，ILE 接 +5 V，使其构成直接转换方式。八位数字量用实验室提供的 LED 开关代替，用于改变输入的数字量 7 ~ 0。（注：AGND 和 DGND 相连接地，基准电压接 +5 V，运放电源（μA71 的电源电压）为正负 15 V，调零电位器 R_P 为 10 kΩ）

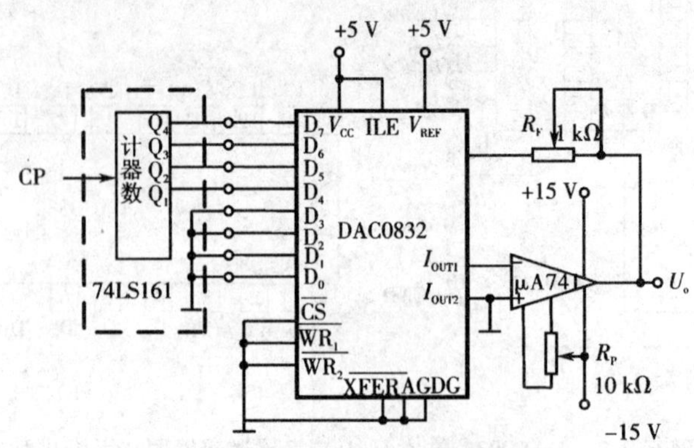

图 6.9.3　DAC0832 典型电路（一）

②接线检查无误后，置数据开关 $D_7 \sim D_0$ 为全零，接通电源，调节运放的调零电位器，使输出 $u_o = 0$。

③再置数据开关 $D_7 \sim D_0$ 为全 1，调整 R_P，改变运放的放大倍数，使运放输出满量程。

④数据开关从最低位逐位置 1，并逐次测量模拟电压 U_o，并填入表 6.9.1 中。

表 6.9.1　DAC0832 典型电路（一）实验

输入数字量								输出模拟量 U_o(V)
D_7	D_6	D_5	D_4	D_3	D_2	D_1	D_0	
0	0	0	0	0	0	0	0	
0	0	0	0	0	0	0	1	
0	0	0	0	0	0	1	0	
0	0	0	0	0	1	0	0	
0	0	0	0	1	0	0	0	
0	0	0	1	0	0	0	0	
0	0	1	0	0	0	0	0	
0	1	0	0	0	0	0	0	
1	0	0	0	0	0	0	0	
1	1	1	1	1	1	1	1	

4. DAC0832 典型电路（二）实验

①用 74LS161，μA741 和 DAC0832，按图 6.9.4 连接电路。

②经检查无误后，调节 $V_{REF} = 5$ V，输入 CP 脉冲（单脉冲），开始计数，观察 U_o 电压变化。当 $D_7 \sim D_0$ 分别为 00H、20H、80H 及 FFH 时，记录各数字量对应的模拟输出电压 U_o，填入表 6.9.2 中。

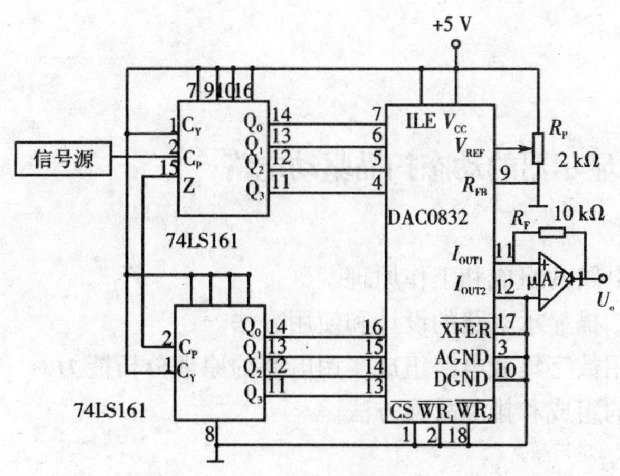

图 6.9.4　DAC0832 典型电路(二)

表 6.9.2　DAC0832 典型电路(二)实验

输入数字量	输出模拟量	
	$V_{REF}=5$ V	$V_{REF}=2.5$ V
00H		
20H		
40H		
80H		
FFH		

注:在 00H 时,需要通过调整可变电阻器,使输出为 0 mV。

③调节基准电压为 2.5V,重复上一步骤。

5. 设计性实验

使用计数器、DAC0832 和其他附加电路设计一个阶梯波发生器电路。把计数脉冲送到计数器进行计数,计数器的输出端接 D/A 转换器的输入端,D/A 转换器的输出则为周期阶梯电压波形。

要求写出设计步骤,分析设计思路,并在实验系统上调试,用示波器观测并记录输出电压的波形。

6.9.5　实验报告要求

1. 预习报告的要求

写出实验名称、实验内容、电路元件和电源的参数、画出实验线路和相应测量数据的表格。

2. 讨论并完成下面工作

①讨论分析反馈电阻 R_F 接到引脚 9 和引脚 11 有何区别,输出电压如何变化?

②注意观察和理解,反馈电阻 R_F 接到引脚 9 和引脚 11 时,调零和调满量程方法的意义。

③熟悉 DA0832 三种工作,总结本次实验中直通工作方式接线特点。

6.10　综合训练

6.10.1　多位 LED 显示器的动态扫描驱动电路

1. 训练目的

①了解扫描驱动电路的组成和工作原理。

②通过实验熟悉扫描显示电路的设计和使用方法。

③熟悉和掌握运用数字集成电路组成实用电路的原理分析能力。

④了解数字电路的组成和排除故障方法。

2. 训练参考电路

多位 LED 显示器的动态扫描驱动参考电路如图 6.10.1 所示。

3. 说明

七段 LED 显示器也称数码管,用在要求显示数字的场合,使用时必须加译码驱动电路。常用的显示电路有两种工作方式,即静态译码显示和动态扫描显示。所谓静态译码显示是指一个译码驱动电路驱动一个七段显示器进行数码显示,是一种典型的静态显示电路,常被用于电子钟、频率计等各种数字系统。而动态扫描显示是指多个七段显示器共用一个译码驱动电路,由扫描电路控器各位显示器分时进行显示,即每个显示器按不同的时间轮流使用这个译码驱动电路,从而显示单元电路更加简单。在单片机系统中,常用动态扫描显示电路,例如 HD7279A、MAX7219 等就是能够同时驱动 8 位共阴极数码管的驱动芯片。

(1)一位显示器的译码驱动电路

在数字集成电路中,七段译码器/驱动器是专门用来驱动数码管发光显示数码的。能驱动共阴极结构 LED 数码管的集成电路有 74LS248、74LS49、74LS249、CC4511、MC14495 等;能驱动共阳极结构 LED 数码管的集成电路有 74LS47、74LS246、74LS247 等。一位显示器的译码驱动电路的参考电路如图 6.4.4 所示。

(2)多位显示器的动态扫描译码驱动电路

当显示器的位数较多时,每位显示器用一个译码驱动电路,电路的复杂程度会增加,采用动态扫描多位显示器,会减少电路连线,缩小体积。下面以 4 位共阴极显示器的动态扫描译码驱动电路为例,说明其设计方法。

1° 分析要求,画出电路的原理框图

动态扫描显示的参考电路如图 6.10.1 所示,它由一片译码器带 4 位 LED 显示器译码驱动电路、多路数据选择器和控制电路 4 个组成部分。图中,4 位 LED 显示器共用一片译码/驱动器 (74LS248),各位 LED 数码管对应的笔段并联后再与译码器的输出端连接。电路的工作原理是:每个待显示的学生学号(BCD 码数据,例如 A_3、A_2、A_1、A_0)分别送到 4 个不同的数据选择器输入端。控制电路产生的数据信号($1Y_0$、$1Y_1$、$1Y_2$、$1Y_3$)控制数据选择器的输出,4 个数据选择器的输出分别送到 74LS248 的数据输入端,经过 74LS248 译码后,送到 4 个显示器的输入端。同时,控制电路产生的显示器位选择信号($2Y_0$、$2Y_1$、$2Y_2$、$2Y_3$)分别送到显示器的公共端。当位选择信号为低电平时,对应的显示器发光显示数码。当它为高电平时,对应的显示器不发光。

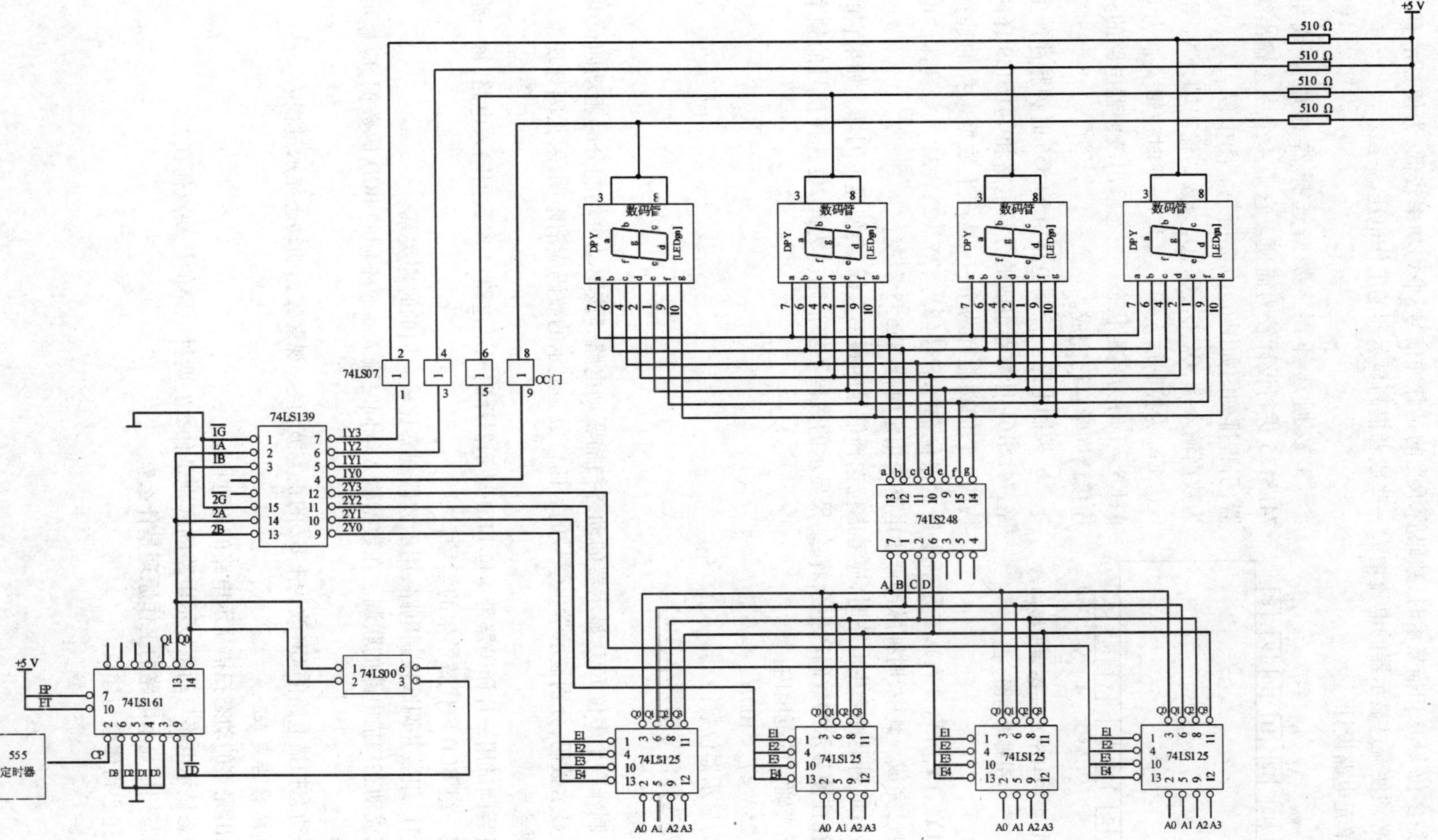

图6.10.1　多位LED显示器的动态扫描驱动参考电路

注意:多位 LED 扫描显示时,数码管承受的是脉冲信号,平均功率较低,为使显示有足够的亮度,必须使流过显示器的电流增大一些或者提高显示器的工作电压。

2° 单元电路设计

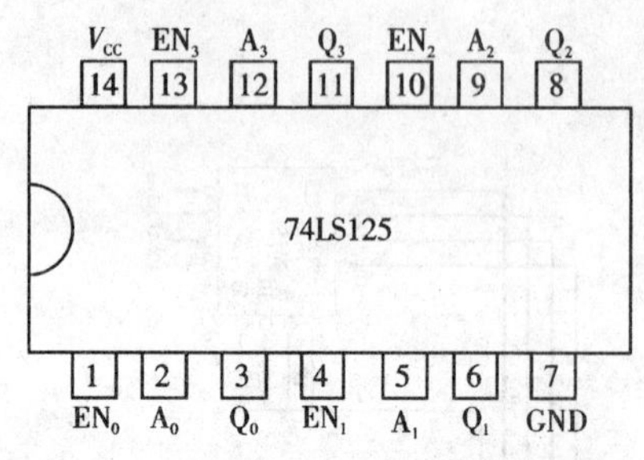

图 6.10.2 74LS125 三态输出缓冲器引脚排列图

a. 数据选择器。数据选择器选用集成电路 74LS125 进行设计较为简便。它是 4 个三态输出缓冲器,引脚排列图如图 6.10.2 所示。图中,A_0、A_1、A_2、A_3 为数据输入端,Q_0、Q_1、Q_2、Q_3 为数据输出端,EN_0、EN_1、EN_2、EN_3 为控制输入端。当 EN = 0 时逻辑关系为 Q = A;EN = 1 时为高阻状态。三态输出缓冲器电路的具体连接请同学自己完成。

b. 控制电路。控制电路由 NE555 时钟脉冲产生电路、74LS161 计数器组成的分频电路和 74LS139 译码器构成。它的功能有两个:一是产生数据选择的选择控制信号($1Y_0$、$1Y_1$、$1Y_2$、$1Y_3$),二是产生显示器位选择信号($2Y_0$、$2Y_1$、$2Y_2$、$2Y_3$)。具体的电路请同学自己完成。其中,时钟脉冲产生电路选用定时器 NE555 实现。

在设计时钟脉冲产生电路时,应考虑位选择信号的频率太低,会使显示闪烁。如果它的频率过高,往往使显示的数码产生余辉,结果显示的数码不够清晰。为此,位选择信号的频率应设计在下式确定的范围内:

$$25N < f_c < 100N$$

式中:N 为显示器位数;

f_c 为选择信号的频率(Hz)。

4. 训练任务

设计制作一个多位 LED 显示器的动态扫描驱动电路。该驱动电路能分时驱动四位共阴极数码管显示数码,分别显示学生学号的后四位数。显示的数码应清晰明亮,无闪烁现象。

5. 调试步骤

①组装调试用一片译码器带 4 位 LED 显示器译码驱动电路、4 路数据输入电路,每一路数据输入用一组 BCD 码代替学生的学号。

②设计、组装并调试控制电路,用示波器观察比较它们的时序关系。

③完成动态扫描电路的联调。在数据输入端同时输入 4 个不同的 BCD 码数据,应显示不同的数码。

④将动态扫描电路的 CP 改为 1 Hz 的正方波信号,观察数据的动态显示过程。

6. 训练报告要求

①画出完整的动态扫描显示电路的原理图。

②静态显示电路与动态显示电路的区别是什么?两种电路的优缺点何在?

③动态扫描显示电路的工作原理是什么?

④简述心得体会与建议。

6.10.2 智力竞赛抢答器

1. 训练目的

①进一步学习数字系统的设计方法和调试方法。

②学习数字输入信号的编码、暂存和自锁电路的设计。

③学习数字系统和模拟系统综合应用的方法。

2. 训练参考电路

训练参考电路如图 6.10.3 所示。

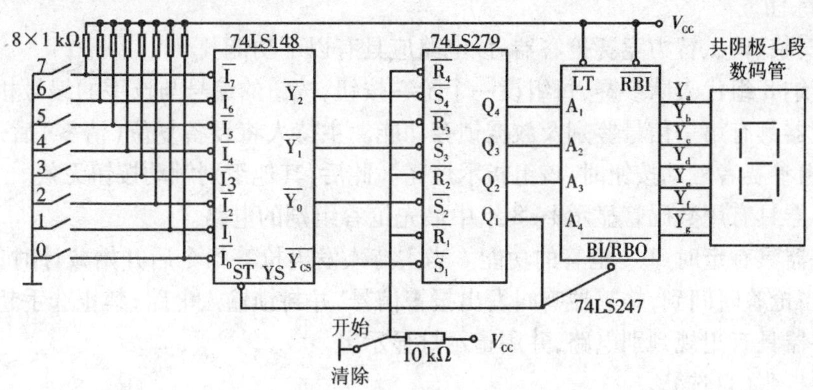

图 6.10.3 训练参考电路

3. 说明

智力竞赛抢答器的原理框图如图 6.10.4 所示,由抢答电路和定时电路两大部分组成。图 6.10.3 是利用中规模集成电路构成的具有 8 人抢答功能的参考电路图。

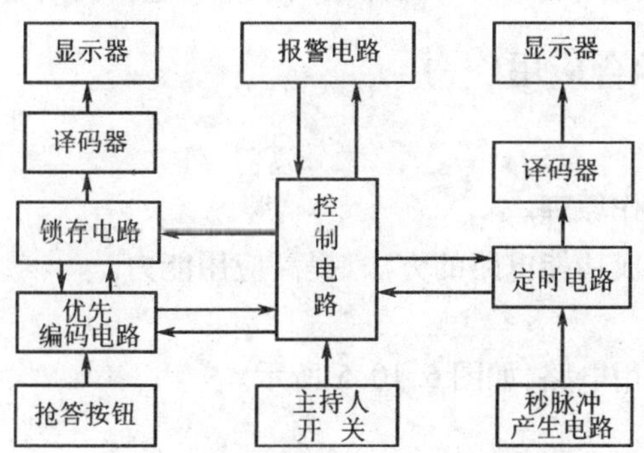

图 6.10.4 智能抢答器结构框图

智能抢答器可分为以下几个功能单元。

(1)抢答单元电路

抢答电路完成的基本抢答功能有如下三点。

①主持人开关置于“清零”,抢答器处于禁止工作状态,若按抢答按钮,则犯规。

②主持人开关置于“抢答”,通过控制电路,抢答器处于工作状态。若在规定的抢答时间内触动抢答按钮,优先编码器(74LS148)对最先触动按钮的组别进行编码,再将编码的数据锁

存(74LS279)、译码,用显示器显示抢答的组别。同时,由锁存器封锁优先编码器,使其他组别触动按钮无效。

③主持人开关置于“抢答”,若超过设定的抢答时间 30 s,则报警电路将发出控制信号,封锁优先编码器,使后面的抢答无效。

(2)定时电路

主持人开关置于“抢答”,则启动定时电路减计时。当抢答时间到,蜂鸣器鸣叫发出报警信号,并封锁输入电路。秒脉冲产生电路、30 s 减计时电路及报警电路可参阅前面的实验或其他资料。

(3)训练任务

设计、安装、调试智力竞赛抢答器,该电路应具有以下功能。

①可容纳 8 组代表队参赛,每组设一个抢答按钮,按钮的编号与选手的编号相对应。

②抢答器具有第一信号鉴别及数据锁存功能。主持人将设备复位(清零)后,发出抢答指令,当第一组参赛者触动按钮时,该组指示灯亮。此后,其他组别触动按钮无效。

③抢答器具有用数码管显示 1 ~ 8 组中最先抢答组别的电路。

④抢答器具有定时 30 s 抢答的功能。当主持人发出抢答指令后开始减计时,并用显示器显示时间;当抢答时间到,蜂鸣器鸣叫发出报警信号,并封锁输入电路,禁止选手超时抢答。

⑤抢答器具有犯规判别电路,并用指示灯显示。

⑥功能扩张(自选)。

4. 训练报告要求

①根据设计的电路及调试结果,写出设计报告。

②给出整体设计框图和总电路图、单元电路图及具体的设计思路。

③写出安装、调试步骤。

④说明实验过程中的故障现象和解决方法以及对自选功能的思考。

6.10.3 单元电路的综合应用(一)

1. 训练目的

①掌握单元电路的工作原理。

②训练用单元电路构成功能电路的方法,提高应用能力。

2. 训练参考电路

数字电路实验综合应用电路,如图 6.10.5 所示。

3. 说明

图 6.10.5 为数字电路实验综合应用电路(一),它是利用在基础实验中做过的单元性电路组合而成的。电路中包括矩形波信号产生电路、分频电路、控制电路等。

(1)电路组成

矩形波信号是由定时器 NE555 和外围元件构成的电路产生的。电路中 R_1、R_2、C_1、C_2是定时电阻和电容,C_3是控制电压稳定电容,S_1是改频控制开关。闸门控制是由“与非”门 74LS00 构成的电路产生的。电路中 S_2是闸门电路控制开关。十分频是由十进制同步计数器 74LS160 构成的电路。二分频是由 D 触发器 74LS74 构成的电路。电路中 C_4、C_5、C_6分别是各级电路高频去耦电容。

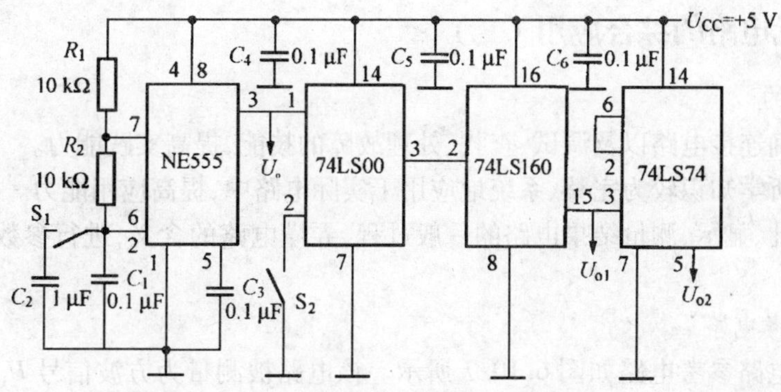

图 6.10.5 数字电路实验综合应用电路(一)

(2)基本工作过程

电路工作时,由多谐振荡电路产生的矩形波信号(或 CP 脉冲)送入闸门控制电路。当开关 S_2断开时,闸门控制电路被打开,矩形波信号经闸门控制电路送入十分频电路,再经二分频电路输出;当开关 S_2接通时,闸门控制电路被关闭,无矩形波信号输出。

4. 训练任务及调试步骤

①按参考电路图 6.10.5 连接并完成各单元电路功能的调试。

②按参考电路图 6.10.5 正确组接功能电路,并经检查无误后接通电源。按下述要求进行功能测试。

a. 将 S_2断开,用双踪示波器 1 通道测量矩形波信号振荡电路输出波形,2 通道测量十分频矩形波信号输出波形或十分频后的二分频矩形波信号输出波形,并绘制在图 6.10.6 中。

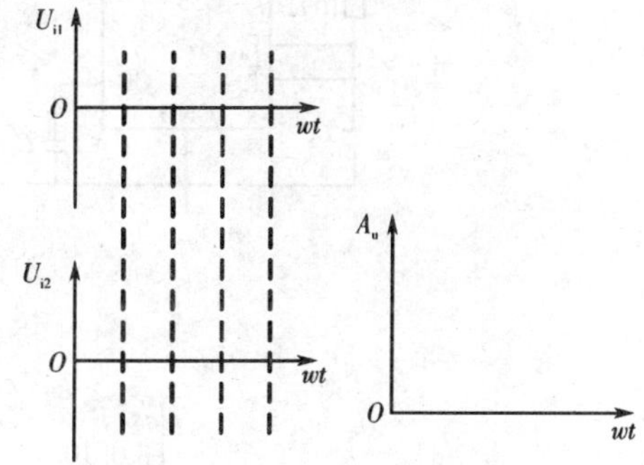

图 6.10.6 短形波信号输出波形

b. 用示波器测量电路 U_o、U_{o1}和 U_{o2}各点波形的幅值。

c. 用示波器测量电路 U_o、U_{o1}和 U_{o2}各点信号的频率值。

d. 以 U_o信号为基准比较 U_{o1}和 U_{o2}信号的分频比。

e. 将 S_2接通,再测上述各点波形。

5. 训练报告要求

①整理并绘制出完整的功能电路图。

②总结训练体会。

6. 训练指导

实验中,当电路工作不正常时,可用示波器逐级检查波形,测试各级电路输入、输出波形是否正常,如发现电路输入波形正常而输出波形不正常,就表明本级电路有故障,通过分析后,确定电路的故障点,排除故障。

6.10.4 单元电路的综合应用(二)

1. 训练目的

①训练正确连接电路以及调试、查找、处理故障的技能,提高实践能力。

②练习将所学知识较为完整、系统地应用于实际电路中,提高应用能力。

③了解设计、显示、测量结果电路的一般过程,弄懂电路的含义,进行参数设计,并用实物实现。

2. 训练参考电路

测量显示电路参考电路如图 6.10.7 所示。该电路被测量为方波信号 U_i 的频率,要求能显示信号频率的大小。

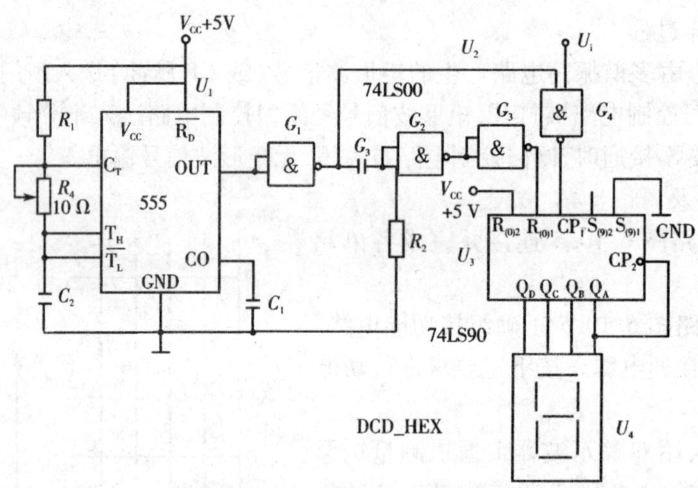

图 6.10.7 测量显示电路参考电路

3. 说明

本次训练通过完成一个显示测量结果的功能电路的组装和调试,具体实践数字电子技术中设计功能电路的一般过程,以提高应用能力。

训练时,输入信号 U_i 可取自函数发生器的数字信号输出端,要求数码管能实时显示 U_i 的频率 f_i。检查时由教师现场指定所测频率值进行测量。具体要求如下:

①充分理解电路的工作原理,考虑好确定电路参数(R_4、R_2)的方法,拟定调试步骤;

②在实验室内进行电路安装、调试,使数码管显示出信号频率指定值;

③显示量程扩大为 19,其中高位 1 用 LED 点亮表示,画出量程扩大电路,要求数码管显示出对应频率值,而且要求显示数值清晰稳定;

④如果要测较高频率(如 1 kHz 以上)的信号,电路应如何改进?请提出电路参数修改值。

4. 训练任务及调试步骤

按参考电路图 6.10.7 正确组接功能电路,并经检查无误后接通电源。按下述要求进行功能调试。

①用示波器观察多谐振荡器和整形门 G_1 的输出信号。

②用示波器观察微分和整形门 G_3 的输出。观察并比较门 G_1、G_3 输出波形的变化。

③用示波器观察门 G_4 的输出波形。

④统调完整电路,观察八段数码管的显示结果。

5. 训练报告要求

①阐述设计思想,重点是电路原理图设计、参数计算和调整。

②进行训练结果的分析,写出训练中出现的问题和解决方法。

③总结电路设计和训练的收获体会,提出自己的想法。

6. 训练指导

①实验前检查集成电路的好坏,并对示波器、函数发生器等仪器进行检查。

②测试电路的性能与指标,必要时进行电路和参数的修改,直至满足要求为止。

第 7 章　仿真实验

7.1　一阶电路的时域响应

7.1.1　实验目的

①掌握利用电子仿真软件 Multisim 9[①] 设计和完成 RC 一阶电路和微分、积分电路虚拟实验的方法。

②通过实验加深对时间常数概念的理解，了解 RC 一阶电路中电容的充、放电过程，并掌握电容充、放电时间常数的计算和测量方法。

③加深理解一阶电路时域响应的基本规律和特点。

④了解微分电路和积分电路的组成，并能计算和选择参数。

7.1.2　实验说明

电路从一个稳态到另一个稳态的变化过程称为电路的过渡过程，也称电路的暂态过程。由于储能元件存储的能量在换路瞬间不能发生突变，所以电容两端的电压和电感的电流不能发生突变。

只含有一个独立储能元件的电路称为一阶电路。一阶电路的暂态响应曲线呈指数规律变化。当含有电容的一阶电路换路时，由于电容两端电压不能突变，电路从先前稳态到重新建立稳态需要一个暂态过程，暂态过程持续的时间由时间常数 $\tau = RC$ 决定。τ 越大，持续时间越长。R 和 C 分别为电容充、放电回路中等效电阻和电容的值。一阶电路的全响应就是零输入响应和零状态响应叠加在一起的整个过程，即从初始值开始按指数规律变化一直到新的稳态建立的响应全过程。

微分电路和积分电路是 RC 一阶电路比较典型的电路，它们对电路元件参数和输入信号的周期有特定要求。一个简单 RC 串联电路，在方波序列脉冲的重复激励下，当满足 $\tau = RC \ll T/2$（T 为方波脉冲的周期），且由 R 端作输出响应，即构成微分电路，如图 7.1.1 所示。若由 C 端作输出响应，且满足 $\tau = RC \gg T/2$ 条件时，即构成积分电路，如图 7.1.2 所示。

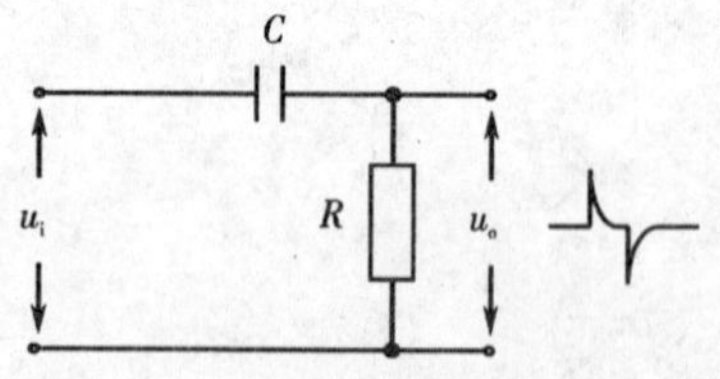

图 7.1.1　微分电路及波形

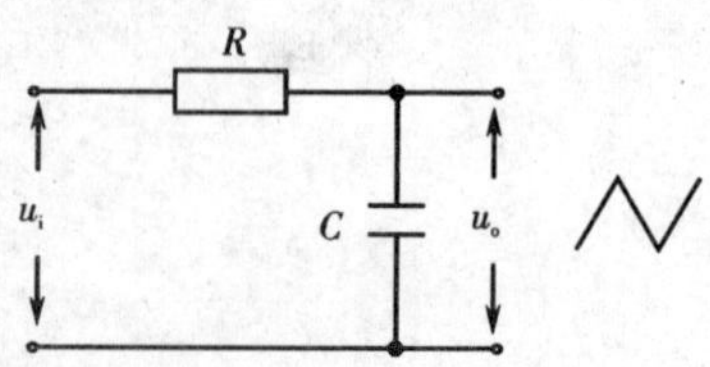

图 7.1.2　积分电路及波形

---

① 用仿真软件 Multisim 9 绘制的电路图形与我国国标规定不一致，特此说明。

7.1.3　实验内容

1. *RC* 一阶电路

(1)编辑电路图

按图 7.1.3 编辑电路图。函数信号发生器设置成 10 Hz、10 V 的对称方波。

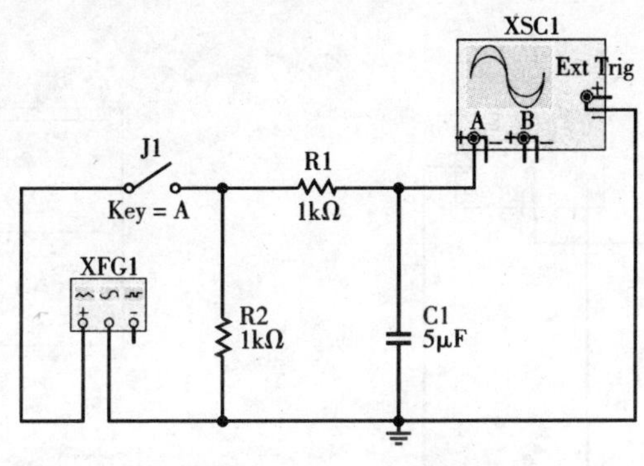

图 7.1.3　一阶 *RC* 电路

(2)仿真分析

设置电路参数 $R_1=1\ \text{k}\Omega$、$R_2=1\ \text{k}\Omega$、$C_1=10\ \mu\text{F}$。按下仿真按钮,激活电路后,单击开关 J_1 的动臂,使开关反复打开闭合,在示波器上观察到如图 7.1.4 所示波形。将电容参数改为 $C_1=5\ \mu\text{F}$,可观察到图 7.1.5 波形。总结电容值变化对波形上升下降时间的影响。

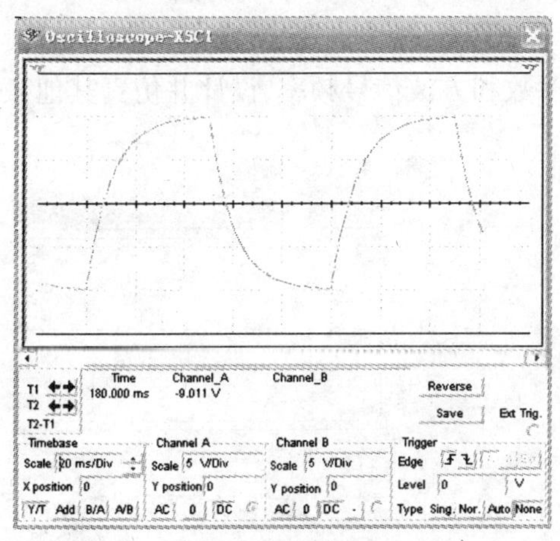

图 7.1.4　*RC* 电路充放电暂态过程

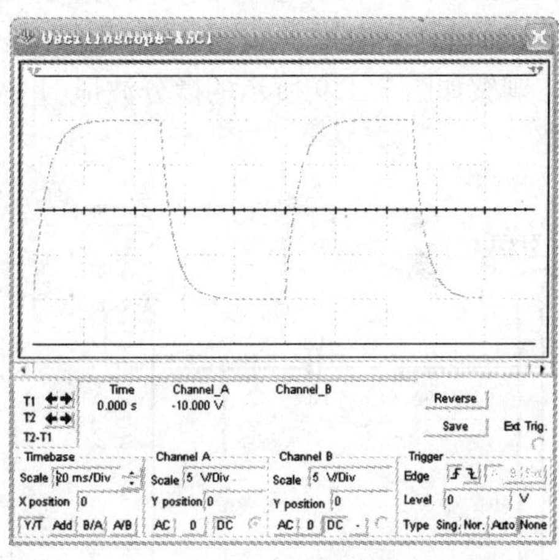

图 7.1.5　电容减小后 *RC* 电路充放电暂态过程

暂停仿真,将波形锁定,拉出示波器两条游标 1 和 2,在充电起始点使游标 1 与信号交点 V_{A1} 的值为最小值,游标 2 与信号交点 V_{A2} 的值为 6.3 V,此时两游标间的时间差 t_2-t_1 即为该电路的充电时间常数 $\tau_{充}$。移动两条游标,在放电起始点使游标 1 与信号交点 V_{A1} 的值为最大值,游标 2 与信号交点 V_{A2} 的值为 3.68 V,此时两游标间的时间差 t_2-t_1 即为该电路的放电时间常数 $\tau_{放}$。记录两测量值,并与计算值相比较。

2. *RC* 积分电路

(1)编辑电路图

按图 7.1.6 编辑电路图。函数信号发生器设置成 10 Hz、10 V 的对称方波。

(2)仿真分析

观察如图 7.1.7 所示的积分波形,并改变元件参数和方波信号频率,设计并仿真其他积分电路。

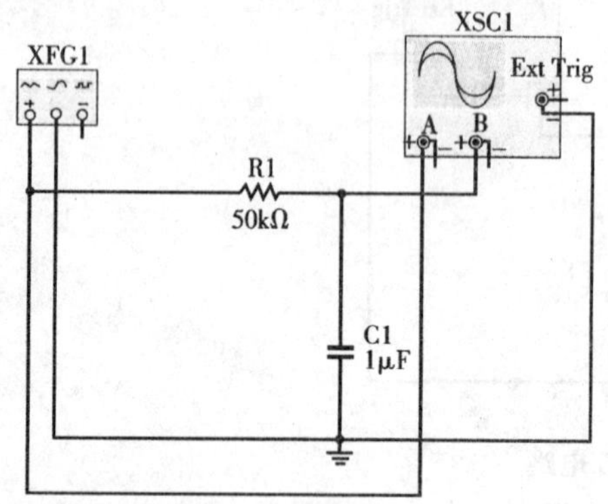

图 7.1.6 *RC* 积分电路

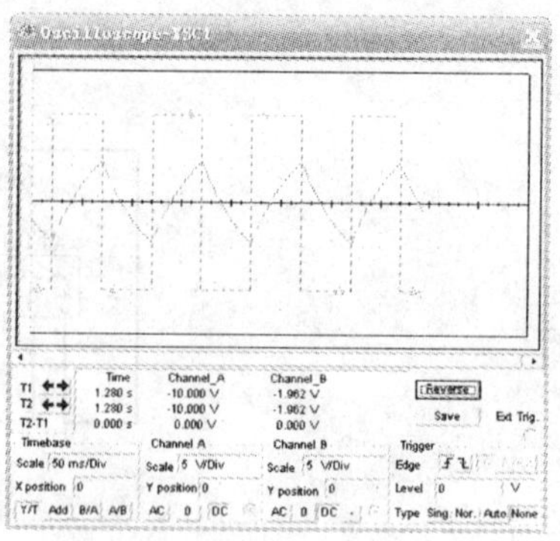

图 7.1.7 *RC* 电路的积分波形

3. *RC* 微分电路

(1)编辑电路图

按图 7.1.8 编辑电路图。函数信号发生器设置成 10 Hz、10 V 的对称方波。

(2)仿真分析

观察如图 7.1.9 所示的微分波形,并改变元件参数和方波信号频率,设计并仿真其他微分电路。

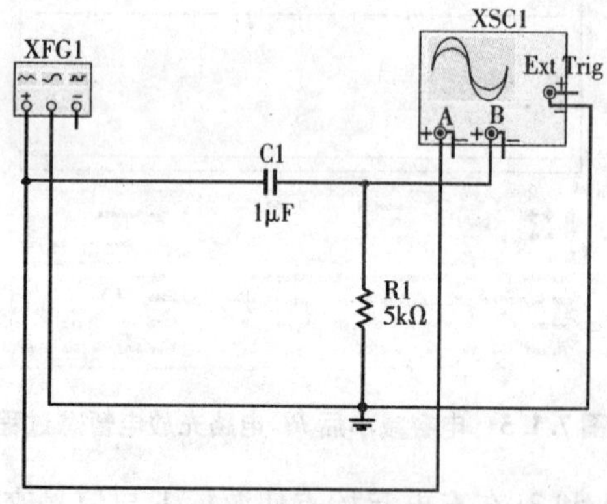

图 7.1.8 *RC* 微分电路

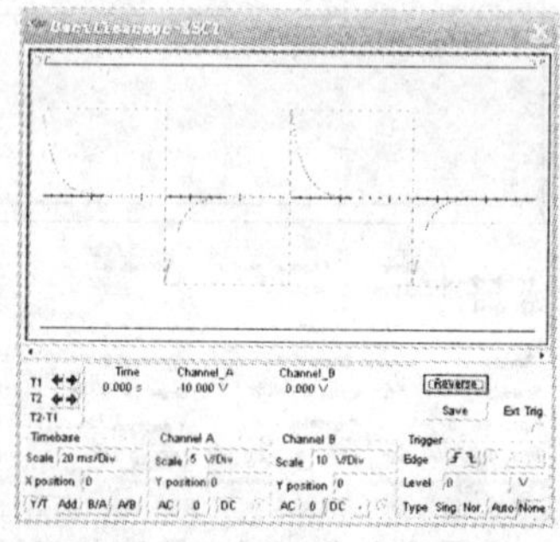

图 7.1.9 *RC* 电路的微分波形

7.1.4 实验报告要求

①记录并分析波形及数据。

②总结 Multisim 9 使用要点。

7.2 OTL 功率放大电路的综合研究

7.2.1 实验目的

①加深对 OTL 功率放大电路工作原理的理解。

②掌握 OTL 功率放大电路的工作点调整方法及最大输出功率、效率的测试方法。

③掌握消除交越失真的原理和方法。

④掌握用 Multisim 9 软件对分立元件构成的单元电路进行仿真的方法。

7.2.2 实验说明

功率放大电路在多级放大电路中处于最后一级,又称输出级。其主要作用是输出足够大的功率去驱动负载,如扬声器、伺服电机、指示表头等。功率放大电路要求输出电压和输出电流的幅度都比较大,且要求效率高。因此三极管工作在大电压、大电流状态下,管子的损耗功率大,发热严重,必须选用大功率三极管,且要加装符合规定要求的散热装置。在实际应用中,双电源互补对称电路需要正负两个独立电源,有时很不方便。当仅有一路电源时,可采用单电源互补对称电路(OTL 电路)。

图 7.2.1 所示为 OTL 功率放大器电路。其中由晶体三极管 T_1组成推动级,T_2和 T_3是一对参数对称的 NPN 和 PNP 型晶体三极管,组成互补推挽 OTL 功放电路。由于每一个管子都接成射极输出器形式,因此具有输出电阻低、负载能力强等优点,适合于作功率输出级。T_1 管工作于甲类状态,它的集电极电流 I_{c1} 的一部分流经电位器 R_{W2} 及二极管 D,给 T_2、T_3 提供偏压。调节 R_{W2},可以使 T_2、T_3得到适合的静态电流而工作于甲乙类状态,以克服交越失真。静态时要求输出端中点 A 的电位 $U_A = V_{CC}/2$,可以通过调节 R_{W1} 实现。又由于 R_{W1} 的一端接在 A 点,因此在电路中引入交直流电压并联负反馈,一方面能够稳定放大器的静态工作点,同时也改善了非线性失真。当输入正弦交流信号 u_i时,经 T_1 放大、倒相后同时作用于 T_2、T_3的基极,u_i的负半周使 T_2管导通(T_3管截止),电流通过负载 R_L,同时向电容 C_0 充电。在 u_i 的正半周,T_3 导通(T_2截止),则已充好电的电容器 C_0起着电源的作用,通过负载 R_L 放电,这样在 R_L上就得到完整的正弦波。C_2和 R 构成自举电路,用于提高输出电压正半周的幅度,以得到大的动态范围。

7.2.3 实验内容

1. 编辑电路图

在 Multisim 9 平台上创建如图 7.2.1 所示的基本 OTL 互补对称功率放大电路,用虚拟电压表测量 A 点的电位 V_A,用虚拟示波器测量放大器的输出电压波形。

2. 仿真分析

(1)调节静态工作点

单击仿真开关,调节电位器 R_{W1} 的大小(比例),使虚拟电压表的指示值为 $V_{CC}/2$。

(2)测量最大输出功率 P_{oM}和效率

①输入电压信号 U_i = 20 mV,f = 1 000 Hz,观察输出电压的波形。

②逐渐增加输入电压的幅度,当输出电压波形刚刚出现最大幅度且不失真,移动虚拟示波

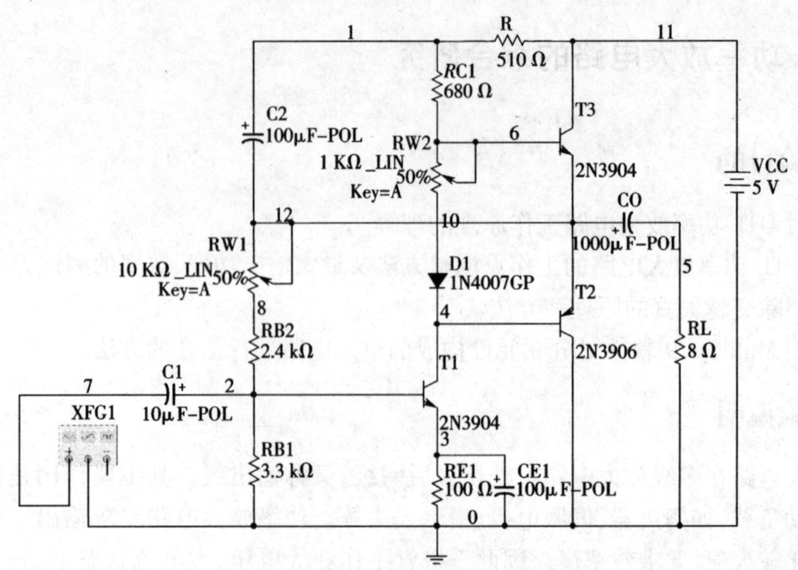

图 7.2.1　OTL 互补对称功率放大电路

器的标尺。在最大不失真输出时,电源提供的电流值为 I,计算:电源提供的功率($P_V = V_{CC} \times I$)和效率($\eta = \frac{P_o M}{P_V} \times 100\%$)。

(3)观察输出电压交越失真

将二极管 D1 短路,单击仿真开关,用虚拟示波器观察输出电压交越失真的情况,并记录波形。

7.2.4　实验报告要求

①设计并画出完整电路图。

②对实验数据及波形进行分析。

③分析电路中各元件的作用。

7.3　集成运算放大器应用

7.3.1　实验目的

①掌握集成运算放大器线性与非线性应用原理及各电路功能。

②掌握运算放大器电路基于 Multisim 9 的仿真设计与分析方法。

7.3.2　实验说明

集成运算放大器的原理前面已经介绍过,参考实验 5.5。

7.3.3 实验内容

1. 反相比例运算电路

电路如图 7.3.1 所示。对于理想运放,该电路的输出电压与输入电压之间的关系为

$$U_o = -\frac{R_F}{R_1}U_i$$

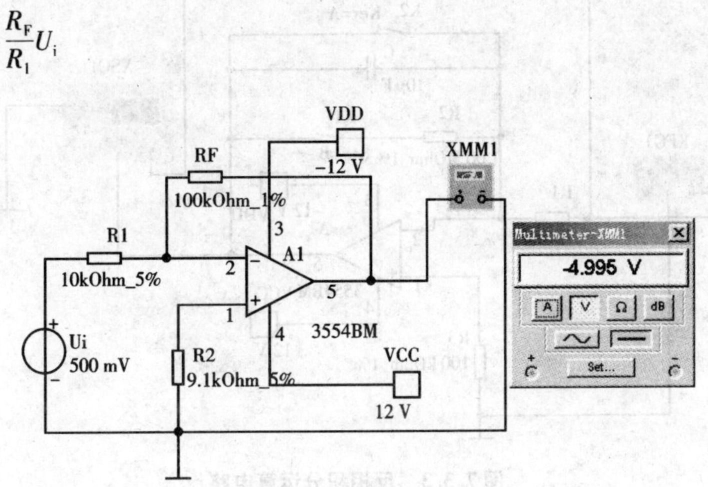

图 7.3.1 反相比例运算电路

为了减小输入级偏置电流引起的运算误差,在同相输入端应接入平衡电阻 $R_2 = R_1 /\!/ R_F$。利用 Multisim 9 创建电路原理图,记录并分析仿真结果,且与理论计算值相比较。

2. 反相加法运算电路

加法运算电路的功能是对若干输入信号求和。如图 7.3.2 所示,在反相比例运算器的基础上,两信号均在反相端施加,因此又称为反相加法运算电路。

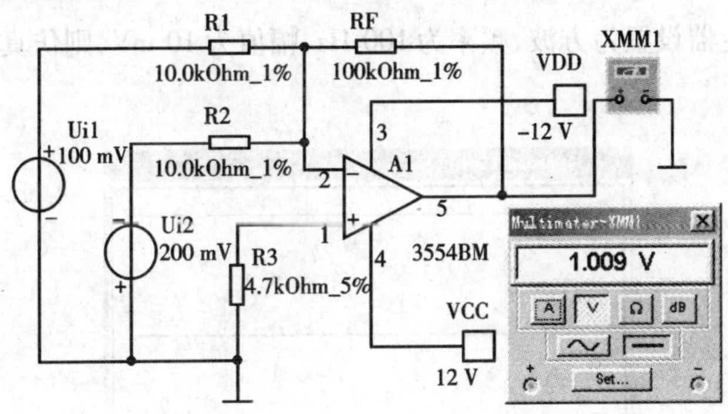

图 7.3.2 反相加法运算电路

输出电压与输入电压之间的关系为式(7.3.1)。为使两输入端电路对称,有 $R_3 = R_1 /\!/ R_2 /\!/ R_F$。

$$U_o = -\left(\frac{R_F}{R_1}U_{i1} + \frac{R_F}{R_2}U_{i2}\right) \tag{7.3.1}$$

利用 Multisim 9 创建电路原理图,分析并记录仿真结果,且与理论计算值相比较。

3. 反相积分电路

在反相比例运算电路中使用电容 C 代替电阻 R_F 作为反馈元件，就成为了反相积分电路，如图 7.3.3 所示。

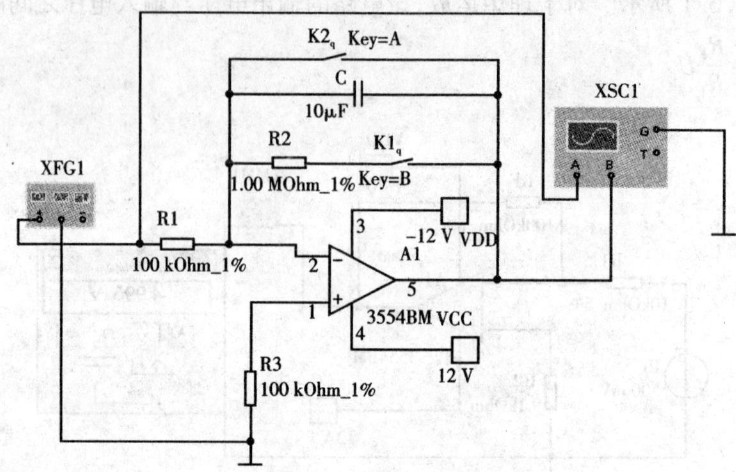

图 7.3.3　反相积分运算电路

在理想化条件下，输出电压

$$U_o(t) = -\frac{1}{R_1 C}\int_0^t u_i \mathrm{d}t + u_C(0) \tag{7.3.2}$$

式(7.3.2)中 $u_C(0)$ 是 $t=0$ 时刻电容 C 两端的电压值，即初始值。如果 u_i 是幅值为 E 的阶跃电压，并设 $u_C(0)=0$，则

$$U_o(t) = -\frac{1}{R_1 C}\int_0^t E\mathrm{d}t = -\frac{E}{R_1 C}t \tag{7.3.3}$$

若函数信号发生器设置为方波、频率为 100 Hz、幅值为 10 mV，则仿真得输入、输出波形如图 7.3.4 所示。

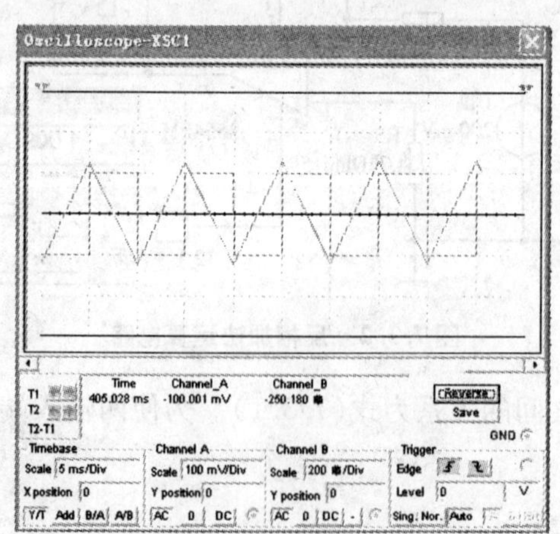

图 7.3.4　反相积分电路输入、输出波形

4. 过零比较器

比较器是集成运放非线性应用电路，它将一个模拟量电压信号 U_i 和一个参考电压 U_R 相比较，根据两者大小关系输出高电平或低电平。

若参考电压为零，输入信号每次过零时，输出电压就会发生变化，把这种比较器称为过零比较器，电路如图 7.3.5 所示。

函数信号发生器设置为正弦波、频率为 1 kHz、幅值为 1 V，仿真输出结果如图 7.3.6 所示，输入正弦波每过一次零点输出电压跳变一次。输出电压受运放最大输出电压限制，周期与正弦波相同。

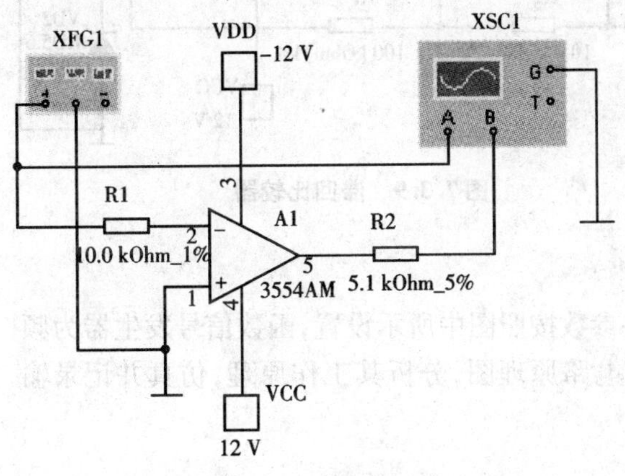

图 7.3.5　过零比较器

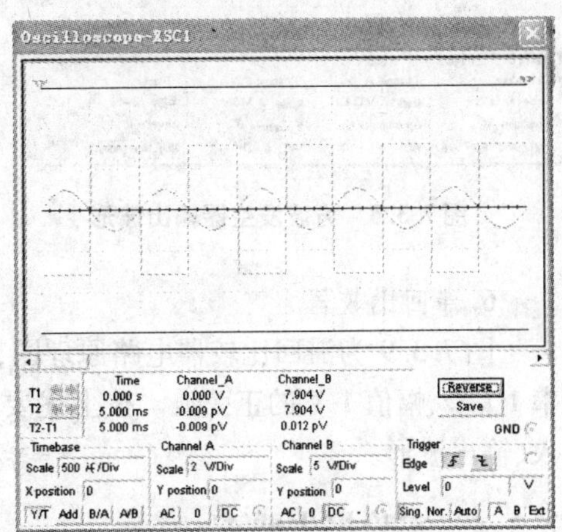

图 7.3.6　过零比较器输入输出波形

5. 方波发生器

最基本的方波发生器如图 7.3.7 所示，它由一个滞回比较器和 $R_F C$ 负反馈回路构成。输出端稳压管组成双向限幅器，将输出限制在 $\pm U_Z$。输出方波频率

$$f=\frac{1}{2R_F C\ln\left(1+\frac{2R_2}{R_1}\right)} \tag{7.3.4}$$

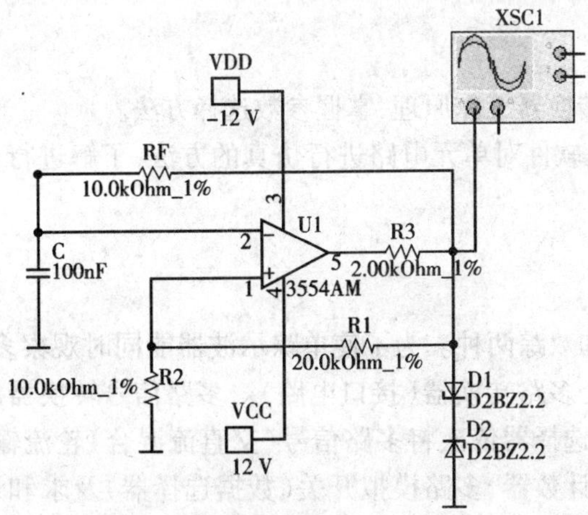

图 7.3.7　方波发生器

输出波形如图 7.3.8 所示。

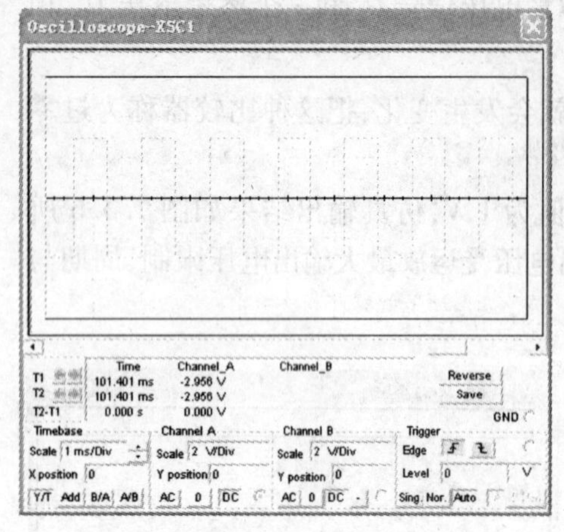
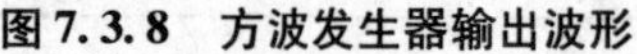

图 7.3.8　方波发生器输出波形

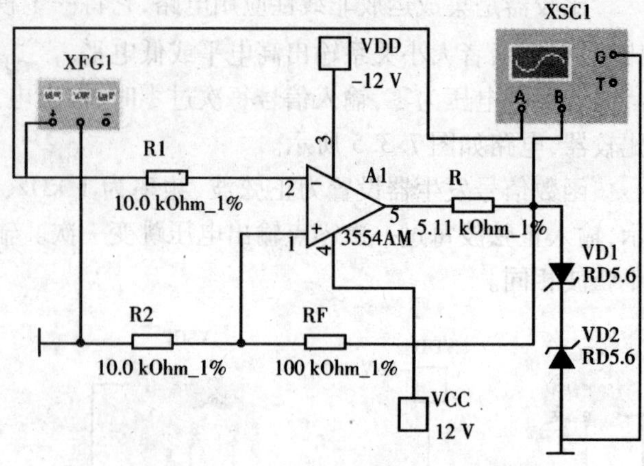

图 7.3.9　滞回比较器

6. 滞回比较器

图 7.3.9 为滞回比较器电路原理图，各元件参数按照图中所示设置，函数信号发生器为频率 1 kHz、幅值 1 V 的正弦波。按上述要求创建电路原理图，分析其工作原理，仿真并记录输入、输出波形。

7.3.4　实验报告要求

①对项目中给出示例电路原理图进行仿真，记录并分析波形及数据。

②参照过零比较器与方波发生器的分析仿真方法，按照项目要求独立完成滞回比较器电路的创建与仿真分析，并记录结果。

③总结用 Multisim 9 对电路进行分析的结果。

7.4　多路信号显示转换器

7.4.1　实验目的

①了解真实的信号转换器工作原理，掌握参数选择方法。

②掌握用 Multisim 9 软件对单元电路进行仿真的方法，了解进行分析和验证调试的一般过程。

7.4.2　实验说明

常用示波器有单踪和双踪两种。为了使单踪示波器能同时观察多路信号，需要在单踪示波器的输入端口接入一个多路转换器（接口电路）。多路信号转换器的基本思路是在地址形成器的控制下，通过数据选择器依次将多路信号（交直流混合）轮流输入示波器的 Y 轴通道。接口电路由时钟产生器、计数器、多路模拟开关（数据选择器）及求和运算放大器等四部分组成。参考电路如图 7.4.1 所示。

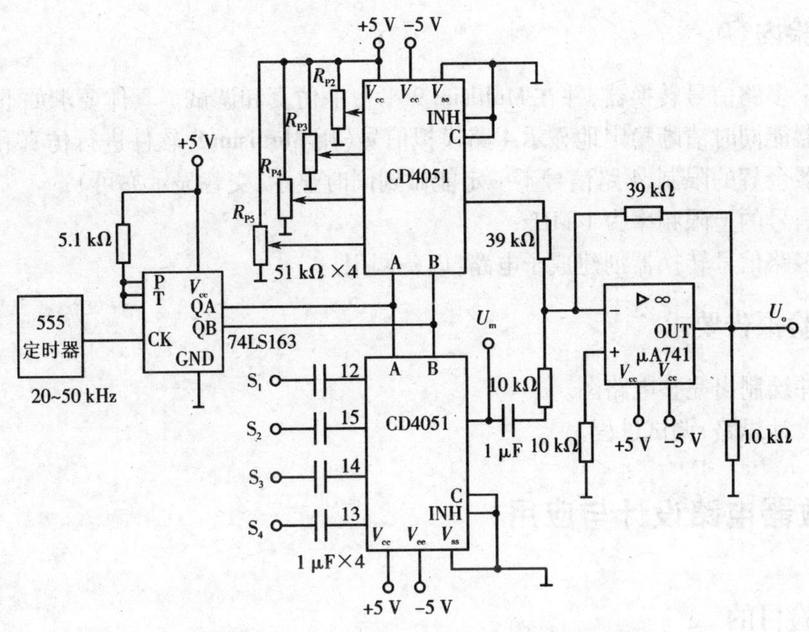

图 7.4.1　多路信号转换器的参考电路

1. 时钟产生器

使用定时电路 555，产生一时钟脉冲信号，要求输出频率为 20 kHz ~ 50 kHz，且稳定可调。

2. 计数器

使用 4 位二进制计数器电路 74LS163，只用 2 位输出 Q_A 和 Q_B，有四种状态组合，形成多路模拟开关的地址代码，控制多路模拟开关（4 路）的信号选通，由此形成地址形成器，将各路输入信号依次引入到加法电路中。

3. 多路模拟开关

用 2 片 4051 模拟开关芯片分别接通直流和交流信号。直流信号通过 4 个电位器调节，使各路信号直流电平不同，以使信号在示波器的荧光屏上处于不同的垂直位移，便于观察。交流信号经过 4 个耦合电容与 4051 芯片控制端并接，芯片输出哪一路信号由地址形成器形成的地址代码决定。由图 7.4.1 可知，数据选择器在地址形成器的作用下，使各路输入信号依次出现在加法器端口。两片 4051 芯片输出的交流信号和直流信号的叠加由加法器完成。

4. 运算放大器

运算放大器接成反相求和电路。使数据选择器输出的直流信号和交流信号相加后从输出端口送入示波器 Y 轴通道显示。

5. 注意事项

多路信号显示器原理比较简单，但是真要在示波器上观察到稳定的波形，也并非易事。示波器的扫描时间、余辉时间、触发信号要互相配合，显示信号的幅值和叠加的直流电压值都要匹配才行。建议选择输入信号中的一个作为时钟产生器的控制信号，时钟信号经分频后送入示波器的外触发端，作外部触发脉冲用，同时和地址形成器之间形成同步。如地址形成器选用计数器，显然和触发信号配合，每触发一次，扫描一路信号。

7.4.3 实验内容

设计一个多路信号转换器,并在 Multisim 9 平台上仿真和调试。具体要求如下:

①转换器能同时清晰稳定地显示 4 路模拟信号(用 Multisim 9 软件进行仿真和调试时,如受虚拟示波器余辉的限制,4 路信号不一定能做到同时显示,交替显示亦可);

②被测信号的上限频率为 1 MHz;

③将该多路信号转换器创建成子电路,以备调用。

7.4.4 实验报告要求

①设计并绘制出完整电路图。

②阐明设计思路、调试过程。

7.5 计数器电路设计与应用

7.5.1 实验目的

①深入理解常用集成计数器的逻辑功能。

②掌握用 Multising 仿真计数、译码、显示的方法。

③应用 74LS163、74LS151 构成一个序列脉冲信号发生器。

7.5.2 实验说明

1. 74LS160 的功能

74LS160 芯片的功能前面已经介绍过,参考实验 6.6。

2. 74LS162 的功能

74LS162 是集成同步十进制加法计数器,具有同步预置、同步清零和保持的功能。两个高电平有效允许输入 CT_T和 CT_P及动态进位输出 CO 使计数器易于级联。CT_T为允许动态进位输出控制端。在允许时,若计数器处于最大值状态,动态进位输出 RCO 变为高电平,即动态进位输出 $CO = CT_T \cdot Q_A Q_B Q_C Q_D$;$\overline{LD}$为低电平有效的同步预置控制端;$\overline{CR}$为低电平有效的同步清除控制端;CLK 为上升沿有效的时钟脉冲端。功能表如表 7.5.1 所示。

表 7.5.1 74LS162 功能表

输入					输出
时钟 CLK	清除$\overline{CR}$	预置$\overline{LD}$	CT_T	使能 CT_P	$Q_A Q_B Q_C Q_D$
↑	0	×	×	×	0000
↑	1	0	×	×	ABCD
↑	1	1	1	1	计数
×	1	1	0	×	不计数
×	1	1	×	0	不计数

3. 74LS163 的功能

74LS163 是集成 4 位二进制同步计数器,具有同步清除功能。两个高电平有效允许输入

CT_T和CT_P及动态进位输出 CO 使计数器易于级联。CT_T为允许动态进位输出控制端。在允许时,若计数器处于最大值状态,动态进位输出 CO 变为高电平,即动态进位输出 $CO = CT_T \cdot Q_A Q_B Q_C Q_D$。$\overline{LD}$为低电平有效的同步预置控制端;$\overline{CR}$为低电平有效的同步清除控制端;CLK 为上升沿有效的时钟脉冲端。功能表如表 7.5.2 所示。

表 7.5.2　74LS163 功能表

输入					输出
时钟 CLK	清除$\overline{CR}$	预置$\overline{LD}$	CT_T	使能 CT_P	$Q_A Q_B Q_C Q_D$
↑	0	×	×	×	0000
↑	1	0	×	×	ABCD
↑	1	1	1	1	计数
×	1	1	0	×	不计数
×	1	1	×	0	不计数

4. 74LS151 的功能

74LS151 为集成八选一数据选择器,功能表如表 7.5.3 所示。

表 7.5.3　74LS151 功能表

输入		输出	输入		输出
选择 C B A	选通 $\overline{G}$	Y	选择 C B A	选通 $\overline{G}$	Y
× × ×	1	0	1 0 0	0	D4
0 0 0	0	D0	1 0 1	0	D5
0 0 1	0	D1	1 1 0	0	D6
0 1 0	0	D2	1 1 1	0	D7
0 1 1	0	D3			

5. 由集成计数器构成任意进制计数器

由集成计数器可以构成任意进制计数器,可采用反馈复位法和反馈预置数法。当需要扩大计数器的容量范围时可将多片计数器进行级联。

6. 由 74LS163 和 74LS151 构成序列信号发生器

序列信号发生器的功能是产生序列信号,即在时钟信号的作用下,自动产生一组特定的串行数字信号。序列信号发生器构成的方法很多,本实验采用计数器和数据选择器构成。计数器的状态输出接数据选择器的地址输入,需要输出的序列信号送至数据选择器的数据输入端。当计数器的时钟信号连续输入时,所需序列信号将会依次从数据选择器输出端输出。

7.5.3　实验内容

1. 集成同步十进制计数器 74LS160 功能测试

(1)编辑电路图

如图 7.5.1 所示,将时钟信号源电压值设为 5 V,频率设为 1 000 Hz;设定直流电压源电压值为 5 V;将元件 74LS160N、带译码器的编码式七段显示器、逻辑分析仪放入工作区;连接电路。输出端 Q_D、Q_C、Q_B、Q_A分别接到带有译码器的 LED 数码管的输入端上,观察计数状态的变化,同时接逻辑分析仪以便观察时序波形。

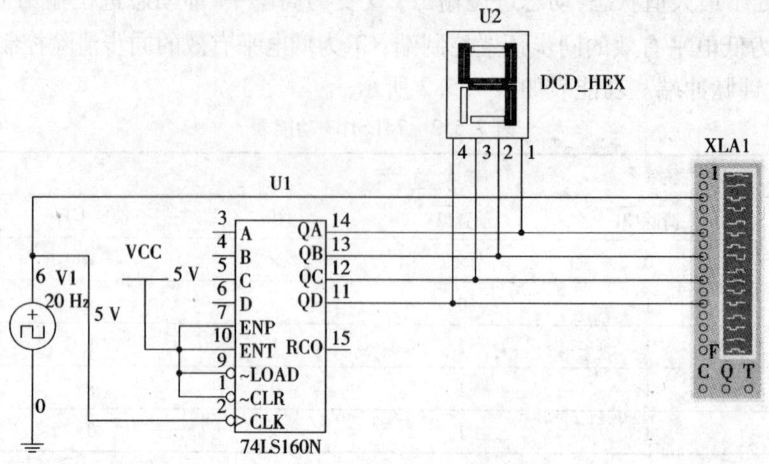

图 7.5.1　74LS160 仿真电路图

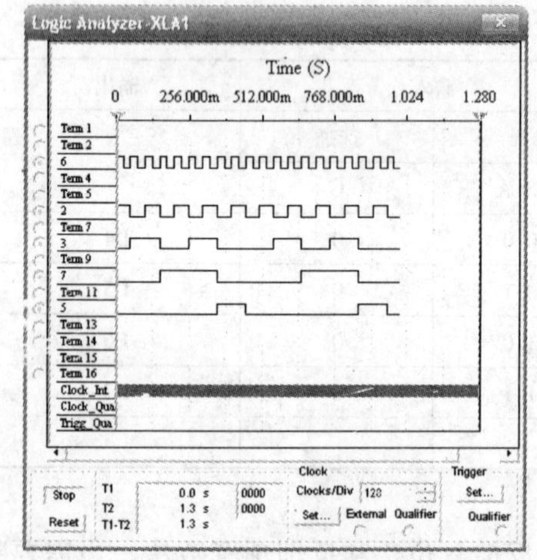

图 7.5.2　74LS160 十进制计数器时序图

(2)仿真分析

单击仿真开关,双击逻辑指示仪,打开指示窗口,设置逻辑指示仪相关参数,单击逻辑分析仪面板上的"Reset"键。在连续脉冲 CP 作用下,用逻辑分析仪观察到的计数器状态转换规律如图 7.5.2 所示(其中,第一条波形是时钟脉冲波形,第二至五条分别为计数器输出端 Q_A、Q_B、Q_C、Q_D 的波形),观察数码管显示数字的变化规律。根据时序图,填写表格 7.5.4。

表 7.5.4　74LS160 测试记录表

脉冲数	$Q_DQ_CQ_BQ_A$	数码管显示字符
1		
2		
3		
4		
5		
6		
7		
8		
9		
10		

2. 反馈复位法将 74LS162 构成同步六进制计数器

(1)编辑电路图

在第一步的基础上将集成计数器元件 74LS160 N 换成 74LS162 N。由于 74LS162 的复位采用同步方式,因此构成六进制计数器时,应将 $Q_DQ_CQ_BQ_A=0101$ 状态通过"与非"门 74S00 反馈至复位控制端 $\overline{CR}$,在第六个时钟脉冲上升沿到达时完成清零任务。74LS162 输出端的 $Q_DQ_CQ_BQ_A$ 同时接编码式数码显示器和逻辑分析仪。电路如图 7.5.3 所示。

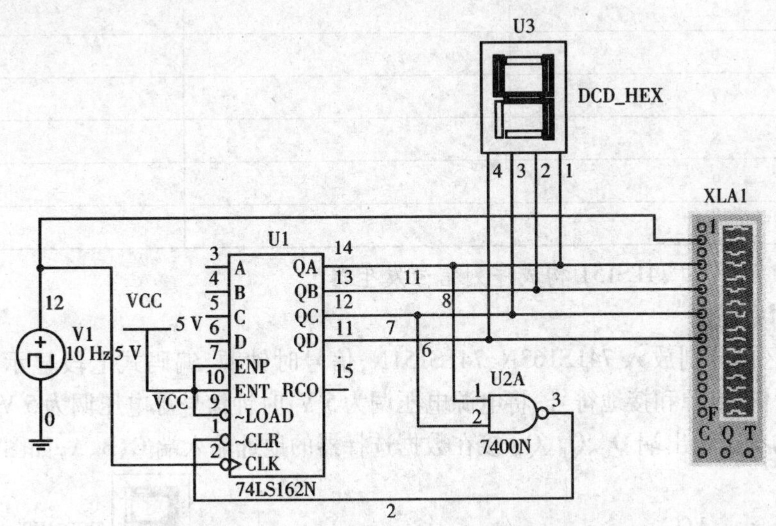

图 7.5.3 74LS162 十进制计数器的仿真电路

(2)仿真分析

单击仿真开关,设置逻辑指示仪相关参数,单击逻辑分析仪面板上的"Reset"键。在连续 CP 的作用下,用逻辑分析仪观察计数器状态转换规律,如图 7.5.4 所示(第一条波形是时钟脉冲波形,第二至五条分别为计数器输出端 Q_A、Q_B、Q_C、Q_D 的波形),观察数码管显示数字的变化规律。根据时序图,填写表 7.5.5。

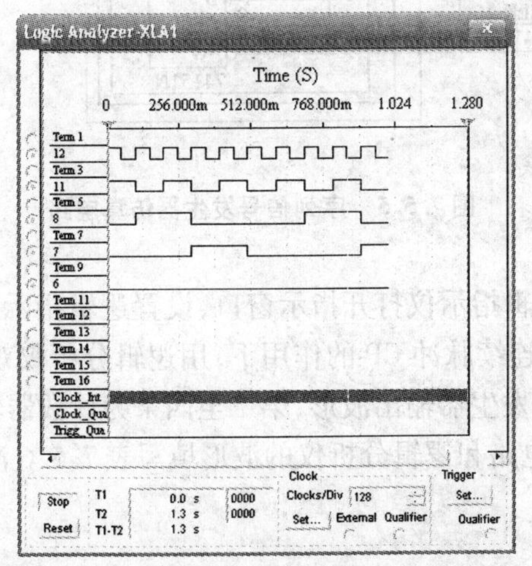

图 7.5.4 74LS162 构成的六进制计数器时序图

表 7.5.5　74LS162 测试记录表

脉冲数	$Q_D Q_C Q_B Q_A$	数码管显示字符
1		
2		
3		
4		
5		
6		
7		
8		
9		
10		

3. 用 74LS163 和 74LS151 构成序列信号发生器

(1)编辑电路图

在工作区内分别放入 74LS163N、74LS151N、信号时钟源、编码式七段显示器、逻辑指示灯、逻辑指示仪、电源和接地符号，将电源电压调为 5 V，时钟信号源电压调为 5 V、频率调为 10 Hz，计数器的状态输出端 Q_C、Q_B、Q_A 接在数据选择器的地址输入端 C、B、A，如图 7.5.5 所示。

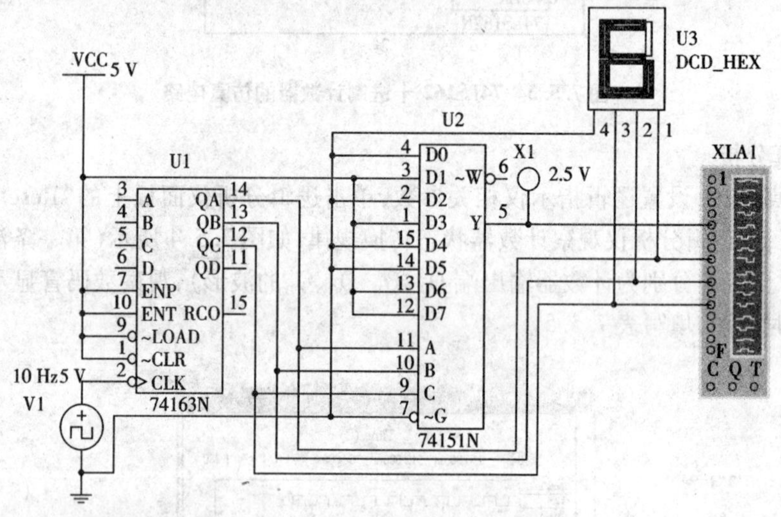

图 7.5.5　序列信号发生器仿真电路

(2)仿真分析

单击仿真开关，双击逻辑指示仪打开指示窗口，设置逻辑指示仪相关参数，单击逻辑分析仪面板上的“Reset”键。在连续脉冲 CP 的作用下，用逻辑分析仪观察到如图 7.5.6 所示各信号波形(第一条波形为序列发生器输出波形，第二至四条为计数器输出 Q_C、Q_B、Q_A)，观察逻辑指示灯的变化规律。根据电路和逻辑分析仪的波形填写表 7.5.6 测试数据。

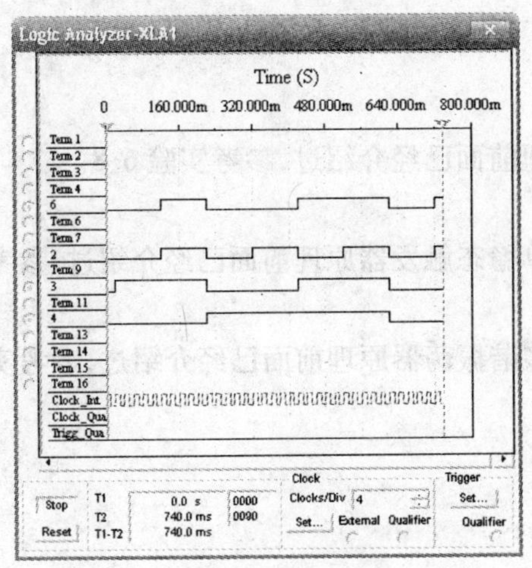

图 7.5.6　序列信号发生器波形图

表 7.5.6　序列信号发生器测试记录表

输入时钟脉冲数	计数器输出	逻辑指示灯状态	数码管字形
	$Q_C Q_B Q_A$	Y	
0			
1			
2			
3			
4			
5			
6			
7			
8			

7.5.4　实验报告要求

①画出实验电路图及有关波形图,记录实验数据,对实验结果进行讨论。

②总结集成计数器 74LS160、74LS162、74LS163 的逻辑功能。

7.6　555 定时器的应用

7.6.1　实验目的

①了解 555 定时器构成的单稳态触发器的功能。

②从实践中了解由 555 定时器构成的多谐振荡器的占空比及振荡频率的调节。

③掌握用虚拟示波器测量脉冲信号参数的方法。

7.6.2 实验说明

1. 集成 555 定时器

集成 555 定时器的原理前面已经介绍过，参考实验 6.8。

2. 单稳态触发器

由 555 定时器构成的单稳态触发器原理前面已经介绍过，参考实验 6.8。

3. 多谐振荡器

由 555 定时器构成的多谐振荡器原理前面已经介绍过，参考实验 6.8。

7.6.3 实验内容

1. 单稳态触发器

(1)编辑电路图

如图 7.6.1 所示，在 Multisim 9 平台的工作区中分别放置阻值为 1 kΩ 的电阻 R_1、R_2、LM555H、50 μF 的电容 C_1 和 10 pF 的电容 C_2、12 V 的直流电压、逻辑开关 J_1(逻辑开关为单稳电路触发输入端 TR_1 提供下降沿触发信号，平时此逻辑开关应该接高电平）以及双踪示波器，并连好电路。

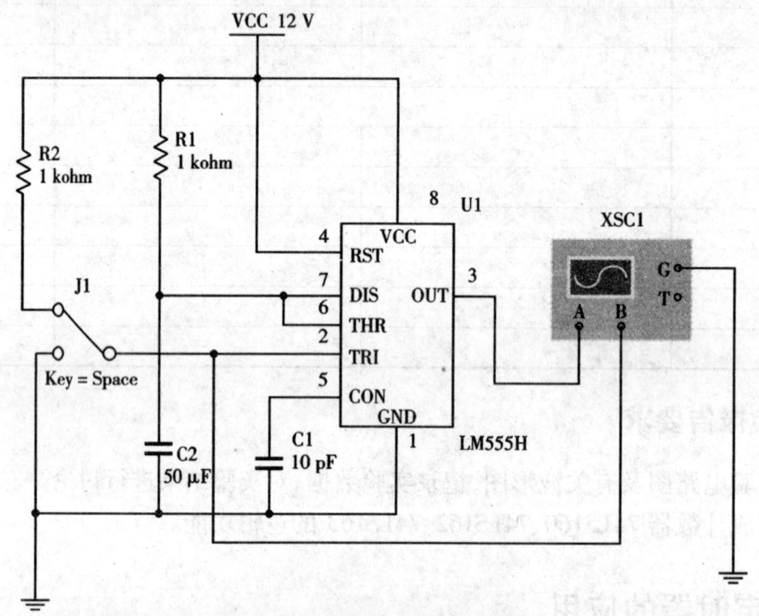

图 7.6.1 单稳态触发器电路

(2)仿真分析

给单稳电路触发端加一个下降沿触发脉冲，单稳态触发器应有脉冲输出，如图 7.6.2 所示。单击开关停止仿真。移动屏幕上的两个测试标，测量并记录单稳态触发器输出高电平的持续时间 t_w；将 R_1 电阻值改为 200 kΩ，再次测量并记录 t_w，同时计算持续时间的理论值，并填入表 7.6.1 中。

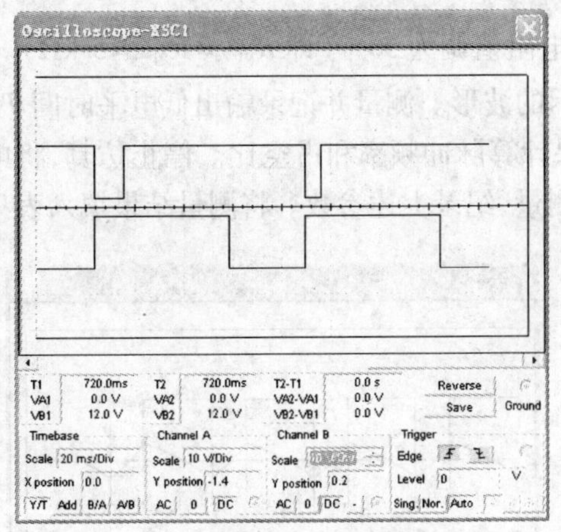

图 7.6.2　单稳态触发器仿真波形

表 7.6.1　稳态触发器测试记录表

电容	电阻	输出脉冲宽度 t_w	
		理论计算值	测量值
$C_2=50\ \mu F$	$R_1=1\ k\Omega$		
	$R_1=200\ k\Omega$		

2. 多谐振荡器

(1)编辑电路图

如图 7.6.3 所示,在 Multisim 9 平台的工作区中分别放置阻值为 10 kΩ 的电位器 R_3、LM555H、2 μF 的电容 C_1和 0.01 μF 的电容 C_2以及双踪示波器,并连接电路。将触发脉冲输入 u_i和单稳输出 u_{o1}分别接至双踪示波器的两个输入端,以便对比观察波形。

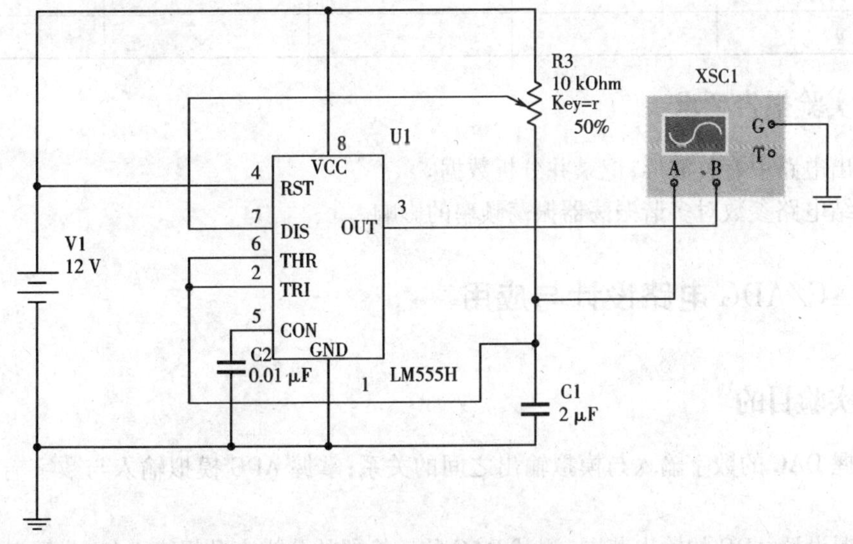

图 7.6.3　多谐振荡器电路

(2)仿真分析

调节电位器 R_3,将其电阻值调为50%(即 $R_{P1}' = R_{P1}'' = 5\ k\Omega$)。单击仿真开关进行动态分析,观察到如图7.6.4所示的波形。测量并记录输出低电平时间 T_L、输出高电平时间 T_H 及振荡周期 T,并根据测量结果计算脉冲频率和占空比。停止仿真,将电阻比调为80%,单击仿真开关进行动态分析,再次测量、纪录上述参数。将测量结果填入表7.6.2中。

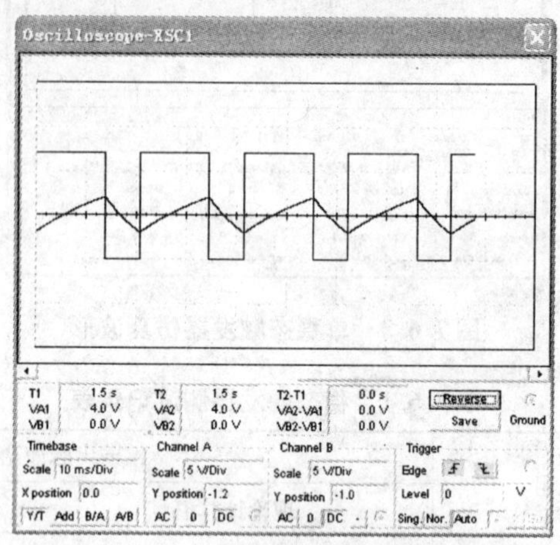

图7.6.4 多谐振荡器仿真波形图

表7.6.2 多谐振荡器测试记录表

类别	$R_3=10\ k\Omega, C_1=2\ \mu F$,阻值比50%		$R_3=10\ k\Omega, C_1=2\ \mu F$,阻值比80%	
T_L				
T_H				
T				
f				
q				

7.6.4 实验报告要求

①画出电路中有关波形,记录并分析数据。

②总结电路参数对多谐振荡器振荡频率的影响。

7.7 DAC/ADC 电路设计与应用

7.7.1 实验目的

①掌握DAC的数字输入与模拟输出之间的关系;掌握ADC模拟输入与数字输出之间的关系。

②掌握设置ADC的输出范围、测试DAC的转换器的分辨率及提高DAC分辨率的方法。

③掌握设置ADC的输入电压范围的方法,进一步理解ADC的量化误差的概念。

7.7.2 实验说明

1. 数/模转换器(DAC)

数/模转换器(DAC)的原理前面已经介绍过,参考实验 6.9。

2. 模/数转换器(ADC)

ADC 用来将模拟电压信号转换成相应的二进制数码输出。ADC 一般包括采样、保持、量化、编码四部分。ADC 输出二进制位数越多,分辨率越高,转换精度也越高。分辨率常以数字信号最低有效位中的"1"所对应的电压值表示。一个 n 位的 ADC,若满度输入模拟电压为 U_{iM},则分辨率为 $U_{iM}/2n$。

图 7.7.1 所示为 8 位 ADC 电路,V_{in} 为模拟输入电压;D_7 ~ D_0 为二进制数码输出端;V_{REF+} 为上基准电压输入端,V_{REF-} 为下基准电压输入端。SOC 为转换数据启动端(高电平启动);OE 为三态输出控制端(高电平有效);EOC 为转换周期结束指示端(输出正脉冲)。

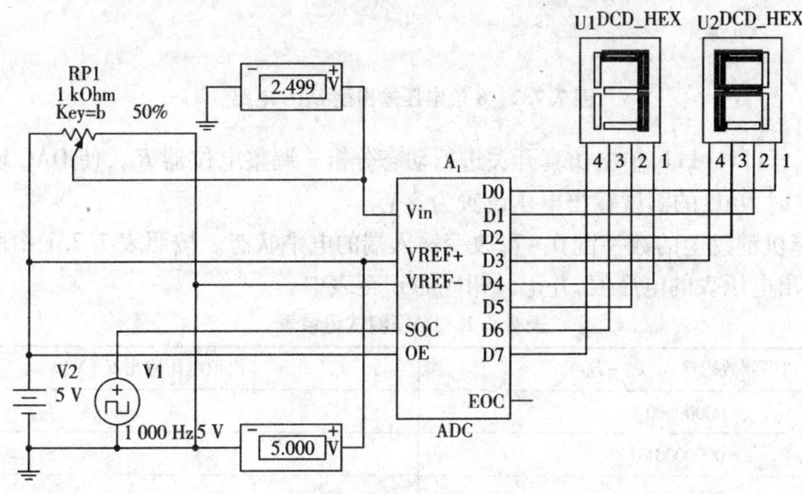

图 7.7.1 8 位 ADC 电路

用电位器 R_{P1} 调节模拟输入电压 V_{in},电压变化范围为 0 ~ U_{REF+};转换输出的数码用两位数码管显示。该电路的输入电压与输出数码的关系可表示为

V_{in} = 数字输出(对应十进制数) × V_{REF+}/256。

7.7.3 实验内容

1. DAC 仿真

(1)编辑电路图

本实验用的是一个 8 位电压输出型 DAC。在元件库中点击模数混合元件库(MIXED),从模数混合元件库中点击 ADC/DAC 图标,查找 DAC 元件,将元件放入工作区中,依次从基本元件库中查找并放置 8 个电平开关、电位器 R_{P1}、一个 10 kΩ 电阻 R_1、一个 5 V 电压源、一个 12 V 的电源和一个直流电压表,并按图 7.7.2 连线。

(2)仿真分析

单击计算机键盘上的数字键 0 ~ 7(对应数字量 D_0 ~ D_7),使 DAC 的数码输入全为高电

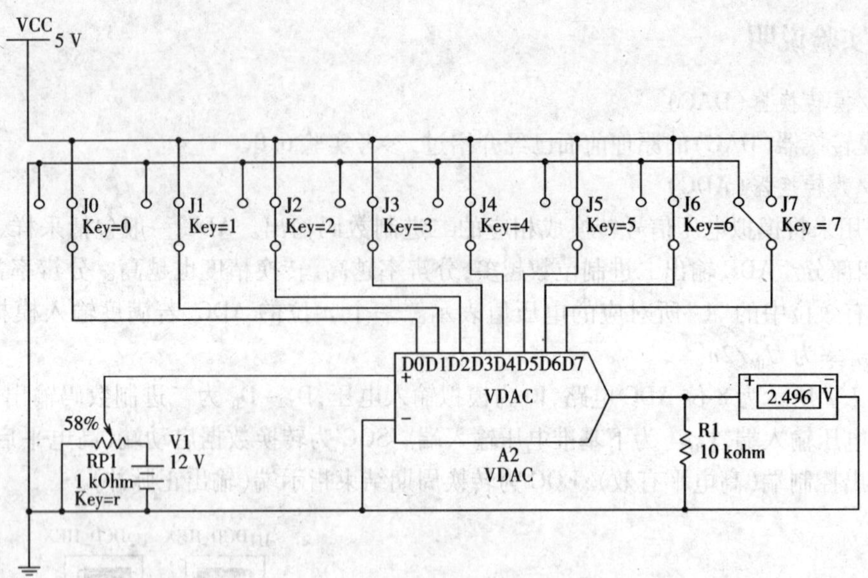

图 7.7.2 8 位电压输出型 DAC 电路

平,即 $D_7 \sim D_0 = 11111111$,单击仿真开关进行动态分析。调整电位器 R_{P1},使 DAC 输出电压尽量接近 5V,这时 DAC 的满度输出电压设置为 5 V。

单击计算机键盘上的数字键 0 ~7,改变输入端的电平状态。按照表 7.7.1 中所列输入数字量,分别读出电压表的电压值,并记录相应的 u_o 至表中。

表 7.7.1 DAC 测试记录表

二进制数码输入($D_7 \sim D_0$)	模拟电压输出 u_o(V)
00000000	
00000001	
00000010	
00000100	
00001000	
00010000	
00100000	
01000000	
10000000	
111111111	

2. ADC 仿真

(1)编辑电路图

参考 DAC 仿真电路,在 Multisim 9 平台上建立图 7.7.1 电路。这是一个 8 位 A/D 转换器。从模数混合库中选中 DAC/ADC 元件库,选择并放置 ADC 元件,依次在工作区中放置电位器 R_{P1}、时钟信号源 V_1、5 V 电压源 V_2、两块直流电压表和两块编码式七段显示器。

将电位器阻值设置为 1 kΩ,阻值下调节键设置为字母键“b”,阻值上调节键设置为字母键“B”,每次调节比例为 5%。将时钟信号源频率设置为 1 000 Hz,占空比设置为 50%,电压设置为5 V。

(2)仿真分析

单击仿真开关进行仿真动态分析。调节 R_{P1},改变输入电压,观察数码管的变化。按表7.7.2要求调节输入电压的数值,记录输出的十进制数。

表7.7.2　ADC测试记录表

模拟电压输入 V_I(V)	二进制数码输出	数码管显示的十进制数
	$D_7D_6D_5D_4D_3D_2D_1D_0$	
0		
1.0		
2.0		
3.0		
4.0		
5.0		

7.7.4　实验报告要求

①画出8位电压输出型DAC电路图,进行仿真,记录数据并分析输出误差原因。

②画出8位ADC电路图,进行仿真,记录并分析数据。

第 8 章　常用电工测量仪表

8.1　电工仪表的基本知识

用来测量各种电磁量的仪器仪表统称为电工仪表。按工作特点电工仪表可分为指示仪表、数字仪表、比较仪表三大类。其中指示仪表应用最为广泛,它不仅可以用来测量各种电量,还可以利用相应变换器的转换,间接测量各种非电量,如温度、压力等。这里主要介绍指示仪表。

8.1.1　电工仪表的基本组成和工作原理

电工指示仪表一般由测量线路和测量机构两个部分组成。它的基本工作原理是将被测电量或非电量变换成指示仪表活动部分(其上附有指针)的偏转角位移量,再根据指针在标尺上的指示位置,直接读出被测量的数值。被测量往往不能直接加到测量机构上,一般需要将被测量转换成测量机构可以测量的电磁量,这部分工作由测量线路完成。把可测电磁量转换成指针偏转角的工作则由测量机构完成。

测量机构由活动部分和固定部分组成,是仪表的核心。被测量通过测量线路转换后进入测量机构,通过电磁作用产生偏转力矩,使测量机构活动部分在偏转力矩的作用下偏转。同时测量机构产生反作用力矩的部件(如弹簧)产生的反作用力矩也作用在活动部件上。当两力矩平衡时活动部分便会停留在一定的偏转角度上,读数的指针固定在活动部分上,随着活动部分的转动而转动。由于活动部分的惯性作用,指针将在平衡位置左右不停摆动,因此,测量机构还应能产生阻尼力矩使指针尽快停在平衡位置,以方便读数。

8.1.2　常用电工仪表的分类

电气测量指示式仪表种类繁多,分类方法也很多,可以根据原理、结构、测量对象、使用条件等进行分类。

(1)按测量机构的工作原理分类

根据测量仪表的工作原理,指示式仪表有磁电系仪表、电磁系仪表、电动系仪表、感应系仪表、整流系仪表和静电系仪表等。

(2)按测量对象分类

根据测量对象的不同,指示式仪表有电流表、电压表、功率表、电阻表、电度表、功率因数表等。

(3)按电流性质分类

根据测量电流的种类不同,指示式仪表分为直流仪表、单相交流表、交直流两用表和三相交流表。

(4)按误差等级分类

根据测量准确度等级,仪表有0.1、0.2、0.5、1.0、1.5、2.5、5.0七个等级。前三级用于实验室的精密测量,后四级用于一般的工程测量。

8.2 电流表、电压表、功率表的原理和使用

8.2.1 电流表的工作原理

电流表测量电流时,必须将电流表串联在被测元件的电路中。由于磁电系测量机构(俗称表头)的最大允许测量电流很小且过载能力差,故此类电流表常利用电阻分流来扩大表的量限,如图8.2.1所示。设经电阻分流后最大允许测量电流为I_X,测量机构允许的最大测量电流为I_C,则有

$$I_X = \frac{r+R}{R} I_C$$

式中,r——表头电阻。

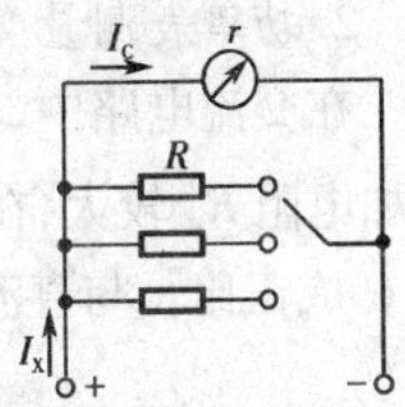

图8.2.1 磁电系电流表的分流

从上式看出,只要选择R远远小于r,就可以使量程扩大许多倍。通过开关拨动,可接入不同的R,就使得电流表有多挡量程可供选择。但测量未知电流时最好先将表拨至最大量程,再视指针偏转情况逐挡减小量程,直至指针偏转到接近正中刻度的位置,这样可防止因量程选择太小而烧坏表头。

由于电磁系仪表的过载能力较强,可以把固定线圈直接串联在被测量电路中,因此可不采用分流方式扩大量程,制成直接测量最大电流的电流表。电磁系仪表有时同样采用固定线圈分段串并联的方式来改变量程。

电流表的内阻虽然很小,但在测量要求较高时也应考虑电流表内阻对被测量的影响。

8.2.2 电压表工作原理

电压表同样有电磁系、磁电系等多种类型。测量交流电压时常采用电磁系电压表,测量直流电压时常采用磁电系电压表。用电压表测量电压时,电压表应与被测元件并联。为了减少电压表接入对被测参数产生的影响,电压表的内阻越大越好。

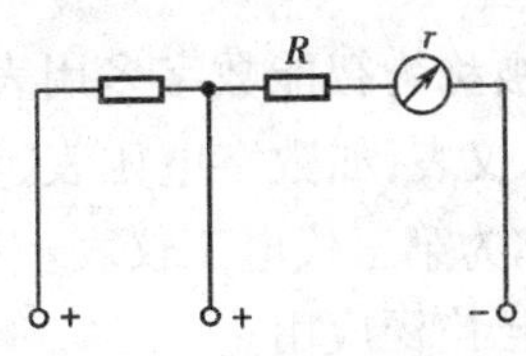

图8.2.2 电压表的分压

由欧姆定律可知$U=IR$。若已知R的大小,则只需测量流过R的电流就可以换算出电压,电压表正是利用这个原理制成的。由于各类测量机构的内阻都很小,测量较小的电压就会产生很大的电流,因此电压表采用串联电阻的方法扩大量程,如图8.2.2所示。多量程电压表的面板上一般有几个标有不同量程的接线端,通过接不同的分压电阻以扩大量程。在使用时应根据被测量大小选用不同的量程。

8.2.3 功率表的工作原理

功率是电流和电压的乘积,因此功率表有固定的电流线圈和可动的电压线圈分别测量电流和电压。电动式仪表的结构正好符合要求,所以功率表多采用电动式测量机构。其电流线

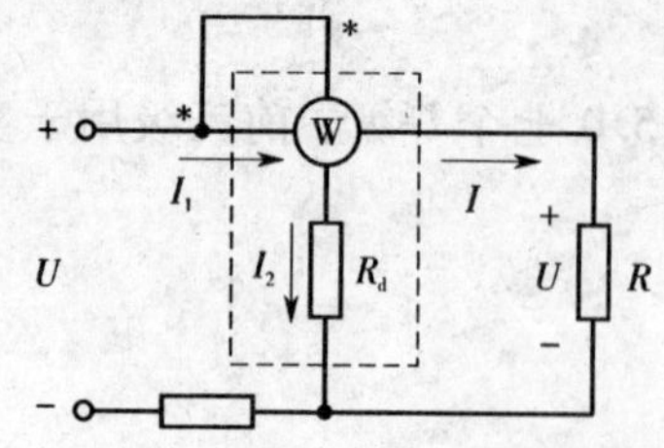

图 8.2.3 功率表的测量连接

圈串入所测电路，而电压线圈和被测元件并联接入，如图 8.2.3 所示。

1. 功率表测量直流电路

直流电路元件的功率 $P=IU$，测量直流时，电流线圈和被测元件串联，其电流 I_1 等于流过被测元件的电流 I；电压线圈并联于被测元件两端，故 I_2 正比于被测元件的电压 U。由电动系仪表的原理可知

$$\alpha \propto I_1 I_2 \Rightarrow \alpha \propto P$$

所以可通过指针的偏转角 α 指示功率 P 的大小，且电动系功率表的指针刻度是均匀的。

2. 功率表测量交流电路

在交流电路中，功率 $P \propto UI\cos\varphi$，因此功率 P 还和 I_1、I_2 的相位差有关。因为电压支路中附加电阻 R_d 较大，在一定的条件下，可动线圈的感抗可以忽略不计，因此 I_2 与 U 近似同相，且与 U 成正比。与直流电路相似，电流 I_1 等于被测元件的电流 I，电流 I_2 正比于被测元件的电压 U。

由电动系仪表测量交流时的关系可推出

$$\alpha \propto I_1 I_2 \cos\varphi \Rightarrow \alpha \propto UI\cos\varphi = P$$

由此可知，功率表测量的是被测元件的有功功率。

在图 8.2.3 中，“*”表示电流线圈和电压线圈的同名端，测量时必须将电压线圈的“*”端与电流线圈的“*”端连接在一起。接反任意一端将会使测量机构内电磁转矩反向，指针反偏。

功率是电压和电流的乘积，因此功率表扩展量程可通过扩展电流量程和扩展电压量程的方式一起进行。扩展电压量程的方法和电压表一致，一般有 2～3 挡电压量程；电流线圈由两个线圈组成，通过改变两线圈的连接方式（串联、并联）可以得到两挡量程。

功率表指针满偏时的读数应该是所选用的电压量程与电流量程的乘积，根据满偏时读数再按比例可换算出指针的读数。

8.3 现代电工仪表

数字式电工仪表简称为数字表，其中配备了 CPU 功能的数字表被称为智能数字多用表，又称为数字多用表（digital multimeter, DMM）。人们常将数字式电工仪表，如数字电压表、数字电流表、数字频率计等称为第二代电工仪表；将智能式电工仪表称为第三代电工仪表。目前测量电压、电流、电阻、电感 、电容等各种电量的数字式电工仪表都已广泛应用。

8.3.1 数字式电工仪表

1. 工作原理

数字式电工仪表采用数字化技术，把连续变化的电量通过 A/D 变换（又称为 ADC，模拟量/数字量变换），转化成离散的数字量，如图 8.3.1 所示，再以十进制数显示。数字式电工仪表的测量过程如图 8.3.2 所示。

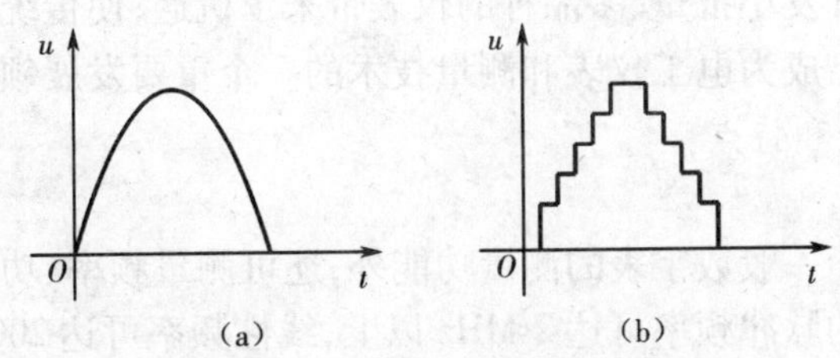

图 8.3.1 模拟量/数字量变换

图 8.3.2 数字式电工仪表的测量过程

2. A/D 转换器及其分类

A/D 转换器又称为 A/D 转换电路,功能是将模拟量转化为数字量。常用的转换方式有逐次逼近式、双积分式、Σ—Δ 调制式和脉冲调宽式等。

由于工作原理不同,常将 A/D 转换器分为直接型和间接型。直接型 A/D 转换器可直接将模拟信号转换成数字信号,这类转换器工作速度快,逐次逼近型 A/D 转换器就属于这一类。而间接型 A/D 转换器则先将模拟信号转换成中间量(时间、频率等),然后再将中间量转换成数字信号,转换速度比较慢,双积分型 A/D 转换器属于这一类。

2. 数字式电工仪表特点

(1)优点

数字式电工仪表体积小、重量轻、分辨力高、准确度高、测量速度快、电压表输入阻抗高、过载力强、显示直观。显示位数从 31/2 位到 121/2 位,测量误差可小到百万分之一。

(2)缺点

通常,数字式电工仪表不能反映被测电量的连续变化过程及变化趋势,测量交流信号时,频率范围易受限制,而且使用时要配有电池方能正常工作。

8.3.2 智能式电工仪表

随着计算机技术的扩展,电工仪表的测量领域和范围不断拓宽。近二十年来,以 Internet 为代表的网络技术的出现以及它与其他高新科技的相互结合,为测量与仪表技术带来了前所未有的发展空间和机遇,网络化测量技术与具备网络功能的新型仪表应运而生。微型化、数字化、智能化、网络化测量异军突起,成为电工测量和控制的一个发展方向。电工仪表的智能化时代已经到来。

1. 智能式电工仪表简介

智能式电工仪表即智能式数字多用表,简称 DMM。它一般是指配备了微处理器 μP 或单片机 μC 的仪表。

传统意义上仪表的所有功能全是由硬件实现的,而带有微处理器的智能仪表的设计是一种硬件和软件相结合的系统设计。由于采用了软件技术,设计更加灵活且功能易于修改、扩充,使得产品的功能有了较大提高。由于智能式电工仪表是将仪表的主要功能“写”入微处理器的存储器中,这样只要改变存放存储器中的软件内容而不必改变硬件的设计就可以改变仪表的功能。这种功能为开发小批量、多品种的仪表带来了机遇,使传统的电工仪表面临巨大的变革。智能式电工仪表已成为电工仪表和测量技术的一个重要发展领域。

2. DMM 的主要功能和特点

(1)多测量功能

智能式电工仪表除了一般数字表的测量功能外,还可测量频率、功率、谐波、占空比等多种参数。作为频率计测量的脉冲频率可达 2 MHz 以上,线性频率可达 200 kHz 以上;测量电阻范围为 0.01 Ω ~50 MΩ;测量电容为 0.01 μF ~5 000 μF;测量交流的同时显示电量的交流有效值、最大值、最小值、相对量和相对值的误差百分比等,测量频率达 20 kHz。

智能式电工仪表具有"菜单"功能,可根据用户的需要选定相应功能;测量中具有过载保护和电流挡位错误声音告警等功能。

(2)多模式输出

智能式电工仪表以多种形式输出信息,除直接数字显示外,可通过配备的 RS—232 、RS—485、IEEE—488、GP—IP 等接口进行数据传输甚至通过网络远程传递测量信息;有的配有 PC Windows 视窗软件,可方便地在 PC 上进行数据显示、记录和图表输出。

在数字显示中配有 180°视角的液晶背光显示器,使显示非常清晰。为彻底解决数字仪表不便于观察连续变化量的技术难题,"数字/模拟液晶条图"双显示仪表兼有数字仪表准确度高、模拟式仪表便于观察被测量的变化过程及变化趋势的两大优点。

(3)自动校正零点、修正误差

智能式电工仪表具备自动校正零点和自动切换量程的功能,因此降低了因仪表的零点漂移和特性变化所造成的误差,提高了测量准确度和读数的分辨力。由于测量的数据最后经微处理器处理,可得到被测信号的误差,就可利用内部的微处理器来修正误差。有的智能仪表具备自动修正各类测量误差的特点。

(4)控键多级设置、可编程

智能式电工仪表具有控键功能,可根据测量的需要进行多级设置。如设置测量值上限、下限、上下限值报警和定时开关;设置测量时间、设置测量数值的存储和读取;设置摄氏、华氏温度值双重显示等。有的智能仪表还具有一定的可编程功能,可根据用户要求灵活改变测量、控制的时间、方法和动作等,使仪表保持最完美的工作状态。

(5)自诊断和故障监控

在运行过程中智能式电工仪表可以自动地对仪器本身各组成部分进行一系列测试,一旦发现故障即能报警,并显示出故障部位,以便及时处理。有的智能仪器还可以在故障存在的情况下,自行改变系统结构,继续正常工作,即在一定程度上具有容忍错误存在的能力。

(6)使用标准模块、工艺先进

智能式电工仪表目前已具标准模块化、通用化、系列化,给仪表的电路设计和安装调试、维修带来极大方便。由于表面安装技术(STM)和表面安装元器件(SMD)的普遍应用,可将微型化的表面安装集成电路(SMIC)和表面安装元件用粘贴工艺直接安装在印刷板上,再用波峰焊接机焊接,由此取代传统的打孔焊接工艺,使印刷板安装密度大为增加,同时仪表的可靠性也得到明显提高。

(7)微功耗、可携带

智能式电工仪表采用低功耗 CMOS 芯片,集成度极高,如电工测量中常用的 DMM 采用 5 ~9 V 电池,工作电流为 100 μA 左右,且便于携带。

第9章 常用电子测量仪器

9.1 DS1000CA 系列数字示波器

示波器就是用示波管显示信号波形的设备,常用于检测电子设备中各种信号的波形。按示波器内部结构或应用领域以及测量范围等可分为模拟示波器和数字示波器。

数字示波器采用了数字处理和计算机控制技术,使波形存储、记忆以及特殊信号捕捉等功能大大加强,这是模拟示波器无法实现的。另外,对信号波形的自动监测、对比分析、运算处理也是数字示波器的特长。

DS1000CA 系列示波器提供了简单而功能明确的前面板,各通道的标度和位置旋钮提供了直观的操作。用户可直接按 AUTO 键获得适合的波形显现和挡位设置,具有更快完成测量任务所需要的高性能指标和强大功能。通过 2GSa/s 的实时采样和 50GSa/s 的等效采样,可在 DS1000CA 示波器上观察速度更快的信号。强大的触发和分析能力使其易于捕获和分析波形。清晰的液晶显示和数学运算功能,便于更快更清晰地观察和分析信号问题。

9.1.1 DS1000CA 的前面板和用户界面

1. 前面板

DS1000CA 的前面板如图 9.1.1 所示,其旋钮的功能与其他示波器类似。显示屏右侧的一列 5 个灰色按键为菜单操作键(自上而下定义为 1 号～5 号),可以设置当前菜单的不同选

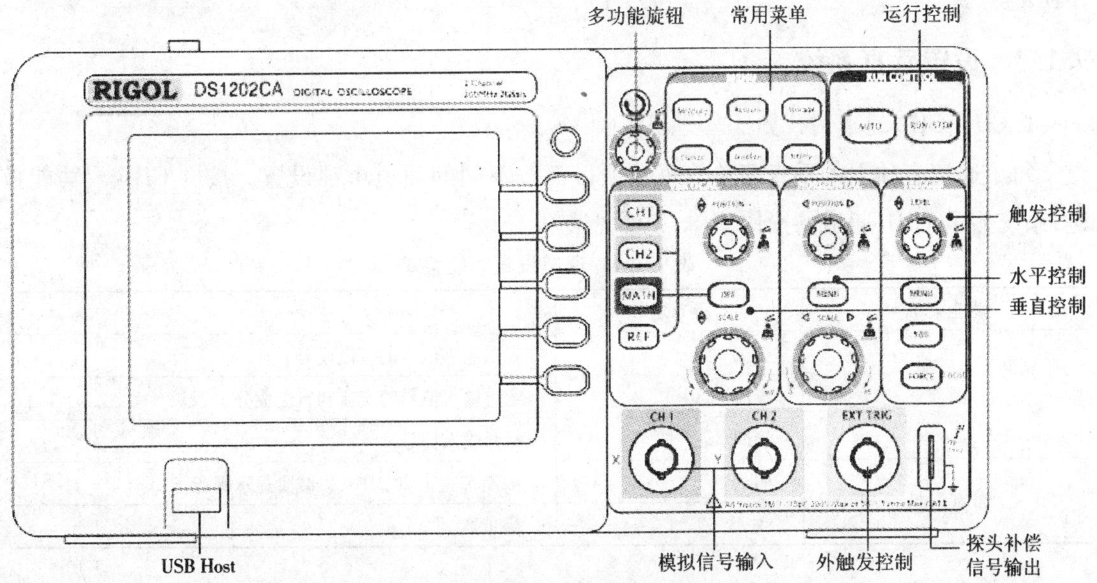

图 9.1.1 DS1000CA 前面板操作说明图

项;其他按键为功能键,可以进入不同的功能菜单或直接获得特定的功能应用。

2. 用户界面

DS1000CA 的用户界面如图 9.1.2 所示。

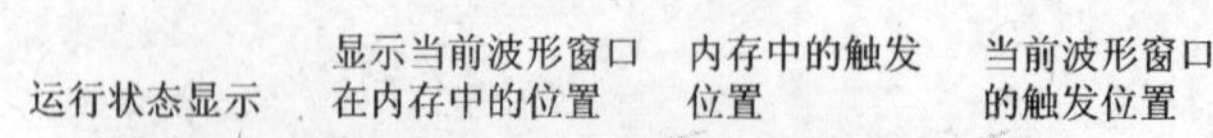

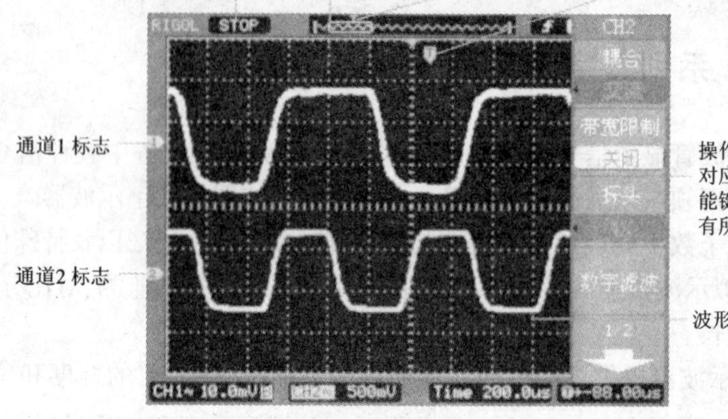

图 9.1.2　显示界面说明图

9.1.2　波形显示的自动设置

波形显示的自动设置步骤如下:

①将被测信号连接到信号输入通道;

②按下“AUTO”按钮。

示波器将自动设置垂直、水平和触发控制。根据输入的信号自动调整电压倍率、时基以及触发方式至最好形态显示。应用自动设置要求被测信号的频率大于或等于 50 Hz,占空比大于 1%。

9.1.3　设置垂直系统

1. CH1、CH2 通道的设置

每个通道有独立的垂直菜单。每个项目都按不同的通道单独设置。按 CH1 功能按键,系统显示 CH1 通道的操作菜单,说明见表 9.1.1。

表 9.1.1　通道设置功能菜单

功能菜单	设　定	说　明
耦合	交流	阻挡输入信号的直流成分
	直流	通过输入信号的交流和直流成分
	接地	断开输入信号
带宽限制	打开	限制带宽至 20 MHz,以减少显示噪音
	关闭	满带宽

续表

功能菜单	设 定	说 明
探头	1× 5× 10× 50× 100× 500× 1000×	根据探头衰减因数选取其中一个值，以保持垂直标尺读数准确
数字滤波		设置数字滤波
⬇ （下一页）	1/2	进入下一页菜单（以下均同）
⬆ （上一页）	2/2	返回上一页
挡位调节	粗调	粗调按 1-2-5 进制设定垂直灵敏度
	微调	微调则在粗调设置范围之间进一步细分，以改善垂直分辨率
反相	打开 关闭	打开波形反相功能 波形正常显示
单位	V、A、W、U	设定通道 1、通道 2 的单位
输入	1 MΩ 50 Ω	设置通道的输入阻抗为 1 MΩ 或 50 Ω

2. 数学运算（MATH）功能的实现

数学运算（MATH）功能是显示 CH1、CH2 通道波形相加、相减、相乘以及 FFT 运算的结果。数学运算的结果同样可以通过栅格或游标进行测量，说明见表 9.1.2。

表 9.1.2　数学运算功能菜单说明

功能菜单	设 定	说 明
操作	A+B A-B A×B FFT	信源 A 与信源 B 波形相加 信源 A 波形减去信源 B 波形 信源 A 与信源 B 波形相乘 FFT 数学运算
信源 A	CH1 CH2	设定信源 A 为 CH1 通道波形 设定信源 A 为 CH2 通道波形
信源 B	CH1 CH2	设定信源 B 为 CH1 通道波形 设定信源 B 为 CH2 通道波形
反相	打开 关闭	打开数学运算波形反相功能 关闭反相功能

3. REF 功能的实现

在实际测试过程中，可以把波形和参考波形样板进行比较，从而判断故障原因。此法在具有详尽电路工作点参考波形条件下尤为适用。步骤如下。

①按下“REF”按钮显示参考波形菜单（说明略）。

②新建文件（或新建目录）操作：

按 [REF] → [保存] → [新建文件]（或 [新建目录]）进入菜单。其说明见表

9.1.3。

表 9.1.3 REF 操作菜单说明

功能菜单	设定	说明
⬆		文件名称的输入焦点向上移动
⬇		文件名称的输入焦点向下移动
×		删除文件名称字符串或拼音字符串(中文输入)中高亮显示的字符
保存		执行保存文件操作

中文输入界面如图 9.1.3 所示。

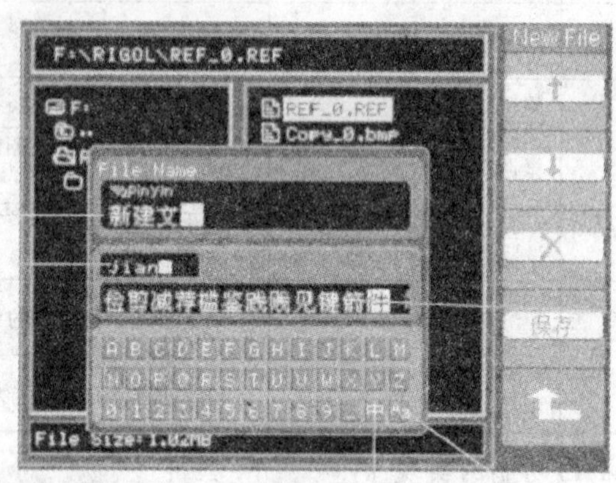

图 9.1.3 中文输入界面

4. 选择和关闭通道

期望打开或选择某一通道时，只需按其对应的通道按键。通道按键灯亮说明该通道已被激活。若希望关闭某个通道，再次按下该通道按键。若此通道在当前处于选中状态时，按 OFF 按键也可将其关闭，通道按键灯灭。

5. 垂直系统的垂直 POSITION 和垂直 SCALE 旋钮的应用

垂直 POSITION 旋钮调整所有通道(包括数学运算和 REF)波形的垂直位置。这个控制钮的解析度根据垂直挡位而变化，按下此旋钮使选中通道的位移立即回零。

垂直 SCALE 旋钮调整所有通道(包括数学运算和 REF)波形的垂直分辨率。粗调是以 1-2-5 方式步进确定垂直挡位灵敏度，顺时针增大，逆时针减小。微调是在当前挡位进一步调节波形显示幅度，同样是顺时针增大，逆时针减小。粗调、微调可通过按垂直 SCALE 旋钮切换。

9.1.4 设置水平系统

1. 水平控制旋钮

使用水平控制钮可改变水平刻度(时基)、触发在内存中的水平位置(触发位移)。屏幕水平方向上的中点是波形的时间参考点。改变水平刻度会导致波形相对屏幕中心扩张或收缩。

水平位置改变波形相对于触发点的位置。

水平POSITION旋钮调整通道波形(包括数学运算)的水平位置。这个控制钮的解析度根据时基而变化,按下此旋钮使触发位置立即回到屏幕中心。

水平SCALE旋钮调整主时基或延迟扫描(Delayed)时基,即秒/格(s/div)。当延迟扫描被打开时,将通过改变水平SCALE旋钮改变延迟扫描时基而改变窗口宽度。

水平控制按键 MENU 显示水平菜单,其说明见表9.1.4。

表9.1.4 水平控制操作菜单说明

功能菜单	设 定	说 明
延迟扫描	打开	进入 Delayed 波形延迟扫描
	关闭	关闭延迟扫描
时基	Y—T	Y—T 方式显示垂直电压与水平时间的相对关系
	X—Y	X—Y 方式在水平轴上显示通道1幅值,在垂直轴上显示通道2幅值
	Roll	Roll 方式下示波器从屏幕右侧到左侧滚动更新波形采样点
触发位移复位		调整触发位置到中心零点

2. 延迟扫描

延迟扫描用来放大一段波形,以便查看图像细节。延迟扫描时基设定不能慢于主时基的设定。在延迟扫描下,分两个显示区域,如图9.1.4所示。

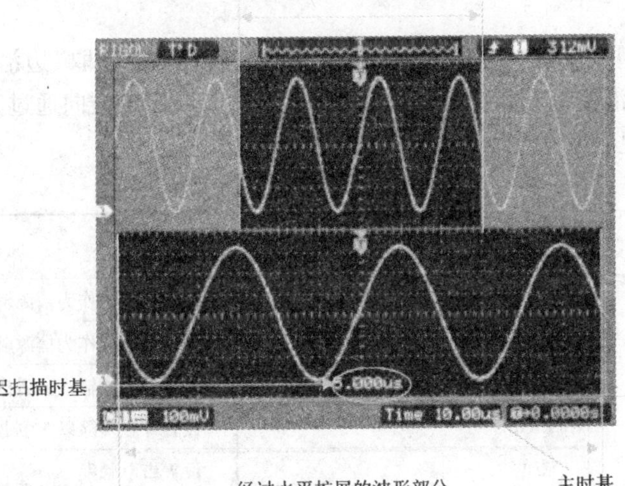

图9.1.4 延迟扫描

该图上半部分显示的是原波形,中间深色覆盖的区域是期望被水平扩展的波形部分。此区域可以通过转动水平POSITION旋钮左右移动或转动水平SCALE旋钮扩大和减小选择区域。

该图下半部分是选定的原波形区域经过水平扩展的波形。值得注意的是,延迟时基相对于主时基提高了分辨率。由于整个下半部分显示的波形对应于上半部分选定的区域,因此转动水平SCALE旋钮减小选择区域可以提高延迟时基,即提高了波形的水平扩展倍数。

9.1.5 设置触发系统

“触发”决定了示波器何时开始采集数据和显示波形。一旦“触发”被正确设定，可以将不稳定的显示转换成稳定的波形。

示波器在开始采集数据时，先收集足够的数据用来在触发点的左方画出波形。示波器在等待触发条件发生的同时连续采集数据。当检测到触发后，示波器连续地采集足够的数据以在触发点的右方画出波形。

示波器操作面板的触发控制区包括触发电平调整旋钮 LEVEL、触发菜单按键 MENU 、设定触发电平在信号垂直中点的 50% 、强制触发按键 FORCE 。触发系统界面见图 9.1.5。

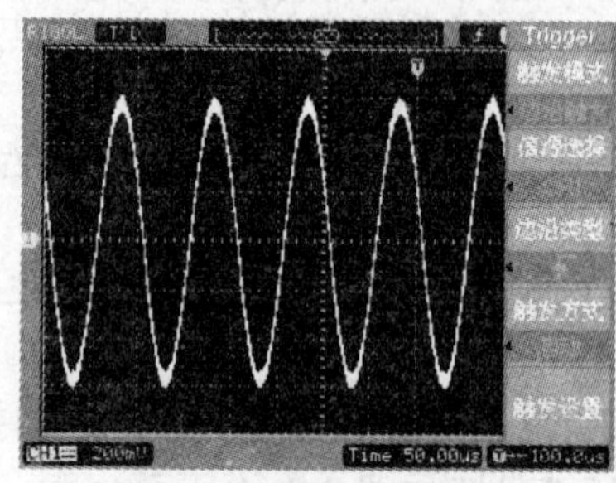

图 9.1.5 触发系统界面

1. 边沿触发

边沿触发类型是在输入信号边沿的触发阈值上触发。在选取“边沿触发”时，即在输入信号的上升沿、下降沿或上升和下降沿触发。当触发输入沿给定方向通过某一给定电平时，边沿触发发生。说明见表 9.1.5。

表 9.1.5 边沿触发功能菜单说明

功能菜单	设 定	说 明
信源选择	CH1	设置通道 1 作为信源触发信号
	CH2	设置通道 2 作为信源触发信号
	WXT	设置外触发输入通道作为信源触发信号
	EXT5	设置外触发除以 5，扩展外触发电平范围
	市电	设置市电触发
边沿类型	(上升沿)	设置在信号上升边沿触发
	(下降沿)	设置在信号下降边沿触发
	↑↓(上升 & 下降沿)	设置在信号上升沿和下降沿触发
触发方式	自动	设置在没有检测到触发条件下也能采集波形
	普通	设置只有满足触发条件时才采集波形
	单次	设置当检测到一次触发时采样一个波形，然后停止

2. 脉宽触发

脉宽触发是根据脉冲宽度确定触发时刻的。可以通过设定脉宽条件捕捉异常脉冲。脉宽触发操作菜单说明见表9.1.6。

表9.1.6 脉宽触发操作菜单说明

功能菜单	设定	说明
信源选择	CH1	设置通道1作为触发信号
	CH2	设置通道2作为触发信号
	EXT	设置外触发输入通道作为信源触发信号
	EXT5	设置外触发源除以5，扩展外触发电平范围
脉冲条件	（正脉冲 >） （正脉冲 <） （正脉冲 =） （负脉冲 >） （负脉冲 <） （负脉冲 =）	设置脉冲条件
脉宽设置	↻ <脉冲宽度>	设置脉冲宽度
触发方式	自动	设置在没有检测到触发条件下也能采集波形
	普通	设置只有满足触发条件时才能采集波形
	单次	设置当检测到一次触发时采样一个波形，然后停止

3. 交替触发

在交替触发时，触发信号来自于两个垂直通道，可用于同时观察两路不相关信号，稳定触发不同步信号。可在该菜单中为两个垂直通道选择不同的触发类型，可选类型有边沿触发、脉宽触发、斜率触发和视频触发，两通道的触发电平等信息显示于屏幕右上角（说明略）。

9.1.6 设置采样系统

在MENU控制区的 ACQUIRE 为采样系统的功能按键。使用 ACQUIRE 按钮弹出采样设置菜单，通过菜单控制按钮调整采样方式。采样功能菜单说明见表9.1.7。

表9.1.7 采样功能菜单说明

功能菜单	设定	说明
获取方式	普通	打开普通采样方式
	平均	设置平均采样方式
	峰值检测	打开峰值检测方式
采样方式	实时采样	设置采样方式为实时采样
	等效采样	设置采样方式为等效采样
Sinx/x	打开	选择Sinx/x插值方式
	关闭	选择线性插值方式
采样率		显示系统采样率

运行在采样功能时，显示波形为活动状态。停止采样后，显示波形冻结。无论处于上述哪一种状态，显示波形可用垂直控制和水平控制度量或定位。

9.1.7 设置显示系统

在 MENU 控制区的 DISPLAY 为显示系统的功能按键。使用 DISPLAY 按钮弹出设置菜单,通过菜单控制按钮调整显示方式。显示设置菜单说明见表 9.1.8。

表 9.1.8 显示设置菜单说明(第一页)

功能菜单	设定	说明
显示类型	矢量点	采样点之间通过连线的方式显示直接显示采样点
清除显示		清除所有屏幕显示波形
波形保持	关闭	记录点以高刷新率变化
	无限	记录点一直保持,直至波形保持功能被关闭
波形亮度	↻ <波形亮度>	设置波形亮度
显示函数	普通	波形按照同一亮度显示
	亮度	波形亮度按照概率显示
屏幕网格	▦	打开背景网格及坐标
	⊞	关闭背景网格
	□	关闭背景网格及坐标
菜单保持	1 s 2 s 5 s 10 s 20 s 无限	设置隐藏菜单时间。菜单将在最后一次按键动作后的设置时间内隐藏
网络亮度	↻ <网络亮度>	设置网络亮度
屏幕	普通	设置屏幕为正常显示模式
	反相	设置屏幕为反相显示模式

9.1.8 存储和调出

在 MENU 控制区的 STORAGE 为存储系统的功能按键。使用 STORAGE 按钮弹出存储设置菜单。可以通过该菜单对示波器内部存储区和 USB 存储设备上的波形和设置文件进行保存和调出操作,也可以对 USB 存储设备上的波形文件、设置文件、位图文件以及 CSV 文件进行新建和删除操作,不能删除仪器内部的存储文件,但可将其覆盖。操作的文件名称支持中英文输入。

1. 内部存储

按 STORAGE → 内部存储 进入菜单,内部存储操作菜单说明见表 9.1.9。

表 9.1.9 内部存储操作菜单说明

功能菜单	设 定	说 明
存储位置	Int _00(N) ⋮ Int _09(N)	设置波形在内部存储区内的存储位置

续表

功能菜单	设 定	说 明
调出		调出内部存储区指定位置的波形和设置文件
保存		保存波形和设置文件到内部存储区的指定位置
删除文件		删除选中的文件

2. 外部存储

按 STORAGE → 外部存储 进入菜单。外部存储操作菜单说明见表 9.1.10。

表 9.1.10 外部存储操作菜单说明

功能菜单	设 定	说 明
浏览器	路径 目录 文件	切换文件系统显示的路径、目录和文件
新建文件（目录）		新建文件或目录
删除文件		删除用户选定文件
调出		调出 USB 存储设备上的波形和设置文件

9.1.9 辅助系统功能设置

在 MENU 控制区的 UTILITY 为辅助系统功能按键。使用 UTILITY 按钮弹出辅助系统功能设置菜单，其说明从略。

9.1.10 自动测量

在 MENU 控制区的 MEASURE 为自动测量功能按键。按 MEASURE 自动测量功能键，系统显示自动测量操作菜单。本示波器具有 20 种自动测量功能，包括峰峰值、最大值、最小值、顶端值、底端值、幅值、平均值、均方根值、过冲、预冲、频率、周期、上升时间、下降时间、正占空比、负占空比、延迟 1→2 ⌠、延迟 1→2 ⌡、正脉宽、负脉宽的测量，还有 10 种电压测量和 10 种时间测量。自动测量功能菜单说明见表 9.1.11。

表 9.1.11 自动测量功能菜单说明

功能菜单	设 定	说 明
信源选择	CH1 CH2	设置被测信号的输入通道
电压测量		选择测量电压参数
时间测量		选择测量时间参数
清除测量		清除测量结果
全部测量	关闭 打开	关闭全部测量显示 打开全部测量显示

9.1.11　光标测量

在 MENU 控制区的 CURSOR 为光标测量功能按键。光标模式允许用户通过移动光标进行测量。光标测量分为三种模式。

1. 手动方式

手动光标测量方式是测量一对光标 X 或 Y 的坐标值及二者间的增量。光标测量功能菜单说明见表 9.1.12。

表 9.1.12　光标测量功能菜单说明

功能菜单	设　定	说　明
光标模式	手动	手动调整光标间距以测量 X 或 Y 参数
光标类型	X Y	光标显示为垂直线,用来测量水平方向上的参数 光标显示为水平线,用来测量垂直方向上的参数
信源选择	CH1 CH2 MATH/FFT	选择波测信号的输入通道

2. 光标追踪模式

光标追踪测量方式是在被测波形上显示十字光标,通过移动光标的水平位置,光标自动在波形上定位,并显示当前定位点的水平、垂直坐标和两光标间水平、垂直的增量。其中,水平坐标以时间值显示,垂直坐标以电压值显示。光标追踪功能菜单说明见表 9.1.13。

表 9.1.13　光标追踪功能菜单说明

功能菜单	设　定	说　明
光标模式	追踪	设定追踪方式、定位和调整十字光标在被测波形上的位置
光标 A	CH1 CH2 无光标	设定追踪测量通道 1 的信号 设定追踪测量通道 2 的信号 不显示光标 A
光标 B	CH1 CH2 无光标	设定追踪测量通道 1 的信号 设定追踪测量通道 2 的信号 不显示光标 B
CurA (光标 A)	↻	设定旋转多功能旋钮(↻)调整光标 A 的水平坐标
CurB (光标 B)	↻	设定旋转多功能旋钮(↻)调整光标 B 的水平坐标

3. 光标自动测量方式

光标自动测量模式显示当前自动测量参数所用的光标。若没有在 MEASURE 菜单下选择任何的自动测量参数,将没有光标显示。其说明从略。

9.1.12　使用执行按钮

执行按键包括 AUTO (自动设置)和 RUN/STOP (运行/停止)。

1. AUTO(自动设置)

AUTO 自动设定仪器各项控制值,以显示适宜观察的波形。按"AUTO"钮,快速设置和测量信号。其执行按钮说明见表 9.1.14。

表 9.1.14 执行按钮说明

功能菜单	设定	说明
多周期		设置屏幕自动显示多个周期信号
单周期		设置屏幕自动显示单个周期信号
上升沿		自动设置并显示上升时间
下降沿		自动设置并显示下降时间
(撤销)		撤销自动设置,返回前一状态

2. 自动设定功能项目

自动设定功能项目说明见表 9.1.15。

表 9.1.15 自动设定功能项目

功能	设定
显示方式	Y—T
获取方式	普通
垂直耦合	根据信号调整到交流或直流
垂直"V/div"	调节至适当挡位
垂直挡位调节	粗调
带宽限制	关闭(即满带宽)
信号反相	关闭
水平位置	居中
水平"s/div"	调节至适当挡位
触发类型	边沿
触发信源	自动检测到有信号输入的通道
触发耦合	直流
触发电平	中点设定
触发方式	自动
POSITION 旋钮	触发位移

3. RUN/STOP(运行/停止)

此键运行或停止波形采样。在停止状态下,波形垂直挡位和水平时基可以在一定范围内调整,相当于对信号进行水平或垂直方向上的扩展。

9.1.13 使用实例

测量简单信号,观测电路中一未知信号,迅速显示和测量信号的频率和峰峰值。

1. 显示该信号

显示该信号操作步骤如下。

①将探头菜单衰减系数设定为 10X,并将探头上的开关设定为 10X。

②将通道 1 的探头连接到电路被测点。

③按下 AUTO (自动设置)按钮。

示波器将自动设置使波形显示达到最佳,可以进一步调节垂直、水平挡位,直至波形的显示符合要求。

2. 进行自动测量

(1)测量峰峰值

测量峰峰值步骤如下。

①按下 MEASURE 按钮显示自动测量菜单。

②按下 1 号菜单操作键以选择信源 CH1 。

③按下 2 号菜单操作键选择测量类型(电压测量)。

④在电压测量弹出菜单中用多功能旋钮选择测量参数(峰峰值)。

此时可在屏幕左下角发现峰峰值的显示。

(2)测量频率

测量频率步骤如下。

①按下 3 号菜单操作键选择测量类型(时间测量)。

②在时间测量弹出菜单中用多功能旋钮选择测量参数(频率)。

此时可在屏幕下方发现频率的显示。

9.1.14 性能指标

性能指标见表 9.1.16。

表 9.1.16 性能指标

采样		
采样方式	实时采样	等效采样
采样率	2GSa/s 单通道	50GSa/s
平均值	所有通道同时达到 N 次采样后,N 次数可在 2、4、8、16、32、64、128 和 256 之间选择	
输入		
输入耦合	直流、交流或接地(DC、AC、GND)	
输入阻抗	1 MΩ ±2%,与 15 pF ±3 pF 并联 50 Ω ±2%(具备型号请参考下表)	
探头衰减系数设定	1 ×,10 ×,100 ×,1000 ×	
最大输入电压	300 V(DC + AC 峰值、1 MΩ 输入阻抗、10 ×)	
	5 V(Vrms、50 Ω 输入阻抗、BNC 处)	
通道间时间延迟(典型)	500 ps	
垂直		

续表

模拟数字转换器(A/D)	8 比特分辨率,两个通道同时采样
灵敏度范围(V/div)	1 mV/div ~ 10 V/div(在输入 BNC 处)
位移范围	±40 V(500 mV ~ 10 V), ±800 mV(2 mV ~ 200 mV)
模拟带宽	60 MHz(DS1062CA) 100 MHz(DS1102CA) 200 MHz(DS1202CA) 300 MHz(DS1302CA)
单次带宽	60 MHz(DS1062CA) 100 MHz(DS1102CA) 200 MHz(DS1202CA) 300 MHz(DS1302CA)
可选择的模拟带宽限制(典型)	20 MHz
低频响应(交流耦合, -3dB)	≤5 Hz(在 BNC 上)
上升时间(BNC 上典型的)	<1.1 ns, <1.7 ns, <3.5 ns, <5.8 ns 分别在带宽(300 MHz,200 MHz,100 MHz,60 MHz)上
直流增益精确度	2 mV/div ~5 mV/div, ±4%(采样或平均值采样方式) 10 mV/div ~ 10 V/div, ±3%(采样或平均值采样方式)
直流测量精确度(平均值采样方式)	垂直位移为零,且 N≥16 时: ±(4% ×读数 +0.1 格 +1)且选取 2 mV/div 或 5 mV/div ±(4% ×读数 +0.1 格 +1)且选取 10 mV/div 或 10 V/div 垂直位移不为零,且 N≥16 时: ±[3% ×(读数 + 垂直位移读数) + (1% ×垂直位移读数) +0.2 格]设定值从 2 mV/div 到 200 mV/div 加 2 mV。设定值从 >200 mV 到 50 mV
电压差(ΔV)测量精确度(平均值采样方式)	在同样的设置和环境条件下,经对捕获的≥16 个波形取平均值后波形上仕两点间的电压差(ΔV): ±(3% ×读数 +0.05 格)

水平

采样率范围	1 Sa/s ~2 GSa/s(实时),50 GSa/s(等效)
波形内插	Sin(x)/x
记录长度	10 K 采样点(单通道),5 K 采样点(每通道)
扫速范围(s/div)	1 ns/div ~50 s/div, DS1302CA 2 ns/div ~50 s/div, DS1102CA, DS1202CA 5 ns/div—50 s/div, DS1062CA 1—2—5 进制
采样率和延迟时间精确度	±50 ppm(任何≥1 ms 的时间间隔)
时间间隔(ΔT)测量精确度(满带宽)	单次: ±(1 采样间隔时间 +50 ppm × 读数 +0.6 ns) >16 个平均值: ±(1 采样间隔时间 +50 ppm × 读数 +0.4 ns)

触发

触发灵敏度	0.1 div ~1.0 div,用户可调节	
触发电平范围	内部	距屏幕中心 ±5 格
	EXT	±0.6 V
	EXT/5	±3 V

触发电平精确度(典型的)适用于上升和下降时间≥20 ns 的信号	内部	±(0.3div×V/div)(距屏幕中心±0.4div 范围内)
	EXT	±(6%设定值+40 mV)
	EXT/5	±(6%设定值+200 mV)
触发位移	正常模式:预触发(存储深度/(2*采样率)),延迟触发 1 s	
	慢扫描模式:预触发 6 div,延迟触发 6 div	
释抑范围	100 ns~1.5 s	
设定电平至 50%(典型的)	输入信号频率≥50 Hz 条件下的触发	
边沿触发		
边沿类型	上升、下降、上升+下降	
脉宽触发		
触发模式	(大于、小于、等于)正脉宽,(大于、小于、等于)负脉宽	
脉冲宽度范围	20 ns~10 s	
视频触发		
信号制式有频范围	支持标准的 NTSC、PAL 和 SECAM 广播制式,行数范围是 1~525(NTSX)和 1~625(PAL/SECAM)	
斜率触发		
触发模式	(大于、小于、等于)正斜率,(大于、小于、等于)负斜率	
时间设置	20 ns~10 s	
交替触发		
CH1 触发	边沿、脉宽、视频、斜率	
CH2 触发	边沿、脉宽、视频、斜率	
测量		
光标	手动模式	光标间电压差(ΔV) 光标间时间差(ΔT) ΔT 的倒数(Hz)(1/ΔT)
	追踪模式	波形点的电压值和时间值
	自动测量模式	允许在自动测量时显示光标
自动测量	峰峰值、幅值、最大值、最小值、顶端值、底端值、平均值、均方根值、过冲、预冲、频率、周期、上升时间、下降时间、正脉宽、负脉宽、正占空比、负占空比、延迟 1→2 ↑、延迟 1→2 ↓ 的测量	

9.2 F20 型数字合成函数信号发生器/计数器

如图 9.2.1 所示,函数信号发生器是一种能够产生正弦波、方波、三角波、锯齿波以及脉冲波等多波形的信号源。有的函数信号发生器还具有调制的功能,可以产生调幅、调频、调相及脉宽调制等信号,是一种多功能的通用信号源。

函数信号发生器在设计上又分为模拟方式和数字合成方式。F20 型数字合成函数/任意波信号发生器/计数器是一台带有微处理器的数字合成信号发生器,具有输出函数信号、调频、调幅、FSK、PSK、猝发、频率扫描等信号的功能,还具有测频和计数的功能。本机采用现代直接数字合成技术设计制造,与一般传统信号源相比,具有高精度、多功能、高可靠性和其他一些独特的优点。

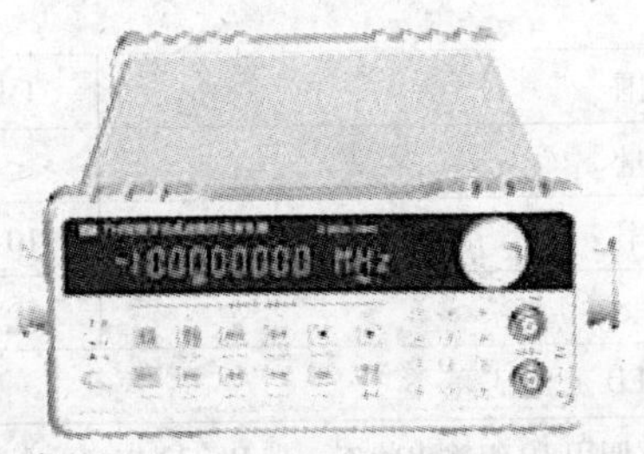

图 9.2.1　F20 型数字合成函数/任意波信号发生器/计数器

9.2.1　主要技术指标

F20 型数字合成信号发生器/计数器的主要技术指标见表 9.2.1。

表 9.2.1　F20 型数字合成信号发生器/计数器的主要技术指标

输出频率	100 μHz ~ 20 MHz(正弦波、方波) 100 μHz ~ 100 kHz(其余波形)
输出幅度	1 mVp-p ~ 10 Vp-p(50 Ω 负载) 2 mVp-p ~ 20 Vp-p(1 MΩ 负载)
输出波形	正弦波、方波、脉冲波、三角波、锯齿波、TTL 脉冲波、点频、扫频、调频、调幅、脉冲串、FSK、PSK 猝发等波形,多种调制 AM、FM、ASK、FSK、PSK(机内预存 32 种波形)
正弦波失真	≤0.1%(*f*:20 Hz ~ 100 kHz)
波形长度	4 096
波形幅度分辨率	12 bits
采样速率	200 MSa/s
正弦波谐波抑制	−50 dBc
方波升降时间	≤15 ns
脉冲波占空比	0.1% ~ 99.9%(频率≤10 kHz) 1% ~ 99%(10 kHz ~ 100 kHz)
频率分辨率	1 μHz
频率精度	≤ $\pm 5\times10^{-6}$
幅度最高分辨率	2 μVp-p(高阻),1 μVp-p(50 Ω)
幅度误差(精度)	≤ ±1% +0.2 mV(频率 1 kHz 正弦波)
输出平坦度	±10%
偏移范围	±10 V
偏移最高分辨率	2 μVp-p(高阻),1 μVp-p(50 Ω)
偏移误差(精度)	≤ ±(5% +10 mV)信号幅度≤2 Vp-p(高阻) ≤ ±(5% +20 mV)信号幅度 >2 Vp-p(高阻)
调幅调制度 AM	1% ~ 120% 可任意设置
相位调节范围(PSK)	0.1 ~ 360.0 度
相位调节分辨率(PSK)	0.1 度

续表

计数器	测频范围	1 Hz ~ 100 MHz
	计数容量	$\leqslant 4.29 \times 10^9$
时基	标称频率	10 MHz
	稳定度	优于 $\pm 1 \times 10^{-6}$
显示	12 位 VFD 荧光显示	
其他	可存储/调用 10 组输出状态。带 RS232 接口，可选配 GPIB、USB 接口	
外形尺寸	255 mm × 370 mm × 100 mm	
重量	3.5 kg	

9.2.2 面板说明

1. 显示说明

显示区域如图 9.2.2 所示，其中①为波形显示区，②为主字符显示区，③为测频/计数显示区，其他为状态显示区。

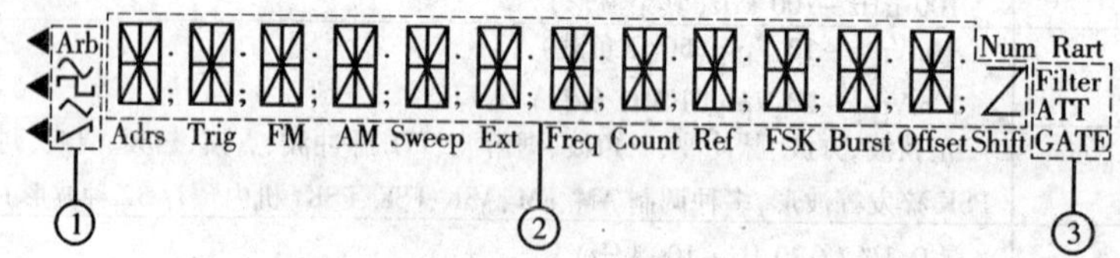

图 9.2.2 显示区域说明

2. 按键说明

前面板共有 24 个按键。按键按下后，会用响声“嘀”提示。

大多数按键是多功能键。每个按键的基本功能用黑色标在该按键上，实现某按键基本功能，只需按下该按键即可。

大多数按键有第二功能，第二功能用蓝色标在这些按键的上方。实现按键第二功能，只须按下“Shift”键同时再按下该按键即可。

少部分按键还可作单位键，单位用黑色标在这些按键的下方。要实现按键的单位功能，只有先按下数字键，接着再按下该按键即可。

(1)数字输入键

数字键功能见表 9.2.2。

表 9.2.2 数字键功能

键名	主功能	第二功能	键名	主功能	第二功能
0	输入数字 0	无	7	输入数字 7	进入点频
1	输入数字 1	无	8	输入数字 8	进入复位
2	输入数字 2	无	9	输入数字 9	进入系统
3	输入数字 3	无	.	输入小数点	无
4	输入数字 4	无	—	输入负号	无
5	输入数字 5	无	◀	闪烁数字左移	选择脉冲波
6	输入数字 6	无	▶	闪烁数字右移	选择任意波

(2)功能键

功能键说明见表 9.2.3。

表 9.2.3 功能键说明

键名	主功能	第二功能	计数第二功能	单位功能
频率/周期	频率选择	正弦波选择	无	无
幅度/脉宽	幅度选择	方波选择	无	无
键控	键控功能	三角波选择	无	无
菜单	菜单选择	升锯齿波选择	无	无
调频	调频功能选择	存储功能选择	衰减选择	ms/mV_{PP}
调幅	调幅功能选择	调用功能选择	低通选择	MHz/Vrms
扫描	扫描功能选择	测频功能选择	测频/计数选择	kHz/mVrms
猝发	猝发功能选择	直流偏移选择	闸门选择	Hz/dBm

(3)其他键

其他键功能见表 9.2.4。

表 9.2.4 其他键功能

键名	主功能	其他
输出	信号输出与关闭切换	扫描功能和猝发功能的单次触发
Shift	和其他键一起实现第二功能 远程时退出远程	单位 s/V_{PP}/N

9.2.3 使用说明

1. 函数信号输出

(1)仪器启动

按下面板上的电源按钮,电源接通。先闪烁显示"WELCOME"2 s,再闪烁显示仪器型号 1 s。之后根据系统功能中开机状态设置,进入"点频"功能状态,波形显示区显示当前波形"~",频率为 10.000 000 00 kHz;或者进入上次关机前的状态。

(2)数据输入

数据键有以下两种方式。

1°数据键输入

10 个数字键用来向显示区写入数据。"·"用来输入小数点。如果数据区中已经有小数点,按此键不起作用。"-"用来输入负号,如果数据区中已经有负号,再按此键则取消负号。当输入数字出错时,可用"◀"键删除当前最低位数字。

注意:用数字键输入数据必须输入单位,否则输入数值不起作用。

2°调节旋钮输入

调节旋钮可以对信号进行连续调节。按位移键"◀""▶"使当前闪烁的数字左移或右移,这时顺时针转动旋钮,可使正在闪烁的数字连续加 1,并能向高位进位。逆时针转动旋钮,可使正在闪烁的数字连续减 1,并能向高位借位。

使用旋钮输入数据时,数字改变后立即生效,不用再按单位键。闪烁的数字向左移动,可对数据进行粗调,向右移动,可对数据进行细调。

(3)功能选择

仪器开机后出厂设置为"点频"功能模式,输出单一频率的波形,按"调制"、"调幅"、"扫描"、"猝发"、"点频"、"FSK"和"PSK"可以实现7种功能模式。

(4)点频功能模式

此模式指的是输出一些基本波形,如正弦波、方波、三角波、升锯齿波、降锯齿波和噪声等27种。对大多数波形可以设定频率、幅度和直流偏移。在其他功能时,可先按下"Shift"键再按下"点频"键来进入点频功能。

1° 频率设定

按"频率"键,显示当前频率值。可用数据键或调节旋钮输入频率值,这时仪器输出端口即有该频率的信号输出。

2° 周期设定

信号的频率也可以用周期值的形式进行显示和输入。如果当前显示为频率,再按"频率/周期"键,显示出当前周期值,可用数据键或调节旋钮输入周期值。

3° 幅度设定

按"幅度"键,显示当前幅度值。可用数据键或调节旋钮输入幅度值,这时仪器输出端口即有该幅度的信号输出。

4° 直流偏移设定

按"Shift"键后再按"偏移"键,显示出当前直流偏移值。如果当前输出波形直流偏移不为0,此时状态显示区显示直流偏移标志"Offset"。可用数据键或调节旋钮输入直流偏移值,这时仪器输出端口即有直流偏移的信号输出。

5° 输出波形选择

波形选择分为常用波形选择和其他波形选择。

①常用波形的选择。按下"Shift"键后再按下波形键,可以选择正弦波、方波、三角波、升锯齿波、脉冲波五种常用波形。同时波形显示区显示相应的波形符号。

②一般波形的选择。先按下"Shift"键再按下"Arb"键,显示区显示当前波形的编号和波形名称。

除点频功能模式外的其他功能模式中基本信号或载波的波形只能选择正弦波和方波两种。

波形以及相应编号对应关系见表9.2.5。

表9.2.5 波形及其对应编号

波形编号	波形名称	提示符	波形编号	波形名称	提示符
1	正弦波	SINE	15	半波整流	COMMUT_H
2	方波	SQUARE	16	正弦波横切割	SINE_TRA
3	三角波	TRIANG	17	正弦波纵切割	SINE_VER
4	升锯齿波	UP_RAMP	18	正弦波调相	SINE_PM
5	降锯齿波	DOWN_RAMP	19	对数函数	LOG
6	噪声	NOISE	20	指数函数	EXP
7	脉冲波	PULSE	21	半圆函数	HALF_ROUND

续表

波形编号	波形名称	提示符	波形编号	波形名称	提示符
8	正脉冲	P_PULSE	22	SINX/X 函数	SINX/X
9	负脉冲	N_PULSE	23	平方根函数	SQUARE_ROOT
10	正直流	P_DC	24	正切函数	TANGENT
11	负直流	N_DC	25	心电图波	CARDIO
12	阶梯波	STAIR	26	地震波形	QUAKE
13	编码脉冲	C_PULSE	27	组合波形	COMBIN
14	全波整流	COMMUT_A	28 ~ 35	任意波 1 ~ 8	ARB1 ~ ARB8

6° 占空比调整

当前波形为脉冲波时,如果显示区显示的是幅度值,再按一次"脉宽"后显示出脉宽值。如果显示区显示的既不是幅度值也不是脉宽值,则连续按两次"脉宽"显示区显示脉宽值。如果当前波形不是脉冲波,则该键只作幅度输入键使用。显示区显示脉宽值时,用数字键或调节旋钮输入脉宽值,可以对脉冲波占空比进行调整。

7° 信号输出与关闭

按"输出"键禁止信号输出,此时输出信号指示灯灭。设定好信号的波形、频率、幅度,再按一次"输出"键信号开始输出,此时输出信号指示灯亮。"输出"键可以在信号输出和关闭之间进行切换,输出信号指示灯也相应以亮(输出)和灭(关闭)进行指示。这样可以对信号输出与关闭进行控制。

(5)信号的存储与调用功能

此功能可以存储信号的频率值、幅度值、波形、直流偏移值、功能状态。共可以存储 10 组信号,编号为 1 ~ 10,在需要时可以调用。使用存储功能,首先必须在系统功能里把存储功能开关打开。

(6)频率扫描功能模式

此模式输出一组只有频率变化、其他参数不变的信号。

按"扫描"键,进入频率扫描功能模式。显示区显示设定的某个频率。此时状态显示区显示扫描功能模式标志"Sweep"。连续按"菜单"键,显示区依次闪烁显示下列选项:扫描模式"MODE"、起点频率"START F"、终点频率"STOP F"、扫描时间"TIME"和触发方式"TRIG"。

(7)调频功能模式

调频又称为"频率调制"。

按"调频"键,进入调频功能模式。显示区显示载波频率。此时状态显示区显示调频功能模式标志"FM"。连续按"菜单"键,显示区依次闪烁显示下列选项:调制频偏"FM DEVIA"、调制频率"FM FREQ"、调制波形"FM WAVE"、调制信号源"FM SOURCE"。

(8)调幅功能模式

调幅又称为"幅度调制"。

按"调幅"键,进入调幅功能模式。显示区显示载波频率。此时状态显示区显示调幅功能模式标志"AM"。连续按"菜单"键,显示区依次闪烁显示下列选项:调制深度"AM LEVEL"、调制频率"AM FREQ"、调制波形"AM WAVE"、调制信号源"AM SOURCE"。

(9)猝发功能模式

猝发功能时可输出一定周期数的频率不变的脉冲串。

按"猝发"键,进入猝发功能模式。显示区显示设定的某个频率。此时状态显示区显示猝发功能模式标志"Burst"。连续按"菜单"键,显示区依次闪烁显示下列选项:触发方式"TRIG"、周期个数"COUNT"、猝发间隔时间"SPACE T"、猝发起始相位"PHASE"。

(10)键控功能

分为频移键控(FSK)和相移键控(PSK)两种功能。

使用频移键控(FSK)功能时,输出信号的起始频率以一定的时间间隔在设定频率1和频率2之间交替跳变;使用相移键控(PSK) 功能时,输出信号的起始相位以一定的时间间隔在设定相位1和相位2之间交替跳变。

1° 频移键控(FSK)功能模式

按"键控"键,进入频移键控(FSK)功能模式,显示区显示设定的某个频率。此时状态显示区显示频移键控功能模式标志"FSK"。连续按"菜单"键,显示区依次闪烁显示下列选项:频率1"START F"、频率2"STOP F"、间隔时间"SPACE T"、触发方式"TRIG"。

2° 相移键控(PSK)功能模式

按"键控"键,进入相移键控(PSK)功能模式,显示区显示设定的某个频率。此时状态显示区显示相移键控功能模式标志"◄""PSK"。连续按"菜单"键,显示区依次闪烁显示下列选项:相位1"P1"、相位2"P2"、间隔时间"SPACE T"、触发方式"TRIG"。

(11)系统功能

此功能可以对开机状态、通信地址、输出阻抗等参数进行设置。

按"Shift"键和"系统"键,进入系统设置功能模式。显示闪烁区显示"SYSTEM"。连续按"菜单"键,显示区依次闪烁显示下列选项:存储功能开或关"STORE OPEN"、开机状态"POWER ON"、通信地址"ADDRESS"、输出阻抗"OUT Z"等。

注:在上述(6) ~(11)中,当显示想要修改参数的选项后停止按"菜单"键,显示区闪烁显示当前选项1 s后自动显示当前选项的参数值。对相应选项的参数,可用数据键或调节旋钮输入。

2. 计数器

计数器可以实现测频和计数功能。

按"Shift"键和"测频"键,进入频率测量功能模式。此时显示区下端功能状态显示区显示频率测量功能模式标志 "Ext"和"Freq"。可以对从后面板"测频/计数输入" 端口外部输入信号的频率进行测量。若再按"Shift"键和"计数"键设置当前处于计数测量功能模式,此时显示区下端功能状态显示区显示计数测量功能模式标志 "Ext"和"Count"。可以对从后面板"测频/计数输入" 端口外部输入信号的周期个数进行计数。

测量频率范围为1 Hz~100 MHz 。

(1)闸门时间

在测频功能模式下,按"Shift"键和"闸门"键进入闸门时间设置状态,可用数据键或调节旋钮输入闸门时间值。在闸门开启时,显示区右侧频率计数状态显示区显示闸门开启标志"GATE" 。闸门时间范围为10 ms~10 s。

(2)低通

在频率计数器功能模式下，按“Shift”键和“低通”键设置当前输入信号经过低通进行测量。显示区右侧频率计数状态显示区显示低通状态标志“Filter”。

(3)衰减

在频率计数器功能模式下，按“Shift”键和“衰减”键设置当前输入信号经过衰减进行测量。显示区右侧频率计数状态显示区显示衰减状态标志“ATT”。

在计数功能模式下，按“◀”键后计数停止，并显示当前计数值；再按一次“◀”键计数继续进行。

在计数功能模式下，按“▶”键后把计数值清零并重新开始计数。

9.3 DH1718G—2 型直流稳压电源

直流稳压电源是一种能保持输出电压不随电网电压波动、不随负载电流变化的直流电源，能将交流 220 V 转换并输出稳定的直流电压或电流，是电工、电子实验室的常用仪器之一。其种类很多，能够提供一组或多组输出电压，它们的结构和使用方法大体相同。

DH1718G—2 型直流稳压电源是由两路可调电源和一路固定电源组成的，具有恒压、恒流功能，且这两种模式可随负载变化而进行转化。

9.3.1 面板说明

PH1718G—2 型直流稳压电源前面板如图 9.3.1 所示，主要包含下面几部分。

①电压表(电流表)。指示输出电压(或电流)的数值。

②电压调节旋钮。调节恒压源输出值。

③电流调节旋钮。调节恒流源输出值。

④左(右)按钮。左(右)路功能选择开关，用于选择电压输出或电流输出。

⑤中间琴键按钮。跟踪/常态选择开关。

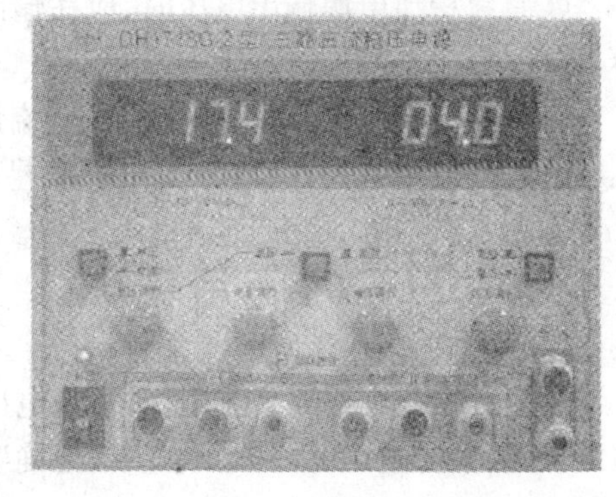

图 9.3.1　DH1718G—2 型直流稳压电源前面板

9.3.2 主要技术指标

①输出电压、电流：0～32 V / 0～2 A(2 路)。

②固定电源：5 V/3 A。

③电源效应：CV　1×10^{-4} +2 mV；CC　1×10^{-4} +5 mA。

④负载效应：CV　1×10^{-4} +2 mV；CC　20 mA。

⑤纹波与噪声：CV　0.5 mV(rms)；CC　1 mA(rms)。

9.3.3 功能简介

①双路稳压稳流输出(0～32 V、0～2 A)加单路固定输出(5 V/3 A)。

②三路可串联(电压相加)或双路并联(电流相加)使用。

③电压、电流值数字显示。

④十圈电位器精细调节输出电压。

⑤自动串联跟踪，左边为主路，右边为从路，在跟踪状态下，从路的输出电压随主路而变化。

⑥允许长期在 0 ~ 40 ℃温度下满负荷工作。

9.3.3 使用方法

①输出电压/电流接红、绿接线柱，红接线柱为直流稳压电源的“ + ”极，绿接线柱为“ - ”极。接通电源开关，调节电压/电流调节旋钮，即可输出直流电压/电流。黑接线柱为接地端（即接直流稳压电源机壳）。

②利用左（右）按钮选择左（右）路的输出功能，即按钮抬起时该路输出电压，按钮按下时输出电流，仪表随之指示该路输出电压或电流的数值。

③中间按键为跟踪/常态选择开关，在左路输出负端至右路输出正端之间加一短路线。按下此键后，开启电源开关，整机即工作在主从跟踪状态，此时从路的输出电压随主路而变化（此时从路的调节旋钮不起作用）。

9.3.4 使用注意事项

①直流稳压电源输出电压时，应在输出端开路时调节；输出电流时，应在输出端短路时调节。

②当直流稳压电源输出电压时，电流调节旋钮不能调为 0；反之，当直流稳压电源输出电流时，电压调节旋钮不能调为 0。否则，易使电源处于输出保护状态（无输出）。

9.4 UT58C 数字万用表

数字万用表也称数字多用表，是将电压、电流、电阻等测量结果直接用数字形式显示出来的仪表，具有测量速度快、显示清晰、准确度高、分辨率强、测试范围广等特点。许多数字万用表除了基本的测量功能外，还能测量电容值、电感值、晶体管放大倍数等，是一种多功能的测试仪表。数字式万用表通常分为手持式数字万用表、钳形数字万用表和台式数字万用表。

图 9.4.1 UT58C 数字万用表

UT58C 是 1999 计数 31/2 数位手动量程数字万用表，具有特大屏幕、全功能符号显示、输入连接提示、全量程过载保护和独特的外观设计，是性能更为优越的电工仪表。该系列仪表可用于测量交直流电压、交直流电流、电阻、二极管、电路通断、三极管、电容、温度和频率测量。

9.4.1 外形结构

此表由 LCD 显示窗、数据保持按键开关“HOLD”（LCD 显示窗右下侧蓝色按钮）、功能量程选择旋钮、四个输入端口、电源按键开关“POWER”（LCD 显示窗左下侧黄色按钮）组成。如图 9.4.1 所示。

9.4.2 技术指标

UT58C 数字万用表技术指标见表 9.4.1。

表 9.4.1 UT58C 数字万用表技术指标说明

基本功能	量程	基本精度
直流电压	200 mV/2V/20 V/200 V/1 000 V	±(0.5% +1)
交流电压	2 V/20 V/200 V/750 V	±(0.8% +3)
直流电流	2 mA/20 mA/200 mA/20 A	±(0.8% +1)
交流电流	2 mA/200 mA/20 A	±(1% +3)
电阻	200 Ω/2 kΩ/20 kΩ/2 MΩ/20 MΩ	±(0.8% +1)
电容	20 nF/200 nF/100 μF	±(4% +3)
摄氏温度	-40~1 000 ℃	±(1% +3)
频率	2 kHz/20 kHz	±(1.5% +5)
特殊功能		
全符号显示		√
二极管测试		√
通断蜂鸣		√
电池不足提示		√
电压测量输入阻抗	10 MΩ	√
数据保持		√
最大显示	1999	√
显示器尺寸	95 ×25 mm	√
自动关机		√
电源	9 V 电池(6F22)	√

9.4.3 功能简介

UT58C 数字万用表功能说明见表 9.4.2。

表 9.4.2 UT58C 数字万用表功能说明

开关	功能说明	开关	功能说明
V⎓	直流电压测量	A⎓	直流电流测量
V ~	交流电压测量	A ~	交流电流测量
⊣(	电容测量	℃	温度测量
Ω	电阻测量	hFE	三极管放大倍数测量
+▶⊢-	二极管测量	POWER	开关电源
♬	电路通断测量	HOLD	数据保持开关
Hz	频率测量		

9.4.4 使用说明

1. 交直流电压测量

①将红表笔插入"V"插孔,黑表笔插入"COM"插孔。

②将功能量程开关置于V⎓或V~电压测量挡,并将表笔并联到待测电源或负载上。

③从显示器上直接读取被测电压值。交流测量显示值为正弦波有效值(平均值响应)。

④仪表的输入阻抗均约为10 MΩ,这种负载在高阻抗的电路中会引起测量上的误差。大部分情况下,如果电路阻抗在10 kΩ以下,误差可以忽略(0.1%或更低)。

2. 交直流电流测量

①将红表笔插入"μA mA"或"A"插孔,黑表笔插入"COM"插孔。

②将功能量程开关置于A⎓或A~电流测量挡,并将表笔串联到待测回路中。

③从显示器上直接读取被测电流值。交流测量显示值为正弦波有效值(平均值响应)。

3. 电阻测量

①将红表笔插入"Ω"插孔,黑表笔插入"COM"插孔。

②将功能量程开关置于"Ω"测量挡,并将表笔并联到被测电阻上。

③从显示器上直接读取被测电阻值。

4. 二极管测量

①将红表笔插入"$\overset{+}{\rightarrow}\!\!|\overset{-}{}$"插孔,黑表笔插入"COM"插孔。红表笔极性为"+",黑表笔极性为"-"。

②将功能量程开关置于"$\overset{+}{\rightarrow}\!\!|\overset{-}{}$ ♫"测量挡,红表笔接到被测二极管的正极,黑表笔接到二极管的负极。

③从显示器上直接读取被测二极管的近似正向PN结压降值,单位mV。对硅PN结而言,一般500~800 mV确认为正常值。

5. 电路通断测量

①将红表笔插入"$\overset{+}{\rightarrow}\!\!|\overset{-}{}$"插孔,黑表笔插入"COM"插孔。

②将功能量程开关置于"$\overset{+}{\rightarrow}\!\!|\overset{-}{}$ ♫"测量挡,并将表笔并联到被测电路两端。如果被测两端之间电阻大于70 Ω,认为电路断路;被测两端之间电阻小于等于10 Ω,认为电路导通良好,蜂鸣器连续声响。

③从显示器上直接读取被测电路的近似电阻值,单位为欧姆。

6. 电容测量

①将转接插座插入"V"和"mA"二插孔。

②量程开关置于"⊣⊢ F"合适挡位,然后将被测电容插入转接插座Cx对应插孔。

③从显示器上直接读取被测电容值。

7. 温度测量

①将转接插座插入"V"和"mA"二插孔。

②量程开关置于"℃"挡位,此时LCD显示"1",然后将温度探头(K型插头)插入转接插座对应温度插孔。此时LCD显示室温。

③将温度探头探测被测温度表面,数秒后从LCD上直接读取被测温度值。

8. 三极管 h_{FE} 测量

①将转接插座插入"V"和"mA"二插孔。

②量程开关置于"h_{FE}" 挡位,然后将被测 NPN 或 PNP 型三极管插入转接插座对应孔位。

③从显示器上直接读取被测三极管 h_{FE} 近似值。

9. 频率测量

①将红表笔插入"Hz"插孔,黑表笔插入"COM"插孔。

②将功能量程开关置于 Hz 频率测量挡位,并将表笔并联到待测信号源上。

③从显示器上直接读取被测频率值。

10. 数据保持(HOLD)

在任何测量情况下按下"HOLD"键时,仪表显示随即保持测量结果,再按一次"HOLD"键时,仪表显示的保持测量结果自动解锁,随机显示当前测量结果。

11. 自动关机功能

当连续测量时间超过约 15 分钟时,显示器将消隐显示,仪表进入微功耗休眠状态。如需唤醒仪表重新工作,连续按两次"POWER"按键开关即可。

9.4.5 注意事项

①使用前要检查仪表和表笔,谨防损坏或不正常的现象,如发现异常情况(如表笔裸露、机壳损坏、液晶显示器无显示等)请不要使用。严禁使用没有后盖和后盖没盖好的仪表,否则有电击危险。

②测量高于直流 60 V 或交流 30 V 以上的电压时,务必小心谨慎,切记手指不要超过表笔护指位,以防触电。

③切勿在端子和端子之间或任何端子和接地之间施加超过仪表上标注的额定电压或电流。

④测量时功能开关必须置于正确的量程挡位。在不能确定被测量值的范围时,须将功能量程开关置于最大量程位置。在转换功能量程开关之前,必须断开表笔与被测电路的连接,严禁在测量进行中转换挡位,以防损坏仪表。

⑤进行在线电阻、二极管或电路通断测量之前,必须先将电路中所有的电源切断,并将所有的电容器电荷放尽。

⑥不要在高温、高湿、易燃、易爆和强电磁场环境中存放或使用仪表。

⑦当 LCD 显示器显示"◪"标志时,应及时更换电池,以确保测量精度。

⑧测量完毕应及时关断电源。长时间不用时,应取出电池。

9.5 YB2172F 智能数字交流毫伏表

交流毫伏表又称晶体管毫伏表,用来测量正弦交流电压的有效值,广泛应用于频带宽、功率小的交流电子电路中。

交流毫伏表的种类和型号很多。YB2172F 智能数字交流毫伏表有如下优点:轻盈小巧、造型美观、使用方便;仪器全部采用集成电路,工作稳定、可靠;由单片机智能化控制和数据处理,实现量程自动转换;可测正弦波、方波、三角波、锯齿波、脉冲波等不规则的任意波信号幅度;采取了屏蔽隔离工艺,降低了本机噪声,提高了线性和小信号测量精度,频率特性好。

9.5.1 技术指标

①测量电压范围:100 μV ~ 300 V, −80 dB ~ +50 dB。

②基准条件下电压的固有误差:(以 1 kHz 为基准) ±1% ±2 个字。

③测量电压的频率范围:10 Hz ~ 2 MHz。

④基准条件下的频率影响误差(以 1 kHz 为基准)。

50 Hz ~ 100 kHz:	±3% ±8 个字。
20 Hz ~ 50 Hz;100 kHz ~ 500 kHz:	±5% ±10 个字。
10 Hz ~ 20 Hz;500 kHz ~ 2 MHz:	±6% ±15 个字。

⑤分辨力:10 μV。

⑥输入阻抗:输入电阻≥1 MΩ;输入电容≤40 pF。

⑦最大输入电压:DC + ACp-p:500V。

⑧输出电压:1 Vrms ±5% (1kHz 为基准,输入信号为 5.5×10^{n} V($-4\leqslant n\leqslant1$, n 为整数) ±2 个字输入时)。

⑨噪声:输入短路小于 5 个字。

⑩电源电压:交流 220 V ±10% ,50 Hz ±4%。

9.5.2 面板说明

YB2172F 智能数字交流毫伏表前面板如图 9.5.1 所示,主要包含下面几部分。

①电源开关。电源开关按键弹出即为"关"位置。将电源线接入,按电源开关以接通电源。

②电压显示窗口。LCD 数字面板表显示输入信号的电压有效值。

③dB 值显示窗口。LCD 数字面板表显示输入信号的分贝值。

④输入插座。输入信号由此端口输入。

⑤输出端口。输出信号由此端口输出。

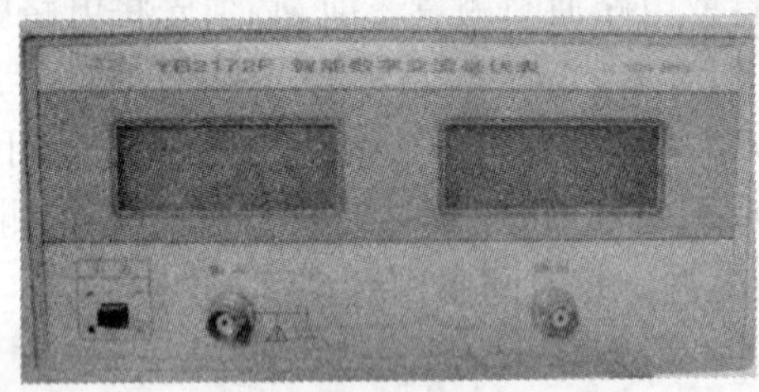

图 9.5.1 YB2172F 智能数字交流毫伏表前面板

9.5.3 使用方法

①打开电源开关前,首先检查输入的电源电压,然后将电源线插入后面板上的交流插孔。

②电源线接入后,按电源开关以接通电源,并预热 5 分钟。

③将输入信号由输入端口送入交流毫伏表即可。

第 10 章　Multisim 9 的使用

10.1　Multisim 9 元器件库的基本应用

10.1.1　Multisim 9 的基本界面

1. Multisim 9 的主窗口

运行 Multisim 9 主程序后，在计算机屏幕上出现 Multisim 9 的主工作窗口，如图 10.1.1 所示。Multisim 9 是基于 Windows 的仿真软件，界面风格与其他 Windows 应用软件基本一致，主要由菜单栏、电路窗口和状态栏等组成，模拟一个实际的电子工作台。

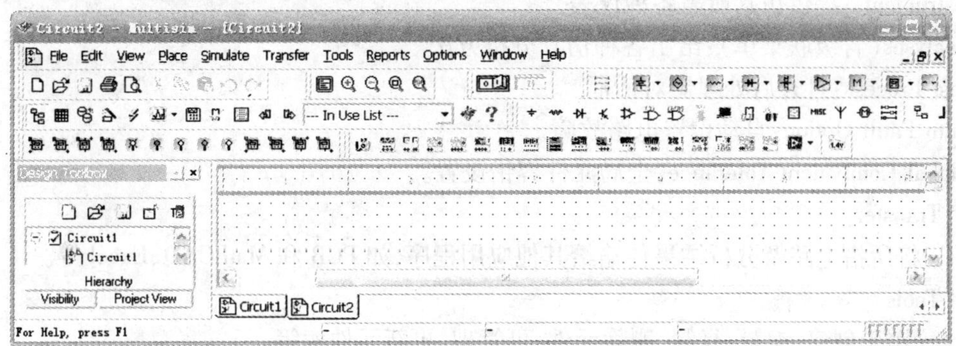

图 10.1.1　Multisim 9 的主工作窗口

(1)菜单栏

Multisim 9 的菜单栏(Menus)位于主窗口的上方，包含 File、Edit、View、Place、Simulate、Transfer、Tools、Reports、Options、Window、Help 共 11 个主菜单。每个主菜单下都有一个下拉菜单。

1° File

File 主要用于管理创建的电路文件，其中包含 New、Open、Open Samples、Close、Close All、Save、Save As、Save All、New Project、Open Project、Save Project、Close Project、Print 等与 Windows 相同的基本文件操作命令；另有 Recent Circuits 和 Recent Projects，使用户可以方便地调出最近使用过的文件和项目。

2° Edit

Edit 包含一些最基本的编辑操作命令，如 Cut、Copy、Paste、Undo 等命令；可以使元件进行旋转和对称操作的 Flip Horizontal、Flip Vertical、90Clockwise、90CounterCW 等命令。

3° View

View 包括调整窗口视图的命令，用于添加或去除工具条、元件库栏、状态栏，在窗口界面中显示网格,以提高在电路搭接时元件相互的位置准确度;放大或缩小视图的尺寸以及设置各种显示元素等。

4° Place

通过本菜单中的各项命令可在窗口中放置各种电路对象,命令如下。

Place Component:放置一个元件。

Place Junction:放置一个节点。

Place Bus:放置一根总线。

Place Text:放置文本。

Place Text Description Box:放置一个文本描述框。

Replace by Subcircuit:用一个子电路替代。

5° Simulate

Simulate 提供仿真所需的各种设备及方法。

Run:运行仿真开关。

Pause:暂停电路开关。

Instruments:提供仿真所需各种仪表。

Analyses(含级联菜单):给出各种仿真分析方法。

Post Process:打开后处理器对话框。

Auto Fault Option:自动设置电路故障。

Global Component Tolerance:全局元件容错设置。

6° Transfer

用于将所搭电路及分析结果传输给其他应用程序,如 PCB 和 MathCAD、Excel 等。

7° Tools

Tools 用于创建、编辑、复制、删除元件,可管理、更新元件库等。

Component:元件编辑器。

Database:数据库。

Variant Manager:变量管理器。

Set Active Variant:设置动态变量。

Circuit Wizards:电路模板。

Rename/Renumber Components:元件重命名/重编号。

Replace Component(s):重置元件。

Update Circuit Components:更新电路元件。

Electrical Rules Check:电气法则测试。

Clear ERC Markers:清除 ERC 标志。

Toggle NC Marker:拨动 NC 标志。

Symbol Editor:符号编辑器。

Title Block Editor:图明细表编辑器。

Description Box Editor:描述箱编辑器。

Edit Labels:编辑标签。

Capture Screen Area:抓图区域。

Internet Design Sharing:Internet 设计共享。

Education Web Page:链接 EDApart. com 网站。

Show Breadboard:显示面包板。

8° Reports

Reports 用于生成报告,具体选项略。

9° Options

Options 可对程序的运行和界面进行设置,具体选项略。

10° Window

用于对窗口进行设置,具体选项略。

11° Help

Help 提供帮助文件,按下键盘上的 F1 键也可获得帮助,具体选项略。

(2)系统工具栏

系统工具栏中基本是与 Windows 的同类按钮类似的功能按钮,不再赘述。

(3)设计工具栏(Multisim 9 Design Bar)

设计工具栏是 Multisim 9 的核心部分,使用它可进行电路的建立、仿真、分析并最终输出设计数据(虽然菜单栏中也已包含这些设计功能,但使用该设计工具栏进行电路设计将会更方便快捷)。

①层次项目按钮(Show or hide the Desgin Toolbox)。用于显示或隐藏层次项目栏。

②层次电子数据表按钮(Show or Hide Spreadsheet Bar)。用于开关当前电路的电子数据表。

③数据库按钮(Database Manager)。开启数据库管理对话框,对元件进行编辑。

④元件编辑器按钮(Create Component)。用于调整或增加、创建新元件。

⑤仿真按钮(Run/stop Simulation F5)。用以确定开始、暂停或结束电路仿真。

⑥图形编辑器/分析按钮(Grapher/Analysis)。在出现的下拉菜单中可选择将要进行的分析方法。

⑦电气性能测试(Electrical Rules Checking)。用于对电路的电气性能进行测试。

⑧打开 Ultiboard Log File (Back Annotate from Ultiboard)。打开 Ultiboard 文件。

⑨打开 Ultiboard 9 PCB (Forward Annotate)。打开 Ultiboard 9 印制电路板。

⑩ --- In Use List --- 当前所使用的所有元件列表。

⑪ ? 帮助(F1)。其功能等同于 Help 菜单中的帮助,可通过输入帮助主题查找信息。

(4)元件工具栏(Component Toolbar)

元件工具栏如图 10. 1. 2 所示。实际上是用户在电路仿真中可以使用的所有元器件符号库,它与 Multisim 9 的元器件模型库对应,共有 14 个分类库,每个库中放置着同一类型的元件。在取用其中的某一个元器件符号时,实质上是调用了该元器件的数学模型。

图 10. 1. 2 元(器)件工具栏

1° 电源按钮(Source)

电源按钮对应元器件系列(Family)如图 10. 1. 3 所示。

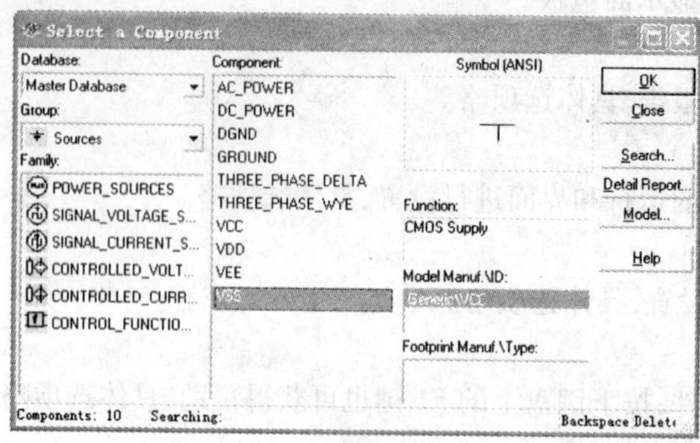

图 10. 1. 3　电源库

对应元件系列如下。

POWER _ SOURCES:功率源。

SIGNAL _ VOLTAGE _ SOURCES:信号电压源。

SIGNAL _ CURRENT _ SOURCES:信号电流源。

CONTROLLED _ VOLTAGE _ SOURCES:控制电压源。

CONTROLLED _ CURRENT _ SOURCES:控制电流源。

CONTROLL _ FUNCTION _ BLOCKS:控制函数器件。

2° 基本元件按钮

基本元件库如图 10. 1. 4 所示。虚拟元件箱中的元件(带绿色衬底者)不需选择,而是直接调用,然后再通过其属性对话框设置其参数值。不过,在选择元件时还是应该尽量到现实元件箱中去选取,这不仅是因为选用现实元件能使仿真更接近于现实情况,还因为现实的元件都有元件封装标准,可将仿真后的电路原理图直接转换成 PCB 文件。但在选取不到某些参数或者要进行温度扫描或参数扫描等分析时,就要选用虚拟元件。

对应元件系列如下。

BASIC _ VIRTUAL:基本虚拟元件。

RESISTOR:电阻器。

RPACK:电阻排。

POTENTIOMETER:电位器。

CAPACITOR:电容。

CAP _ ELECTROLIT:电解电容。

VARIABLE _ CAPACITOR:可变电容。

INDUCTOR:电感器。

VARIABLE _ INDUCTOR:可变电感。

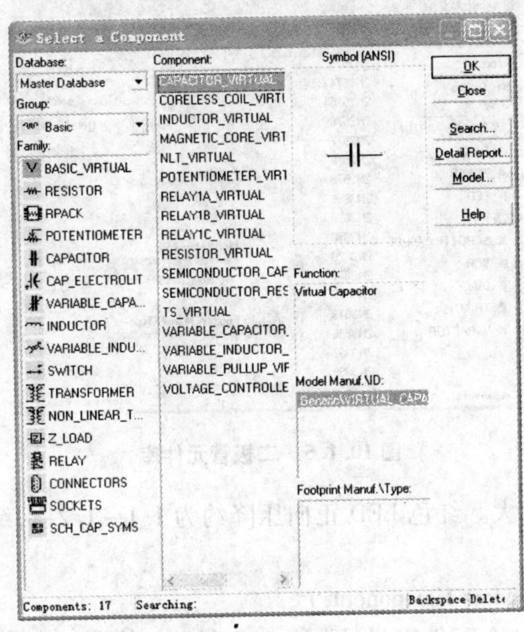

图 10.1.4　基本元件库

SWITCH:开关。

TRANSFORMER:变压器。

NON _ LINEAR _ TRANSFORMER:非线性变压器。

Z _ LOAD:复数(Z)负载。

RELAY:继电器。

CONNECTORS:连接器。

SOCKETS:插座、管座。

SCH　CAP _ SYMS:各种元件图标。

3° 二极管按钮(Diodes Components)

二极管按钮中包含 10 个元件库,如图 10.1.5 所示。该图中虽然仅有一个虚拟元件箱,但发光二极管元件箱中存放的是 Interactive Component(交互式元件),处理方式基本等同于虚拟元件(只是其参数无法编辑)。

对应主要元件系列如下。

DIODES _ VIRTUAL:二极管虚拟元件。

DIODE:二极管。

LED:发光二极管。

FWB:二极管整流桥。

SCR:晶闸管整流器。

发光二极管有 6 种不同颜色,使用时应注意。该元件只有正向电流流过时才产生可见光,

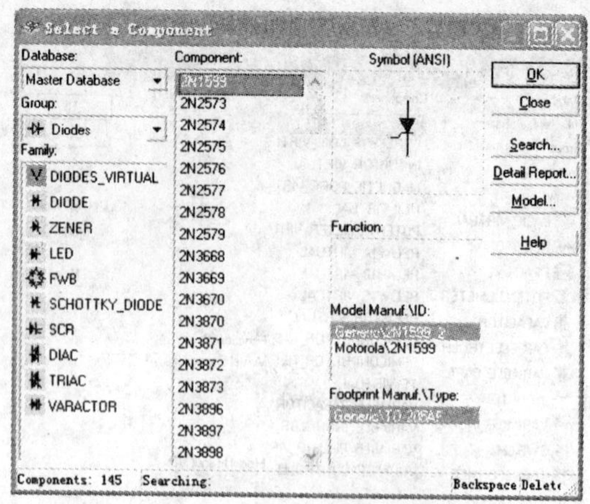

图 10.1.5　二极管元件库

其正向压降比普通二极管大。红色 LED 正向压降约为 1.1 ~ 1.2 V，绿色 LED 的正向压降约为 1.4 ~ 1.5 V。

4° 晶体管按钮（Transistors Components）

晶体管按钮中共有 18 个元件库，如图 10.1.6 所示。其中，17 个现实元件箱中的元件模型对应世界主要厂家生产的众多晶体管元件，具有较高精度。另外 1 个带绿色背景的虚拟晶体管相当于理想晶体管，具有默认参数值，也可打开其属性对话框，点击 Edit Model 按钮，在 Edit Model 对话框中对参数进行修改。

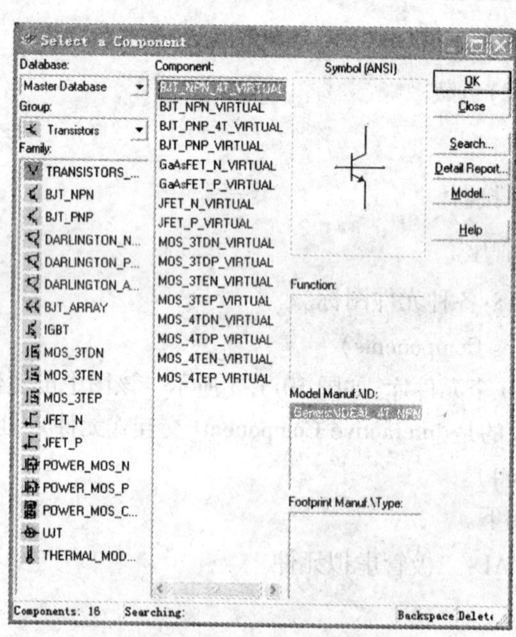

图 10.1.6　晶体管库

对应主要元件系列如下。

TRANSISTORS_ VIRTUAL：晶体三极管虚拟元件。

BJT _ NPN：双核结型 NPN 晶体管。

BJT _ PNP:双核结型 PNP 晶体管。

BJT _ ARRAY:双极结型晶体管阵列。

MOS _ 3TDN:N 沟道耗尽型金属-氧化物-半导体场效应管。

MOS _ 3TEN:N 沟道增强型金属-氧化物-半导体场效应管。

MOS _ 3TEP:P 沟道增强型金属-氧化物-半导体场效应管。

JFET _ N:N 沟道耗尽型结型场效应管。

JFET _ P:P 沟道耗尽型结型场效应管。

POWER _ MOS _ N:N 沟道 MOS 功率管。

POWER _ MOS _ P:P 沟道 MOS 功率管。

POWER _ MOS _ COMP:COMP MOS 功率管。

THERMAL _ MODELS:温度模型。

5° 模拟元件按钮(Analog Components)

单击模拟元件按钮后出现的界面如图 10.1.7 所示。

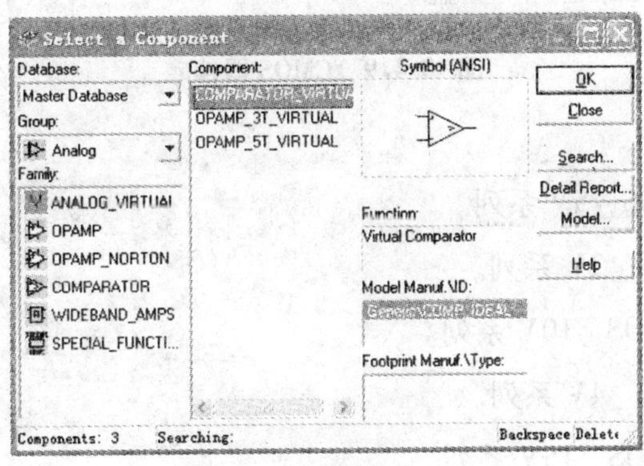

图 10.1.7　模拟元件库

对应主要元件系列如下。

ZNALOG _ VIRTUAL:模拟模型虚拟元件。

OPAMP:运算放大器。

COMPARATOR:比较器。

WIDEBAND _ AMPS:包括多种频率的放大器。

SPECIAL _ FUNCTION:特殊功能。

6° TTL 元(器)件按钮

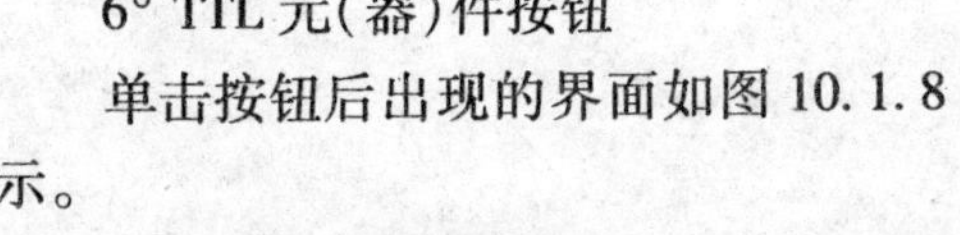

单击按钮后出现的界面如图 10.1.8 所示。

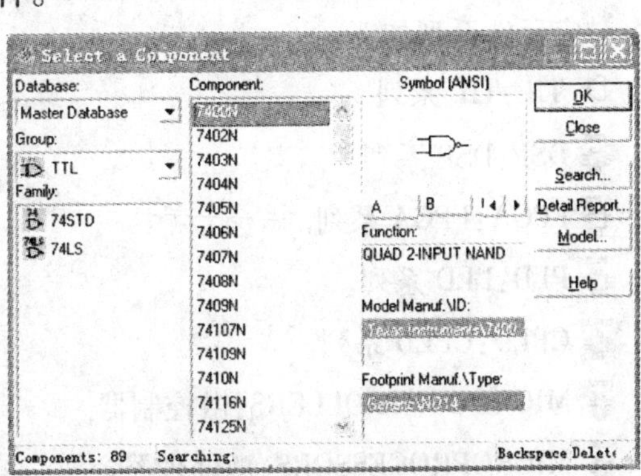

图 10.1.8　TTL 元件库

对应元件系列如下。

74STD:74STD 系列。

74LS:74LS 系列。

使用 TTL 元件库时,器件逻辑关系可查阅相关手册或利用 Multisim 9 的帮助文件。有些器件是复合型结构,在同一个封装里有多个相互独立的对象。例如,7400 N 有 A、B、C、D 四个功能完全相同的二端与“非门”,可在选用器件时弹出的选择框中任意选取。

7° CMOS 元(器)件按钮

单击 CMOS 元(器)件按钮后出现的界面如图 10.1.9 所示。

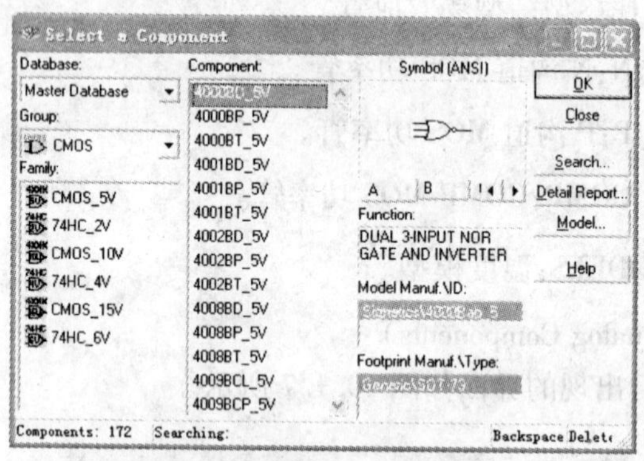

图 10.1.9 CMOS 器件库

对应元件系列如下。

CMOS _ 5V:CMOS _ 5V 系列。

74HC _ 2V:74HC _ 2V 系列。

CMOS _ 10V:CMOS _ 10V 系列。

74HC _ 4V:74HC _ 4V 系列。

CMOS _ 15V:CMOS _ 15V 系列。

74HC _ 6V:74HC _ 6V 系列。

8° 其他数字元件按钮(Misc. Digital Components)

单击其他数字元件按钮后出现的界面如图 10.1.10 所示。

对应元件系列如下。

TIL:TIL 系列。

DSP:DSP 系列。

FPGA:FPGA 系列。

PLD:PLD 系列。

CPLD:CPLD 系列。

MICROCONTROLLERS:微控制器。

MICROPROCESSORS:微处理器。

VHDL VHDL:VHDL 系列。

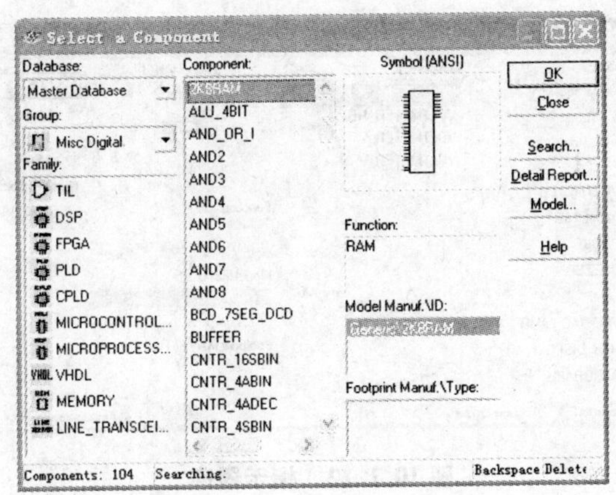

图 10.1.10　其他数字元件库

MEMORY：内存 IC。

LINE _ TRANSCEIVER：转换 IC。

9° 混合器件(Mixed Components)

混合器件库如图 10.1.11 所示，其中 ADC-DAC 虽无绿色衬底也属于虚拟元件。

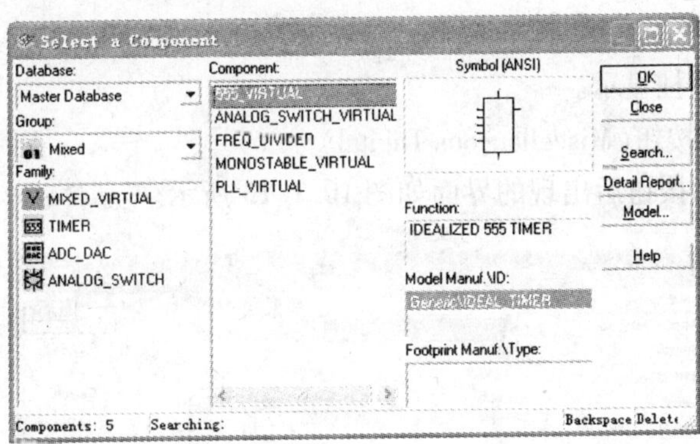

图 10.1.11　混合器件库

对应元件系列如下：

MIXED _ VIRTUAL：混合虚拟元件。

TIMER：定时器。

ADC _ DAC：模拟/数字_数字/模拟转换器。

ANALOG _ SWITCH：模拟开关。

10° 指示器件按钮(Indicators Components)

单击指示器件按钮后出现的界面如图 10.1.12 所示，含有 8 种 Multisim 9 称之为交互式元件和用来显示电路仿真结果的显示器件。交互式元件不允许用户从模型进行修改，只能在属性对话框中设置其参数。

对应元件系列如下。

VOLTMETER：电压表。

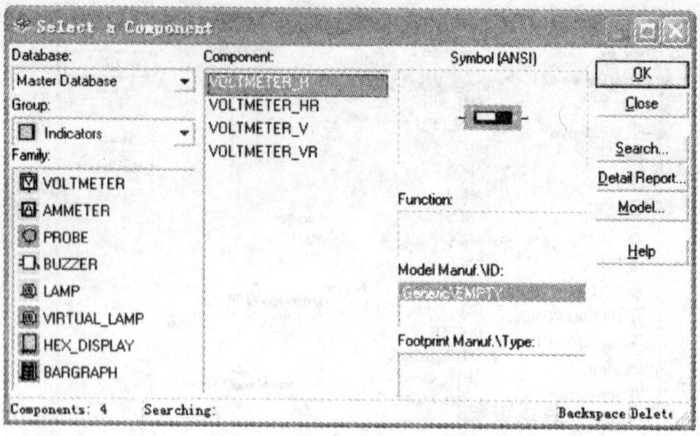

图 10.1.12　指示器库

AMMETER:电流表。

PROBE:探针。

BUZZER:蜂鸣器。

LAMP:灯。

VIRTUAL _ LAMP:虚拟灯。

HEX _ DISPLAY:十六进制显示器。

BARGRAPH:条柱显示。

11° 混合项元件库按钮(Miscellaneous Digital)

单击混合项元件库按钮后出现的界面如图 10.1.13 所示。

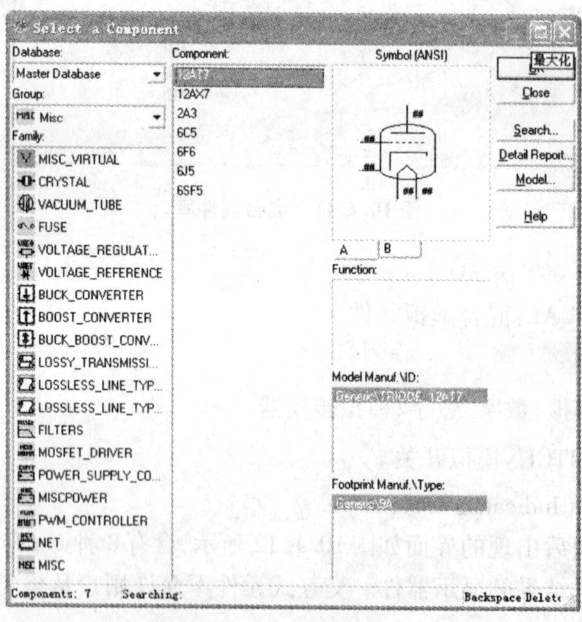

图 10.1.13　混合项元件库

对应主要元件系列如下。

MISC _ VIRTUAL:多功能虚拟元件。

CRYSTAL:晶体。

FUSE:熔断器。

VOLTAGE _ REGULATOR:电位器。

VOLTAGE _ REFERENCE:电压参考器。

LOSSY _ TRANSMISSION _ LINE:有损耗传输线。

LOSSLESS _ LINE _ TYPE1:无损耗线路 1。

LOSSLESS _ LINE _ TYPE2:无损耗线路 2。

FILTERS:滤波器。

MOSFET _ DRIVER:MOSFET 驱动器。

POWER _ SUPPLY _ CONTROLLER:供电控制器。

MISCPOWER:多功能电源。

NET:网络。

MISC:多功能元件。

12° 电机元件按钮(Electro Mechanical)

单击电机元件按钮后出现的界面如图 10.1.14 所示。

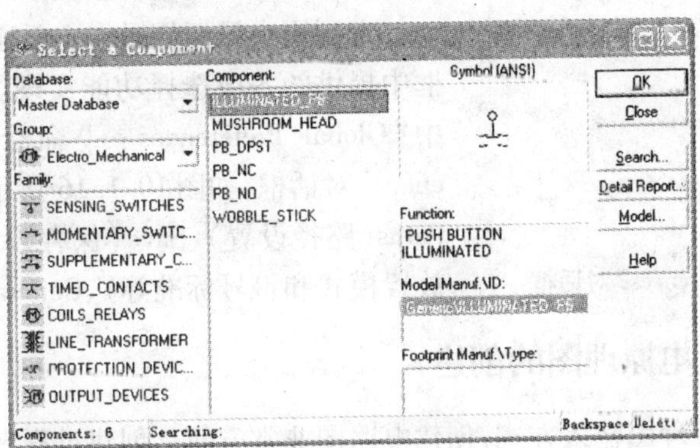

图 10.1.14　电机元件库

对应元件系列如下。

SENSING _ SWITCHES:检测开关。

MOMENTARY _ SEITCHES:瞬时开关。

SUPPLEMENTARY _ CONTACTS:辅助开关。

TIMED _ CONTACTS:同步开关。

COILS _ RELAYS:线圈继电器。

LINE _ TRANSFORMER:线性变压器。

PROTECTION _ DEVICES:保护装置。

OUTPUT _ DEVICES:输出装置。

13° RF 射频元件按钮

单击 RF 射频元件按钮后的界面如图 10.1.15 所示，具体选项略。

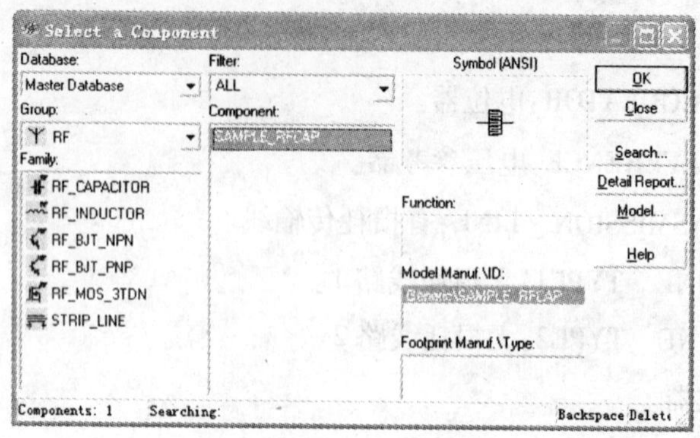

图 10.1.15　射频器件库

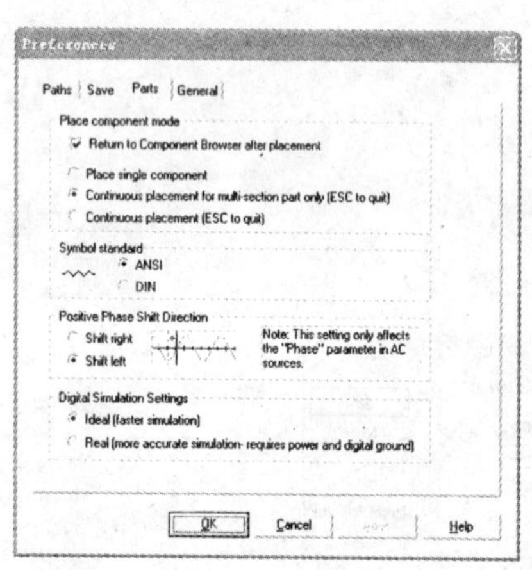

图 10.1.16　"Preferences"对话框

2. 用户界面设置

可以定制 Multisim 9 界面，包括工具栏、电路颜色、页尺寸、聚焦倍数、自动存储时间、符号系统（分美式标准 ANSI 或欧式标准 DIN）和打印设置。定制设置与电路文件一起保存，所以可以将不同的电路定制成不同的颜色。也可以重载不同的个例或整个电路。

定制用户界面的操作主要通过"Preferences"对话框中提供的各项选择功能实现。启动"Options"菜单中"Global Preferences …"命令，就会出现"Preferences"对话框，如图 10.1.16 所示。该菜单包括四项：Paths（路径设置）、Save（保存设置）、Parts（设置元件放置模式和符号标准等）、General（一般设置）。

10.1.2　Multisim 9 电原理图的创建

Mutisim9 采用电原理图输入方式，创建电路图非常方便。创建过程有五个步骤。

1. 建立电路文件

运行 Multisim 9，会自动打开一个空白的电路文件。电路的颜色、尺寸和显示模式基于以前的用户喜好设置。也可以单击界面中的□按钮，新建一个空白的电路文件。

2. 向电路窗口中放置元件

绘制电路图首先从元器件库中选取所需元器件。Multisim 9 提供了三个层次的元件数据库（"Multisim Master"为软件自带的主层次，用户只能调用，不能更改；"User"为用户自建的数据库，仅为用户自用；"Corporate/Project"仅适用于有合作项目的网络版用户）。

仿真电路中所用到的元器件可从工具栏的元件库中直接选取。元件工具栏默认是可见的，如果不可见。选择"View/Toolbars/Component Toolbar（元件工具栏）"或"Virtual Toolbar（虚拟工具栏）"，即可打开相应的元件工具栏。在元件工具栏中选择所需的元器件按钮，即可打开相应的元器件系列窗口，进行相应的选择。

也可以用“Place/Place Component”放置元件，当不知道要放置的元件包含在哪个元件箱时这种方法很有用。

仿真电路中所要用到的元器件可从工具栏的元件库中直接选取，电阻元件类型库如图10.1.17所示。方法是首先确定元器件所属的层次类别，如1 kΩ属于基本元件类，74LS00D属于TTL器件类。只要点击相应元件类别图标，该类别所有的元件图标就会自动展开。有的同一种元器件有不带衬底的现实元件和带绿色衬底的虚拟元件两种图标。现实元器件不仅有精确的仿真模型，还有相应的封装信息，能被传送到PCB版图设计的软件中。而虚拟元件则没有封装信息，也就不能传送给PCB软件。为了与实际电路相接近，可以选用符合现实标准的电路元件。但由于大多数情况下选取虚拟元件的速度要比选取现实元件快得多，因此仿真时会经常用到虚拟元件。

置鼠标于元件工具栏上，单击图标，拖动鼠标到电路窗口任意空白位置单击，即可将选中元件放入图中，如图10.1.19所示。

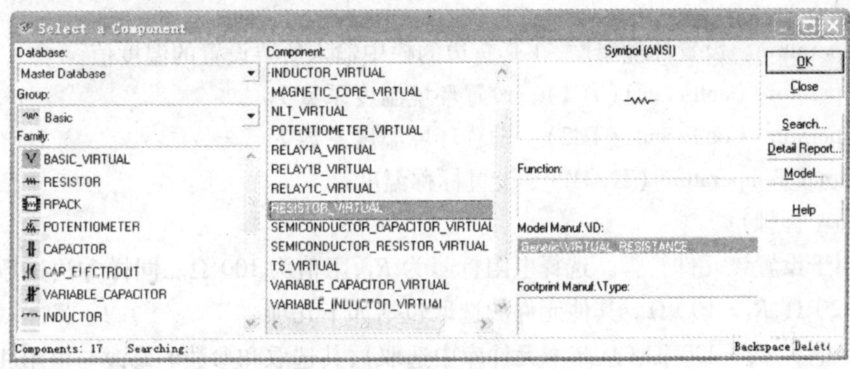

图10.1.17 电阻元件类型库

电阻值默认为1 kΩ。如要改变电阻参数，可双击该电阻图标，打开属性对话框，如图10.1.18所示。从图中可见，该对话框有Label、Display、Value、和Pins四页。

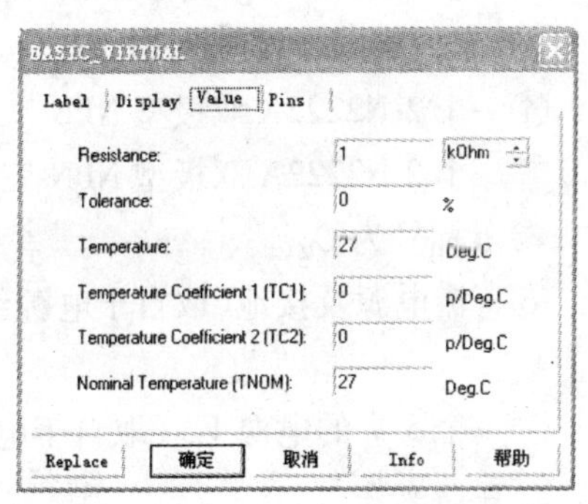

图10.1.18 Resistor Virtual **对话框**

(1) Label(标识)页

此页用于设置电阻的标识，包括下列选项。

①RefDes。该电阻的元件序号，是元件唯一的识别码，必须设置且不允许重复。

②Label。为该电阻的标识文字，没有电气意义，可输入中文。

③Attributes。由用户记录所用的该电阻的信息窗口，如元件名称、参数值及制造者等。

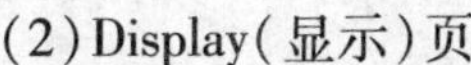

(2) Display(显示)页

此页用于确定该虚拟电阻在电路窗口中所要显示的信息，包括以下几项。

①Use Schematic Option Global Setting. 若选中此项，则将采用全电路整体显示认定，不可单独认定此元件的显示方式，此时，下面的②～⑥选项无效。

②Show Labels。显示元件的标识。

③Show Values。显示元件的数值。

④Show RefDes ID。显示元件的序号。

⑤Show Attributes。显示元件的属性。

⑥Show Pin Number。显示管脚号。

⑦Show pin names。显示管脚名。

⑧Use Pin Name Font Global Setting。使用设置的管脚名字体。

⑨Use Pin Number Font Global Setting。使用设置的管脚号字体。

(3) Value 页

此页用于设置参数值。

①Resistance。用以设置电阻值,在右边栏中选定其单位。

②Tolerance。若选中可设置该电阻的容差(即误差),在其右边栏中输入所要设定的容差值(百分比)。

③Temperature。设置环境温度,在其右边的栏中输入所要设置的温度值。

④Temperature Coefficient1 (TC1)。设置环境温度系数1。

⑤Temperature Coefficient2 (TC2)。设置环境温度系数2。

⑥Nominal Temperature (TNOM)。设置标称温度。

(4) Pins(管脚)页

此页用于设置该元件管脚。选择电阻标号为 R_1,阻值为 100 Ω。同样方法选取另外两个电阻 $R_2=120\ \Omega$,$R_3=10\ \mathrm{k}\Omega$。其他元件的选取包括如下几项。

①一个电容 $C_1=330\ \mu\mathrm{F}$(从基本元件库中选取),其选取和参数的修改与电阻相仿。

②一个红色的 LED(取自于元件工具栏中二极管系列)。

③一个 74LS00N(取自于 TTL 系列),由于此元件有四个门,程序将提示用户确定使用哪个门(四个门相同,可任选一个)。

④一个 2 N2222A 双极型 NPN 三极管(取自于三极管组),参考标号为 Q_1。

⑤一个 2 N2222A 双极型 NPN 三极管(拷贝并粘贴或从 In Use List 中选取三极管到新位置),参考标号为 Q_2。

⑥直流电源及接地(取自于电源组),电路中可以用多个地,也可以用一个地连接多个元件。

⑦一个 5 V 的电源 V_{CC}(取自于电源组)和一个数字地(取自于电源组)。

3. 存储文件

选择"File/Save As"菜单命令,给出存储路径和文件名,单击"OK"。

4. 修改基本元件的位置、显示颜色和标号

为了使元件符合电路连接的要求,有时需要移动、旋转、删除元件或改变元件的显示颜色及标号。这时,可用鼠标进行相应操作。

(1)移动元件

指针指到所要移动的元件上,按住鼠标左键,然后移动鼠标,将其移动到适当的位置后放开左键。

(2)删除元件

指针指向所要删除的元件点击，则在该元件的四角各出现一个小方块。然后点击鼠标右键后在快捷菜单中选取“Cut”命令或按下“Delete”键。

(3)旋转元件

指针指向所要旋转的元件点击，则在该元件的四角各出现一个小方块。然后点击鼠标右键，弹出快捷菜单，选取“Flip Horizontal”命令即可左右翻转，选取“Flip Vertical”命令即可上下翻转，选取“90Clockwise”命令即可顺时针旋转90°，选取“90CounterCW”命令即可逆时针旋转90°。

(4)改变元件的颜色

指针指向元件，点击鼠标右键弹出快捷菜单。然后选取“Color…”命令，在弹出的对话框中直接选取适当颜色，点击“确定”即可。

(5)改变元件的标号

双击元件出现元件特性对话框，单击标号“Label”标签，输入或调整标号(由字母与数字组成，不得含有特殊字符和空格)。单击“Cancel”取消改变。单击“OK”存储改变。

元件放置结果如图10.1.19所示。

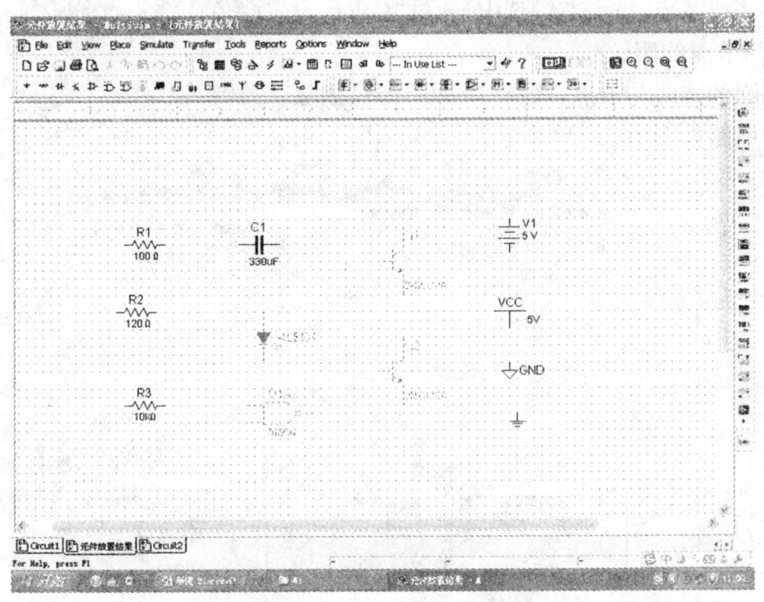

图10.1.19 元件放置结果

5. 连接电路

Multisim 9有自动与手工两种连线方法。自动连线为Multisim 9特有，选择管脚间最好的路径自动完成连线，它可以避免连线通过元件和连线重叠。手工连线要求用户控制连线路径。一般需将自动连线与手工连线结合使用。

(1)自动连线

对于两元器件之间的连接，只要将光标移近所要连接的元件引脚一端，光标就会自动转变为十字形。点击左键，移动光标至另一元件的引脚，再次点击左键，程序即自动连接这两个引脚之间的线路。若要元件与某一线路的中间连接，则光标先指向该引脚，点击左键，然后移到所要连接的线路上，再点击左键，程序不但自动连接这两点，同时在所连接线路的交叉点上自动放置一个节点。若两条线交叉而过无节点时，则表示两条交叉线是不连接的。

(2)手工连接

从元件的引脚引出线路的过程中，光标移动到移动路径的适当位置上，点击左键，即可得到一条自行设定的线轨迹。

(3)线路轨迹调整

如需对已连接好的线路轨迹进行调整，可先将光标对准欲调整的线路，点击右键选中，再按住左键，拖动线上的小方块或两小方块之间的线段至适当位置后松开左键即可。

(4)节点的放置

如果要让交叉线相连接的话，需要在交叉点上放置一个节点。操作方法是：启动“Place/Place Junction”命令，然后指向要放置节点的位置，点击鼠标左键，即可在该处放置一个节点，两条线就会连接。为了可靠连接，在放置节点之后，稍微移动一下与该节点相连的其中一个元件，看是否有“虚焊”。

(5)连线与节点颜色的设置

为了使电路各连线及节点彼此之间清晰可辨，可设置不同的颜色区分。方法是：光标指针先指向某一连线或节点，点击右键选中，通过“Color”设置颜色。

(6)连线与节点的删除

选中要删除的连线与节点，选择“Delete”即可删除。

连接好的电路如图 10.1.20 所示。

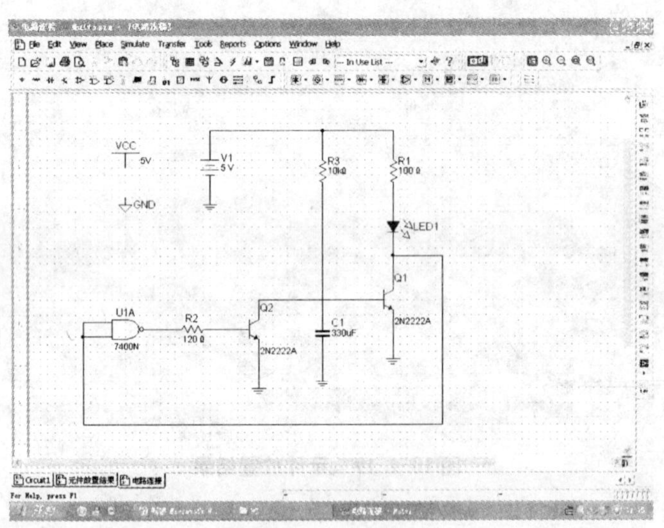

图 10.1.20 电路连接

10.1.3 电路文本的编辑

在设计电路过程中，常常要给设计文件添加标题栏和给某局部电路或器件添加说明文字、注释等。虽然这些文字在电路仿真、电路板制作等过程中不起什么作用，但在文件的阅读、修改、产权保护和交流过程中起着十分重要的作用。

1. 添加标题栏

选择“Place”菜单中的“Title Block…”，会有几种标准的标题栏供选择，选定后放入图中，如图 10.1.21 所示。双击图中标题栏，出现图 10.1.22 所示的文本输入窗口，输入后点击“OK”即可。

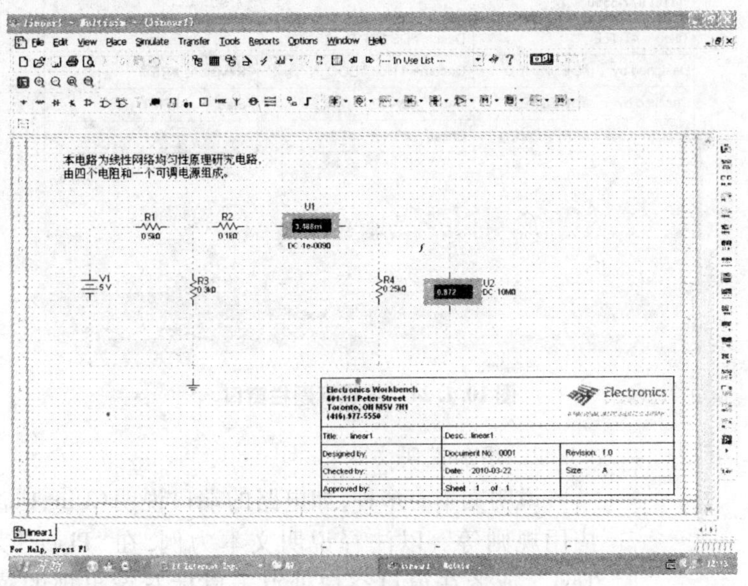

图 10.1.21　放置标题栏、说明文本

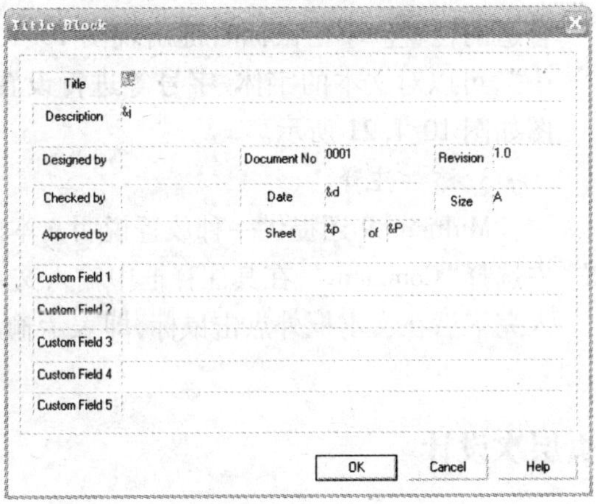

图 10.1.22　标题栏文本输入窗口

还可以将标题栏中的“项目名称”“设计单位”“设计者”“校对人”等修改为中文。用鼠标右击标题栏，在图 10.1.23 弹出式菜单中，选择选项“Edit Title Block…”出现图 10.1.24 编辑窗口，这时就可以修改了。

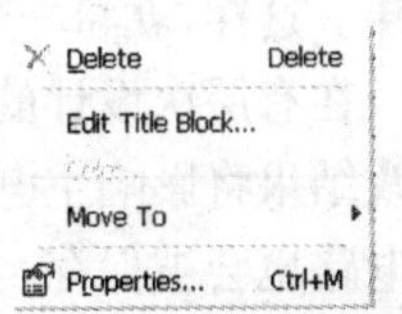

图 10.1.23　修改标题栏

在图 10.1.23 中选择“Move To”，将有四种放置标题栏的方法。在该图中选择“Properties…”也可以输入标题栏的说明文本。

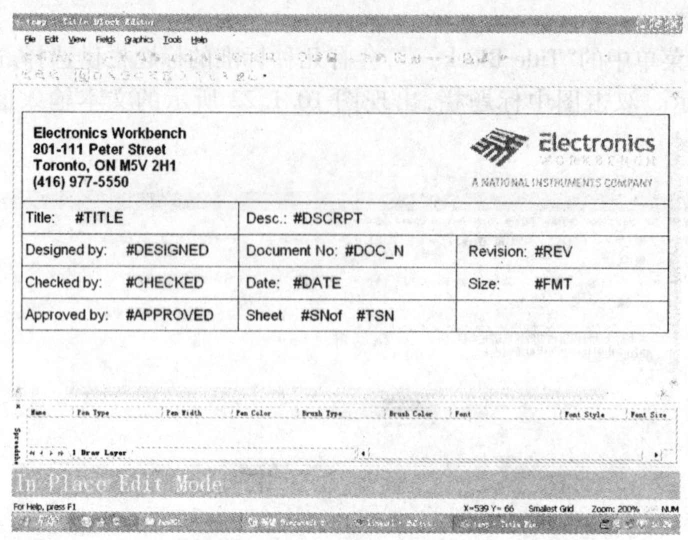

图 10.1.24　编辑标题栏窗口

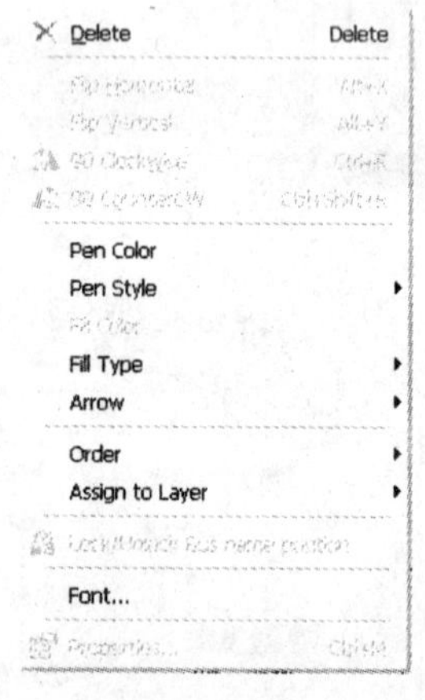

图 10.1.25　文本字体设置

2. 添加说明文本

说明文本有多种，如电路的端口说明（Uin、Uout 等）、功能说明、应用规则等。以注释说明文本为例，在"Place"菜单下选择"A Text"，或者在窗口空白处点击鼠标右键出现的菜单中的"Place Graphric"选项下，选择"A Text"也可进入文本输入窗口。输入完毕后在文本框外点击鼠标，即表示输入结束，这时可移动说明框到合适的位置。单击鼠标右键出现图 10.1.25 所示菜单，选择"Font…"，可以对文本的字体、字号等进行设置。放置说明文本的电路图如图 10.1.21 所示。

3. 添加注释

Multisim 9 还提供一种放置说明文本的方法，即在"Place"菜单中选择"Comment"，在其注释框中输入文字（同样可输入中文），输入完毕后在文本框外点击鼠标，即表示输入结束，这时可移动说明框到合适的位置。

10.1.4　子电路和多页层次设计

如果用户设计的电路较大，Multisim 9 允许用户创建子电路，即一个电路（主电路）中允许包含另一个电路（子电路）。子电路以一个元件图标形式显示在主电路中，就像使用一个元件一样。这样，就将一个复杂的电路变得比较简单，且易查看、易修改。

在有层次设计的电路中，子电路成为主电路文件的一部分。这个子电路可以被修改，它的修改结果将影响主电路。子电路不能直接被打开，而必须从主电路中打开。当保存主电路时，子电路也会被保存。

1. 创建子电路

为了能对子电路进行连接，需要对子电路添加输入/输出（I/O）端口，放置完毕后如图

10.1.26 所示，这些端口将在电路中以图标引脚形式显示相应连接的位置，如图 10.1.27 所示。

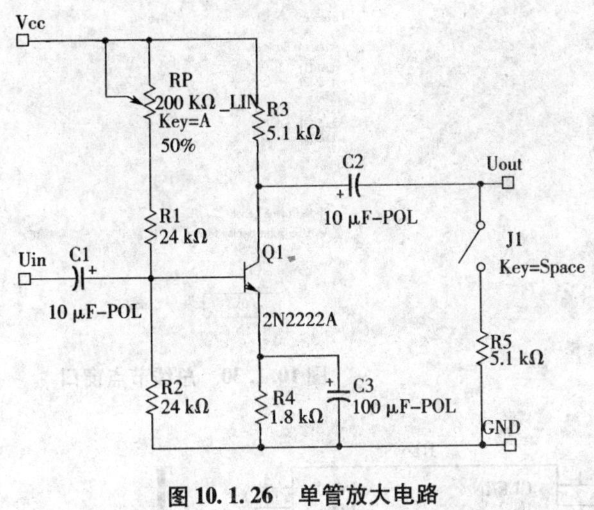

图 10.1.26　单管放大电路

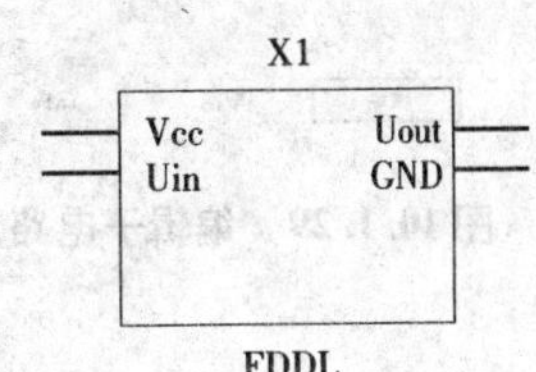

图 10.1.27　出现在窗口的子电路

添加子电路输入/输出(I/O)端口的操作步骤如下。

①点击主菜单“place”，选择“connectors”，在其下选择“HB\SC Connector”，端口出现在鼠标箭头上(或在窗口空白处单击鼠标右键，在出现的弹出式菜单中选择“Place Schematic”，在其下选择“HB\SC Connector”)。

②拖动鼠标，将端口放到适当位置(点击鼠标确定)。

③修改端口方向，以合乎要求。

④将 I/O 端口连接到子电路的输入或输出端。

⑤双击端口符号，为新的端口设置端口名。

2. 添加子电路

将要被制作成子电路的电路复制或剪切到剪贴板，然后回到要放置子电路的窗口，执行菜单命令“Place\Replace by Subcircuit”，在提示框中输入子电路名，如图 10.1.28 所示。这时子电路被命名，并以一个元件的形式显示在电路窗口，如图 10.1.27 所示。若要编辑该子电路，可以双击其图标，出现如图 10.1.29 所示窗口，在该窗口中按“Edit HB\SC”，即可再次对该子电路进行修改。修改完毕，关闭窗口即可。

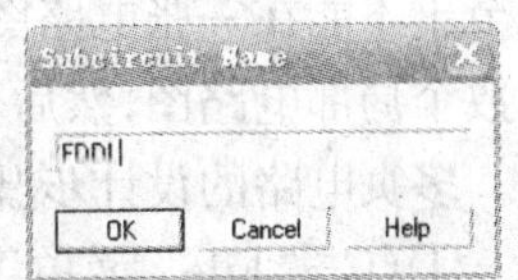

图 10.1.28　放置子电路

3. 放置总线

执行工具条中的总线按钮为 ┏ 。点击总线的第一点、第二点……直至画完整条总线，单击右键或双击左键结束画线。元件可以连入总线上任一位置，连接时出现节点窗口，如图 10.1.30 所示。如有必要，可修改端口名，点击“OK”，放置总线结果如图 10.1.31 所示。

在总线设计时，将某条总线的标号修改为与另一条总线标号一致，即表示这两条总线间有导线连接关系，即两条总线上接口号相同的两个端口连接的元件是导线连接关系。

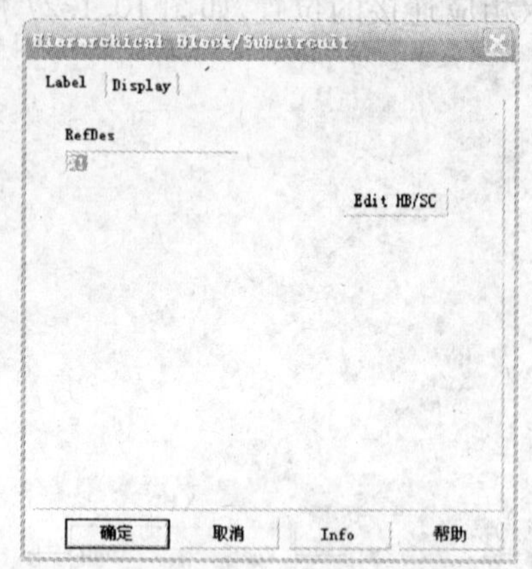

图 10.1.29 编辑子电路选择窗口

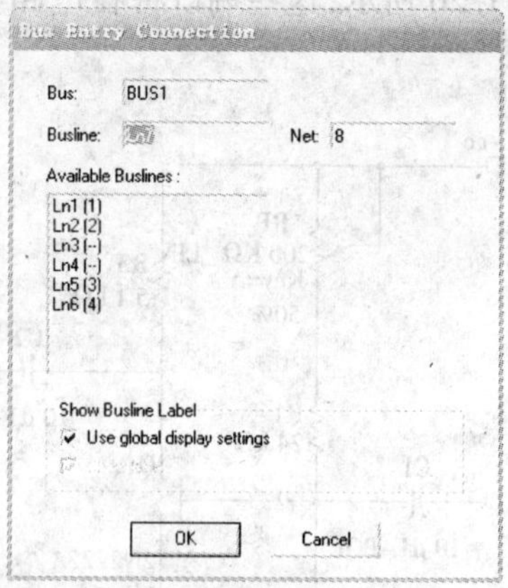

图 10.1.30 总线节点窗口

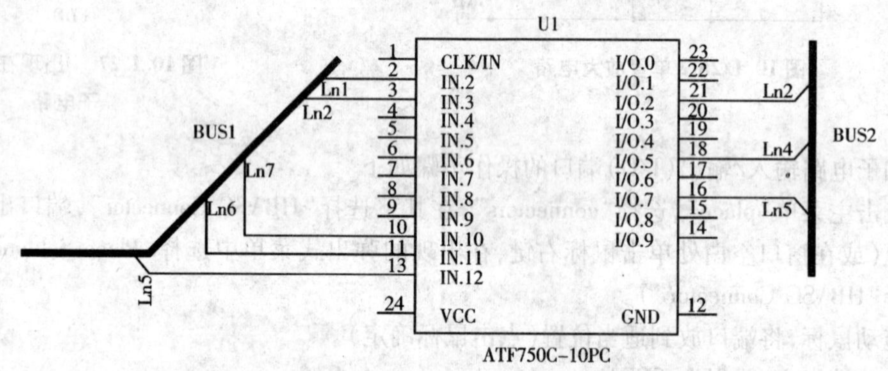

图 10.1.31 放置总线结果

4. 多页层次设计

多页电路设计与子电路设计有所不同,但含义类似。在电路设计过程中,有些电路图太大以至于不能在一张电路图上放置所有的元件。在这种情况下,首先将一个较大的电路图分解成数个局部电路图,然后分别创建局部电路图,最后使用多页连接器将这些局部电路图连接起来。多页电路的设计步骤如下。

①点击"File"菜单下的"New Project"命令,建立一个新的项目,新建项目窗口如图 10.1.32 所示,输入项目名称为 fan001。

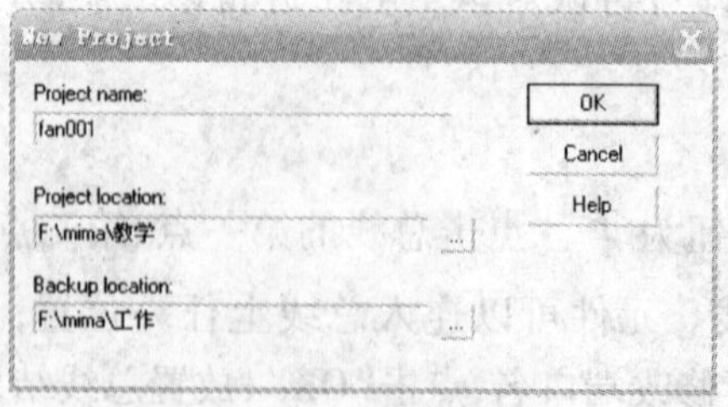

图 10.1.32 新建项目窗口

②将当前电路文件(如以 linear1 命名)保存到新建项目文件夹(fan001)中,linear1 自动被设为根文件。

③点击 Place 菜单下的 Mulit-Page 命令,弹出 Page Name 对话窗口,如图 10.1.33 所示。在 Page Name 对话窗口,输入新建立电路图的页号(默认页为2,下一次为3),点击 OK,建立一个新的页。由于该页是在 linear1 根文件下的一个多页文件的一页,故该多页电路图文件名称为 linear1#2,根文件自动设为 linear1#1,层次设计窗口如图 10.1.34 所示。

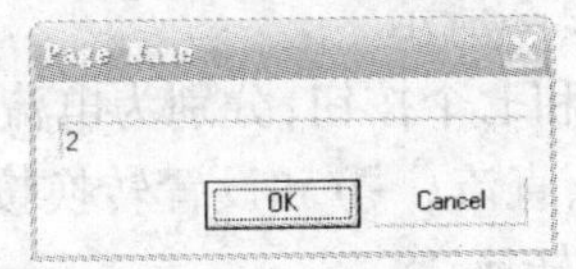

图 10.1.33　下页设置对话窗口

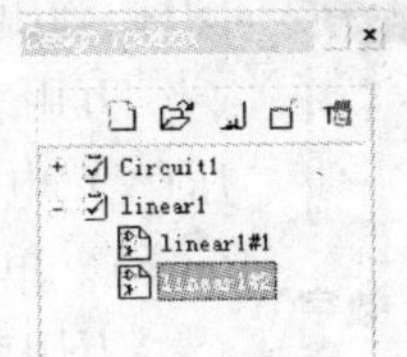

图 10.1.34　层次设计窗口

④在新建的多页电路中,创建局部电路图。

⑤实现电路间的连接。在局部电路图中,在"Place"菜单下的"Connectors"选项菜单中选择"Off-Page Connector",就会在鼠标箭头下出现一个多页连接器,移动鼠标到需要多页电路图的互相连接处,点击鼠标左键,就放置一个多页连接器,然后连接多页连接器到电路中。依次放置其他多页连接器,直至多页电路图中的相互连接处全部放置好多页连接器为止。

⑥在"Place"菜单下的"Connectors"选项菜单中选择"Bus Off-Page Connector",可实现电路间的总线连接。

⑦完成电路之间的连接。其连接器标号可以修改,标号相同的连接器表示它们有导线连接关系。至此,建立了一个多页电路图。若要删除一个多页电路图,点击 Edit 菜单下命令"Delete Mulit-Page"即可。

10.2　Multisim 9 仪器库的基本应用

10.2.1　虚拟仪器的使用

1. 常用仪器库介绍

Mutisim 9 不仅提供了多种常用的测试仪器,还提供了一些虚拟仪器供用户使用。下面对这些仪器进行简单介绍。常用的虚拟仪器如图 10.2.1 所示。其中包含 20 种常用仪器,即数字万用表(Multimeter)、函数信号发生器(Function Generator)、瓦特表(Wattmeter)、双通道示波器(Oscilloscope)、四通道示波器(4 Channel Oscilloscope)、波特图图示仪(Bode Plotter)、频率计数器(Frequency Counter)、数字信号发生器(Word Generator)、逻辑分析仪(Logic Analyzer)、逻辑转换器(Logic Converter)、IV 曲线分析仪(IV Analyzer)、失真度分析仪(Distortion Analyzer)、频谱分析仪(Spectrum Analyzer)、网络分析仪(Network Analyzer)、Aglient 信号发生器(Aglient Function Generator)、Aglient 台式万用表(Aglient Multimeter)、Aglient 示波器(Aglient Oscilloscope)、Tektronix 示波器(Tektronix Oscilloscope)、Labview 虚拟仪器、测试笔(Measurement probe)。下面重点介绍常用的几种虚拟仪器。

图 10.2.1 虚拟仪器

(1)数字万用表(Multimeter)

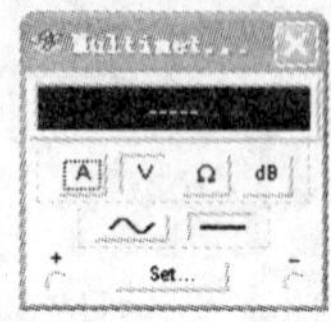

图 10.2.2 数字万用表

将数字万用表从仪器栏上取出时,显示为小图标。双击数字万用表图标,弹出的万用表的虚拟面板如图 10.2.2 所示。

万用表面版上有一个数字显示窗口和七个按钮,分别为电流(A)、电压(V)、电阻(Ω)、分贝(dB)、交流(~)、直流(-)和设置转换按钮(Settings)。单击这些按钮便可以进行相应的转换。

万用表可测量交直流电压、电流、电阻和电路中两点间的分贝损失。

Multisim 9 平台上的万用表具有自动量程转换功能,因此不用制定测量范围。利用设置按钮可调整电流表内阻、电压表的内阻、欧姆表电流和分贝表 0 dB 标准电压。

(2)函数发生器(Function Generator)

将函数发生器从仪器栏上取出时,显示为小图标。双击函数发生器图标,弹出的信号发生器的虚拟面板如图 10.2.3 所示。

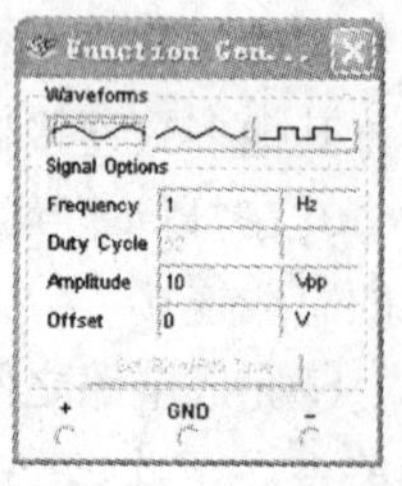

图 10.2.3 函数发生器

函数发生器是一种能提供正弦波、三角波或方波信号的电压源,可方便地向电路提供信号。

可调整的参数有频率(Frequency)、占空比(Duty Cycle)、振幅(Amplitude)、DC 偏移(Offset)。

虚拟函数发生器有三个输出端:"-"为负波形端、"GND"为接地端、"+"为正波形端。使用方法与实际函数发生器基本相同。

(3)示波器(Oscilloscope)

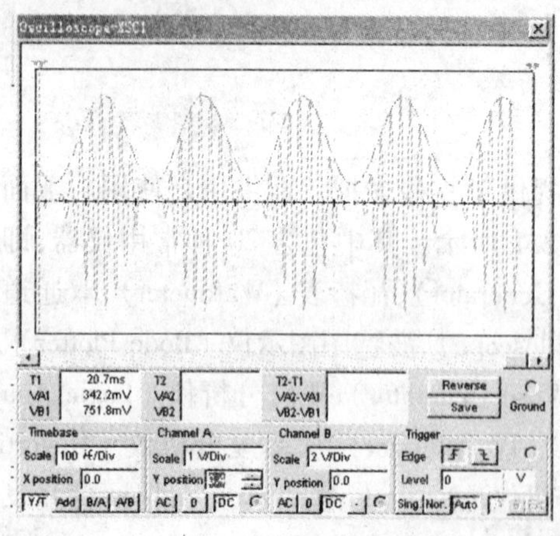

图 10.2.4 示波器

将示波器从仪器栏上取出时,显示为小图标。双击示波器图标,出现示波器的虚拟面板如图 10.2.4 所示,这是一种可用黑、红、绿、蓝、青、紫 6 色显示波形的 1 000 MHz 示波器。

这种双通道仿真示波器工作起来与真的仪器一样,可用正边缘或负边缘进行内触发或外触发,可在秒(s)~纳秒(ns)的范围内调整。为了提高精度,可卷动时间轴,用数显游标对电压进行精确测量。此示波器可显示被测信号的幅值和频率,只要单击仿真开关示波器便可马上显示波形。将示波器探头移至新的测试点时可不关电源。X 轴可以左右移动。当 X 轴为时间轴时,时基可在 0.01 ns/div ~ 1 s/div 的范围内调整。

Y 轴的范围为 0.01 mV/div ~5 kV/div。

(4)波特图仪(Bode Plotter)

将波特器从仪器栏上取出时,显示为小图标。双击波特器图标,出现的波特图仪的虚拟面板如图 10.2.5 所示。

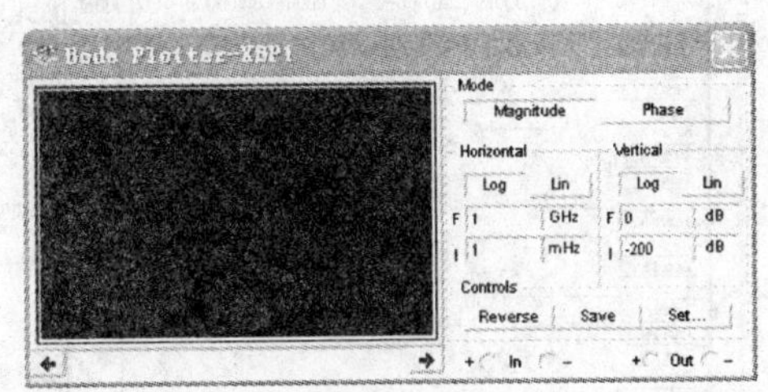

图 10.2.5　波特图仪

Multisim 9 提供了一个用来测量和显示电路幅频特性与相频特性的波特图仪。波特图仪能显示电路的频率响应曲线,这对分析滤波器等电路是十分有用的。还可用波特图仪测量一个信号的电压增益(单位:dB)或相移(单位:度)。

波特图仪有 In 和 Out 两对端口,其中 In 端口的 +V 端和 -V 端分别接电路输入端的正端和负端;Out 端口的 +V 端和 -V 端分别接电路输出端的正端和负端。此外使用波特图仪时,必须在电路的输入端接入交流信号源,其信号频率无须特别设定。频率测量的范围由波特图仪的参数设置决定。波特图仪的参数设置可以在电路启动后修改,但一般修改以后需重新启动电路。

(5)数字信号发生器(Word Generator)

数字信号发生器刚从仪器栏取出时为一小图标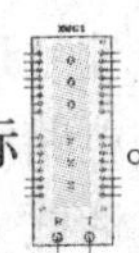。双击小图标,弹出的信号发生器的虚拟面板如图 10.2.6 所示。

数字信号发生器可将数字信号送入电路,用来驱动或测试电路。仪器面板的左侧为数据存储区,激活仪器后便可将这些数据依次送入电路。

(6)逻辑转换器(Logic Converter)

逻辑转换器刚从仪器栏取出时为一小图标。双击小图标,弹出的逻辑转换器的虚拟面板如图 10.2.7 所示。

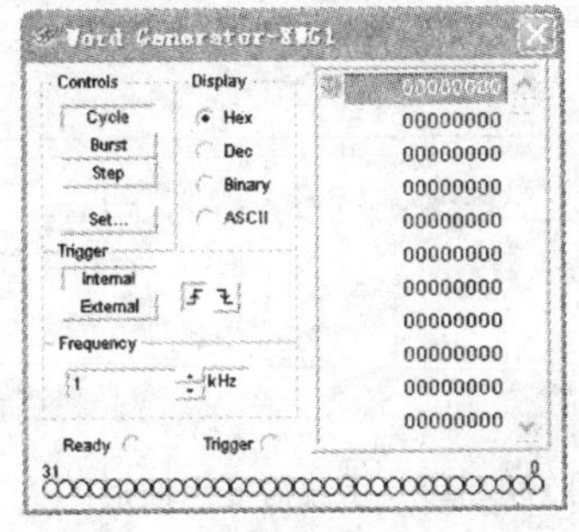

图 10.2.6　数字信号发生器

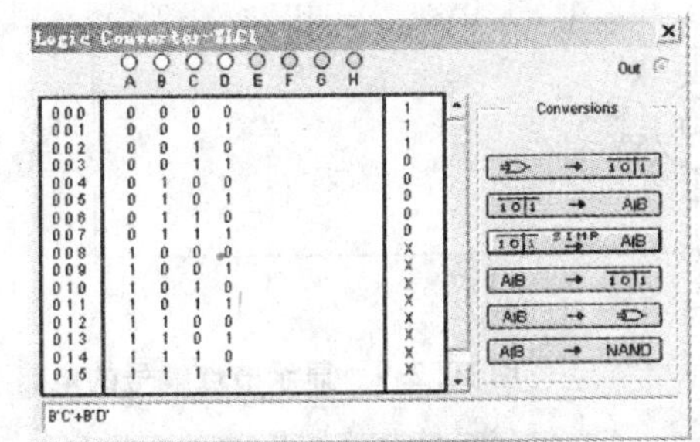

图 10.2.7　逻辑转换器

目前世界上还没有与逻辑转换器类似的物理仪器。将逻辑电路连接在逻辑转换器上,即可导出与逻辑电路相应的真值表或逻辑表达式。还可以输入逻辑表达式,电子工作平台会建立相应的逻辑电路,或可以完成逻辑代数的几种表达方式的任意两种之间的转换。

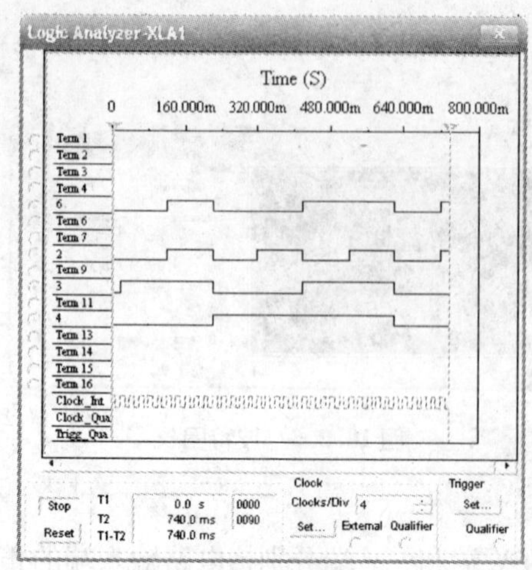

图 10.2.8 逻辑分析仪

(7)逻辑分析仪(Logic Analyzer)

逻辑分析仪刚从仪器栏取出时,为一小图标。双击小图标,弹出的逻辑分析仪的虚拟面板如图 10.2.8 所示。逻辑分析仪能显示 16 路数字信号的逻辑电平。它像示波器一样可调整时基,使用起来和真的仪器一样。

2. Multisim 9 虚拟仪器的使用方法

在 Multisim 9 平台上使用虚拟仪器的步骤如下。

①将仪器的图标拖放到平台的工作区;

②把仪器的接线端与相应的电路连接起来;

③双击图标调出仪器面板,设置有关参数;

④打开仿真开关。

10.2.2 仿真分析步骤

1. 设置显示节点编号

在电路仿真中,输出变量以节点编号形式出现。节点编号是由系统自动产生的,系统默认为隐藏状态。在仿真分析时,通常将电路的节点编号设置为显示状态。

双击节点上的连线,屏幕弹出对话框,可以修改节点编号,但同一电路上的节点编号是不允许重复的,地线的节点编号系统自动设置为0。图 10.2.9 所示为设置显示节点编号后的 *LC* 振荡电路,输出节点为 2。图 10.2.10 为示波器显示波形。

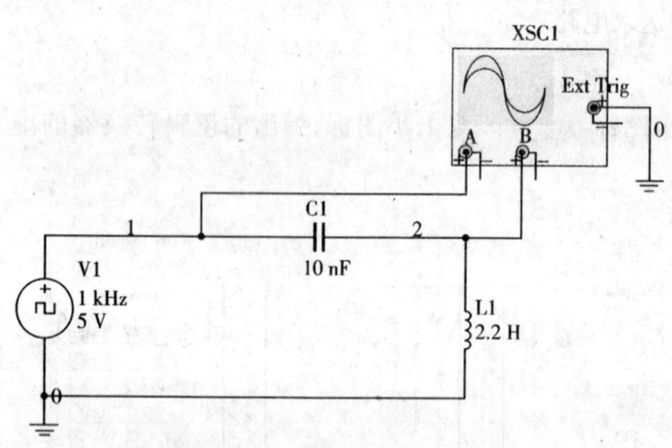

图 10.2.9 显示节点编号的电路

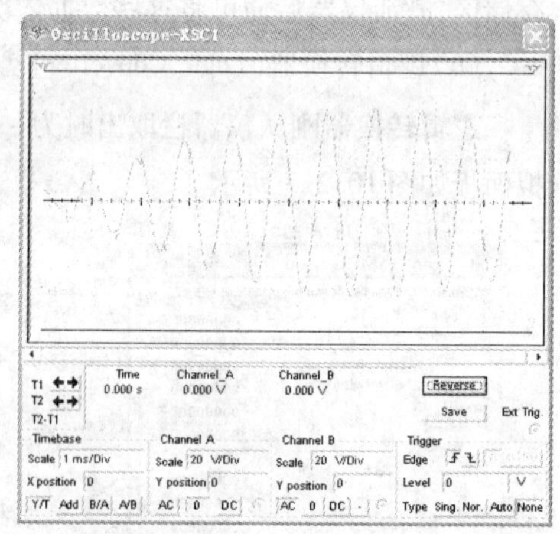

图 10.2.10 示波器显示波形

2. 仿真分析参数设置

(1)常用分析选项

执行菜单“Simulation→Analyses”(仿真分析),屏幕弹出的分析方法供选择,移动光标选中所需的分析方法,屏幕弹出设置对话框,不同分析方法的对话框内容不同,但选项卡主要内容基本相同,主要如下。

①Analysis Parameters:设置分析参数。

②Output Variables:设置电路分析的输出变量。

③Miscellaneous Options:设置辅助参数。

④Summary:显示仿真过程中汇总参数,一般选默认。

(2)输出变量设置

在电路分析前,必须先设置电路的输出变量。执行"Simulation→Analyses",选中分析方法后,屏幕弹出参数设置对话框。图 10.2.11 为"AC Analysis"(交流分析)对话框,图内选中"Output"选项卡,在其中设置输出变量。

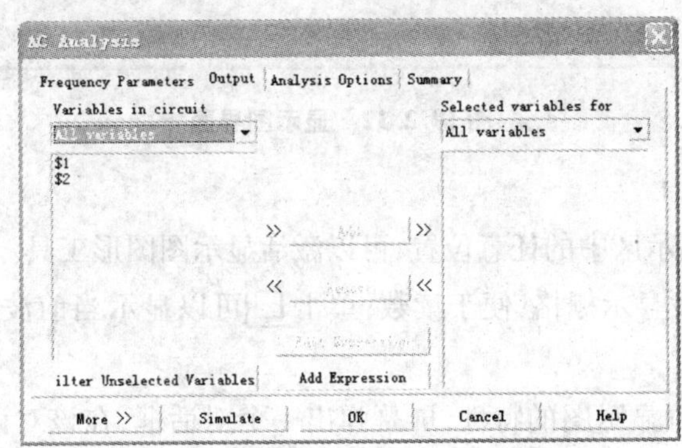

图 10.2.11 设置输出变量

1° 输出变量类型

在"Variables In Circuit"中有四种选择。

①Voltage(节点电压):显示方式为节点编号。

②Current(支路电流):显示方式如为"vv1#branch",表示元器件参考编号为 V_1 所在支路。

③Voltage and Current(电压和电流):在显示区中显示节点编号和支路电流。

④All Variables(所有变量):显示包含数字元器件在内的变量。其中数字元器件变量显示如"du1:a""du1:y"等。

2° 选择输出变量

用鼠标单击选择显示区内电路中的变量,然后单击"Add"(仿真输出)按钮,则选择的变量显示在右边方框内。

3° 移去输出变量

在右边方框中选中要移走的输出变量,单击"Remove"按钮即可移去变量。

上述设置完毕后,单击"Simulate"(仿真)按钮,仿真分析结果便显示在分析显示图中。

3. 分析结果显示

(1)显示图的窗口界面

分析显示图也可以通过执行菜单"View→Grapher"获得。在显示图中用鼠标拉框可以放大框选区域的图形,单击任务项名可打开相应的分析显示图。图 10.2.12 显示在图界面中选中的 Oscilloscope-XSC1 的波形。

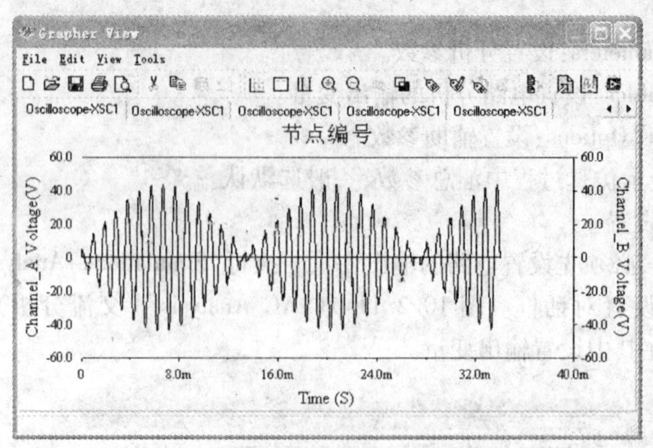

图 10.2.12 显示图界面

(2)显示图图形工具

用鼠标单击图形显示区中的任意位置,可以激活显示图图形工具。

①单击[图标]可以触发显示栅格,便于读数;单击[图标]可以显示当前波形对应的图例颜色,以便区别不同的波形。

②单击[图标]可以设置显示图的特性,屏幕弹出一个对话框,在该对话框内可以进行标题设置,栅格、坐标及波形曲线的颜色、粗细设置,多路数据显示设置等。

③单击[图标]触发读数轴,屏幕出现波形的读数,此时拖动读数轴可以读出所需的数值,如图10.2.13所示。在数据区中,X 为横坐标,Y 为纵坐标,$dx = x_2 - x_1$,$dy = y_2 - y_1$。

	Channel A	Channel B
x1	21.8723m	21.8723m
y1	0.0000	17.8225
x2	14.2979m	14.2979m
y2	0.0000	-3.3852
dx	-7.5745m	-7.5745m
dy	0.0000	-21.2077
1/dx	-132.0225	-132.0225
1/dy		-47.1527m
min x	0.0000	0.0000
max x	34.0001m	34.0001m
min y	0.0000	-43.8877
max y	0.0000	43.8505
offset x	0.0000	0.0000
offset y	0.0000	0.0000

图 10.2.13 波形读数

10.2.3 常用分析方法

1.直流工作点分析(DC Operation Point Analysis)

工作点分析是电路分析的基本步骤。在进行直流工作点分析时,交流源将视为短路,电容视为开路,电感视为短路。

步骤如下。

①创建要分析的电路。

②设置系统工作参数,显示节点编号,图 10.2.14 所示为直流电路。

③执行菜单命令“Simulation→Analyses→DC Operation Point”,屏幕弹出分析设置对话框,在其中选择输出变量,本例输出变量选择为节点 1、2、3 和两个支路电流。该对话框如图 10.2.15 所示。

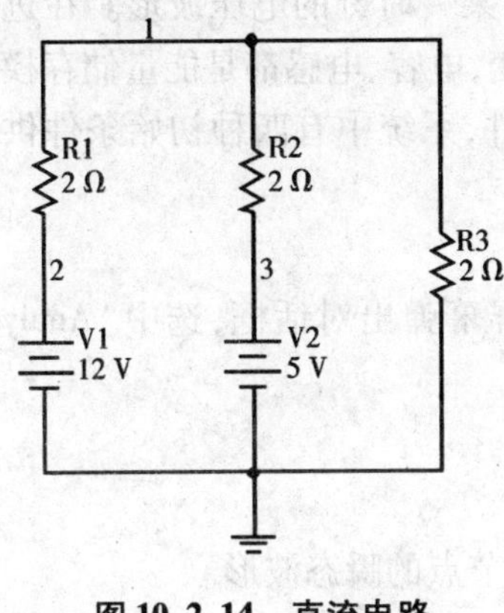

图 10.2.14　直流电路

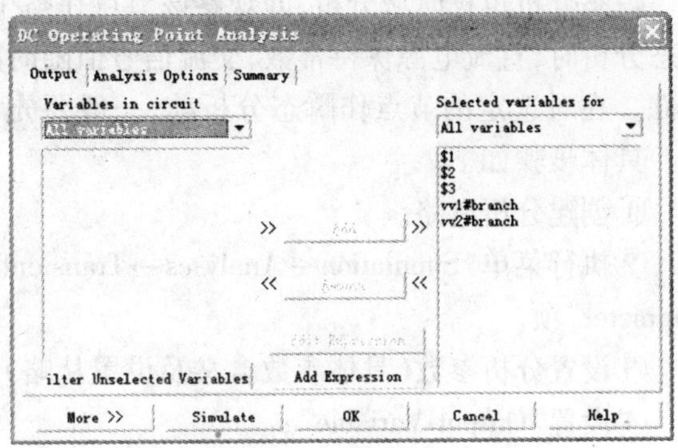

图 10.2.15　直流工作点分析

④单击“Simulate”按钮,开始进行电路仿真。

执行仿真后,系统将自动把电路中所选择的节点电压和支路电流数值显示在分析显示图中,如图 10.2.16 所示。

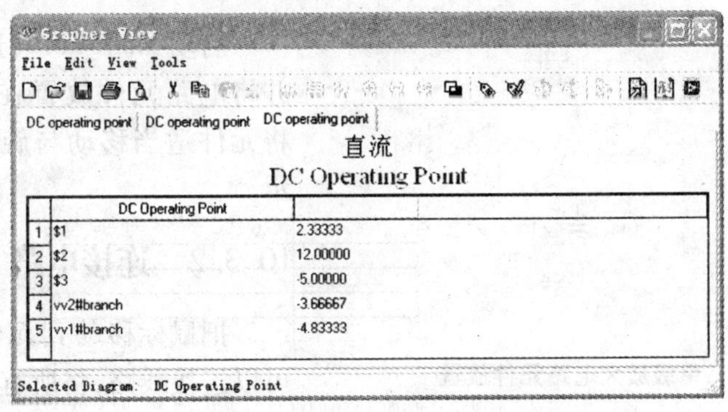

	DC Operating Point	
1	$1	2.33333
2	$2	12.00000
3	$3	-5.00000
4	vv2#branch	-3.66667
5	vv1#branch	-4.83333

图 10.2.16　直流仿真分析结果

2. 交流分析(AC Analysis)

交流分析是分析在交流小信号下的电路中任意节点处的频率特性曲线,包括幅频和相频特性曲线。分析时,电路中的直流电压源视为短路,直流电流源视为开路,非线性元器件用线性交流小信号模型等效电路代替,交流信号源、电容、电感工作在交流模式,输入信号设置为正弦波形式。具体步骤如下。

①创建分析电路。

②设置节点编号为显示状态。

③执行菜单“Simulation→Analyses→AC Analysis”,单击“Analysis Parameter”选项卡设置分析参数。

④单击“Output Variable”(输出变量)项,设置电路的分析节点。

⑤单击“Simulate”,显示节点的频率特性图,图中有幅频特性和相频特性两种频率特性曲线。

⑥读取测量数据。在频率特性图中,拖动读数轴读出所需数值。

3. 瞬态分析(Transient Analysis)

瞬态分析也称时域分析,即观察该节点在整个显示周期中某一时刻的电压波形。在进行瞬态分析时,直流电源保持常数,交流信号值随时间参数而改变,电容、电感都是能量储存模式元件。在对选定的节点作瞬态分析前,一般要先设置初始条件,系统中有四种初始条件供选择。具体步骤如下。

①创建分析电路。

②执行菜单“Simulation→Analyses→Transient Analysis”,屏幕弹出对话框,选中“Analysis Parameter”项。

③设置分析参数(具体参数含义及设置从略);

④设置“Output Variable”;

⑤单击“Simulate”按钮,屏幕弹出分析显示图,显示被分析节点的瞬态波形。

10.3 Multisim 9 基本应用示例——单级放大电路

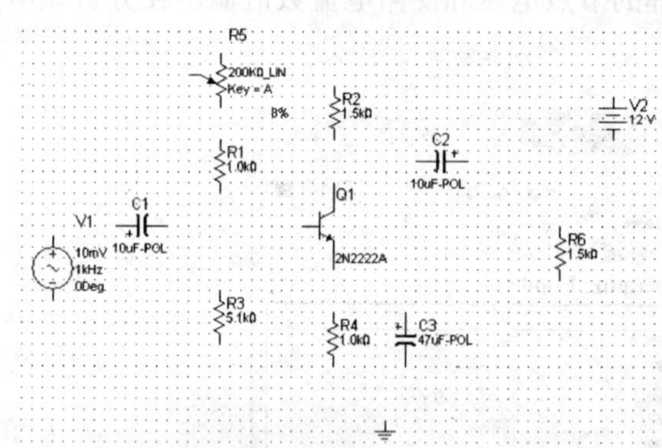

图 10.3.1　单级放大电路元件放置

10.3.1　放置元件

启动 Multisim 9,选取电路所需元件并将电路元件放置在工作区适当位置。将元件适当移动与旋转,如图 10.3.1 所示。

10.3.2　连接电路

把鼠标移动到元件的管脚,单击,便可以连接线路,将所有元件连接成电路。

10.3.3　线路编号

选择菜单栏“Options/Sheet Properties”,在弹出的对话框中选取“show all”,如图 10.3.2 所示。此时,电路中每条线路上便出现编号,以便后来仿真。电路图如图 10.3.3。

10.3.4　修改电路

如果要在 2 N222A 的 e 端加上一个 100 Ω 电阻,可以先选中“7”这条线路,然后按键盘“del”键,就可以删除。之后,点击菜单栏上“Place/Component”,弹出“Select a Component”对话框,选取“Basic _ Virtual”,然后选取“Resistor _ Virtual”,再点击“OK”按钮。修改后的电路如图 10.3.4 所示。

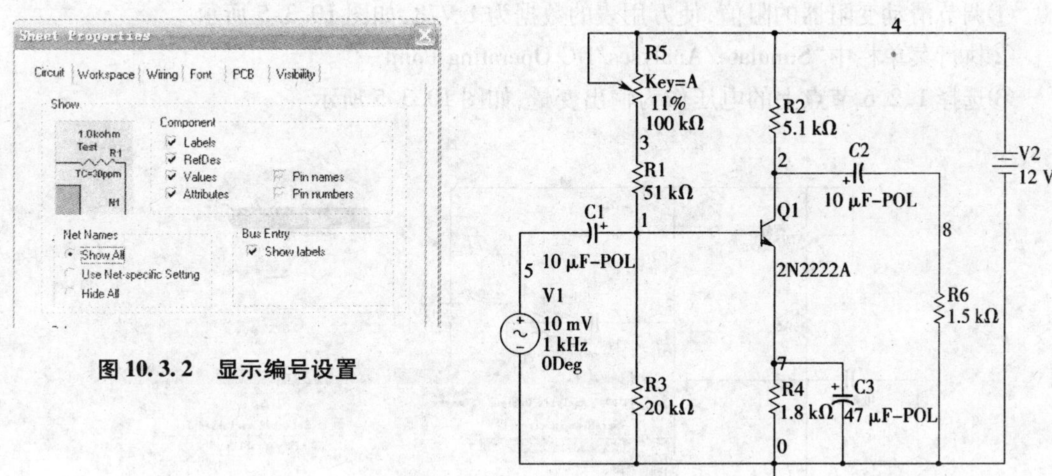

图 10.3.2　显示编号设置

图 10.3.3　单级放大电路图 1

10.3.5　放置仪表

单击仪表工具栏中的万用表,将其放置到如图 10.3.4 所示的位置。

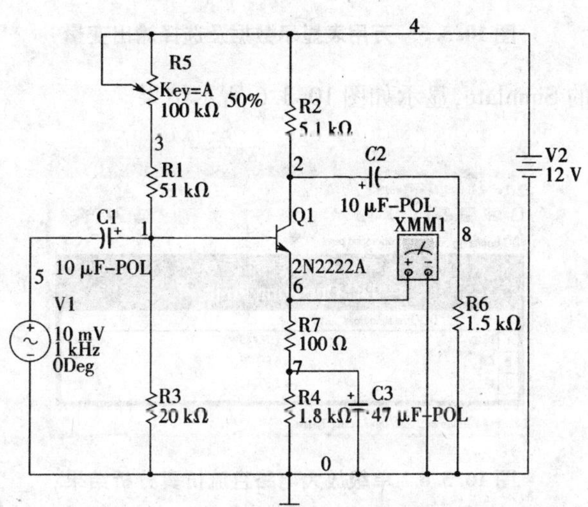

图 10.3.4　单级放大电路图 2

10.3.6　测量电压及调节电阻

单击工具栏中仿真运行按钮,便可进行数据的仿真。双击万用表图标,就可以观察三极管 e 端对地的直流电压。然后,单击滑动变阻器,按键盘上的“A”键或“Shift” + “A”,就可以增加或降低滑动变阻器的阻值。

10.3.7　静态数据仿真

静态数据仿真步骤如下。

①调节滑动变阻器的阻值,使万用表的数据为 1.778,如图 10.3.5 所示。

②执行菜单栏中“Simulate/Analyses/DC Operating Point…”。

③选择 1、2、6 节点上的电压作为输出变量,如图 10.3.5 所示。

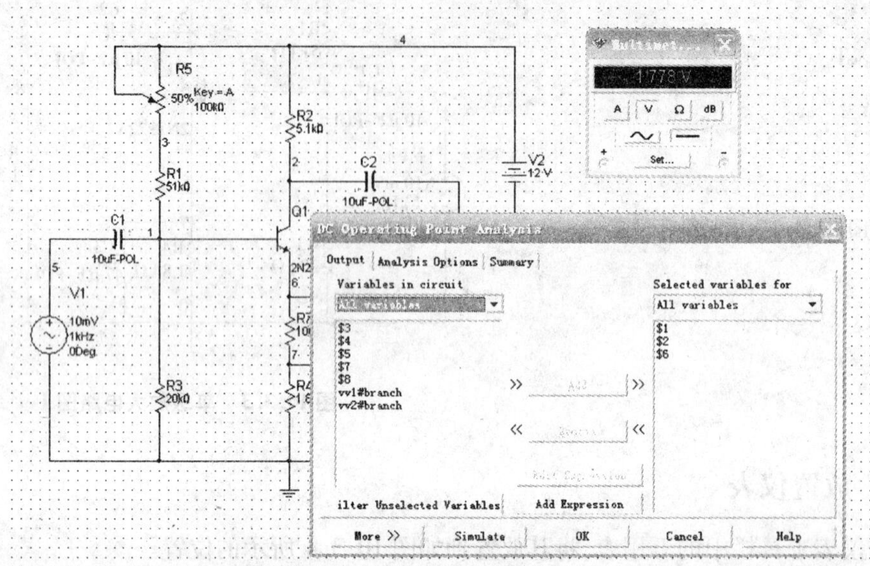

图 10.3.5　万用表显示数据及选择输出变量

④点击对话框上的 Simulate,显示如图 10.3.6 所示结果。

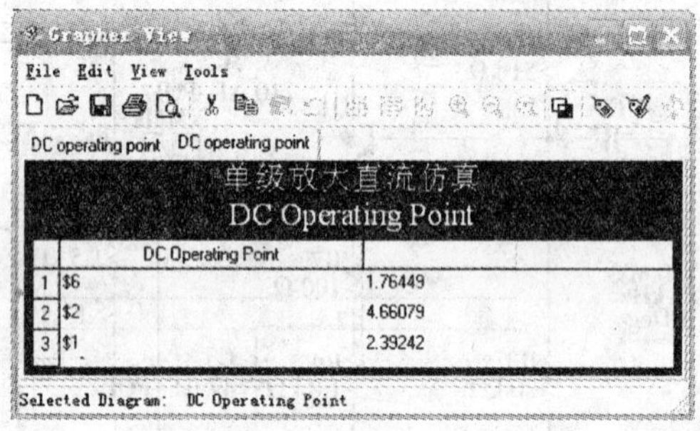

	DC Operating Point	
1	$6	1.76449
2	$2	4.66079
3	$1	2.39242

图 10.3.6　单级放大电路直流仿真分析结果

10.3.8　动态仿真(1)

动态仿真(1)的步骤如下。

①单击仪表工具栏中的示波器“Oscilloscope”,连接的电路如图 10.3.7 所示。(注意:示波器分为 2 个通道,每个通道有“ + ”和“ - ”,连接时只需用“ + ”即可,示波器默认已经连接好。观察波形图时会出现不知道哪个波形是哪个通道的,解决方法是更改连接通道的导线颜色,即:右键单击导线,弹出菜单,单击“wire color”,可以更改颜色,同时示波器中波形颜色也随之改变。)

②单击运行按钮,便可进行数据的仿真。

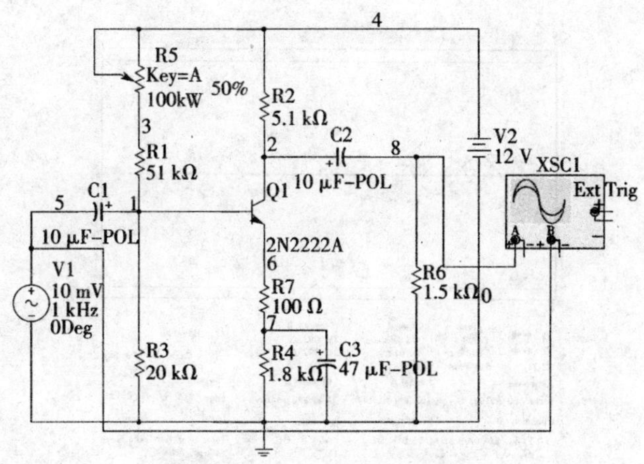

图 10.3.7　单级放大电路图 3

③双击示波器图标,便可得到如图 10.3.8 所示波形。如果波形太密或者幅度太小,可以调整 Scale 的数据。

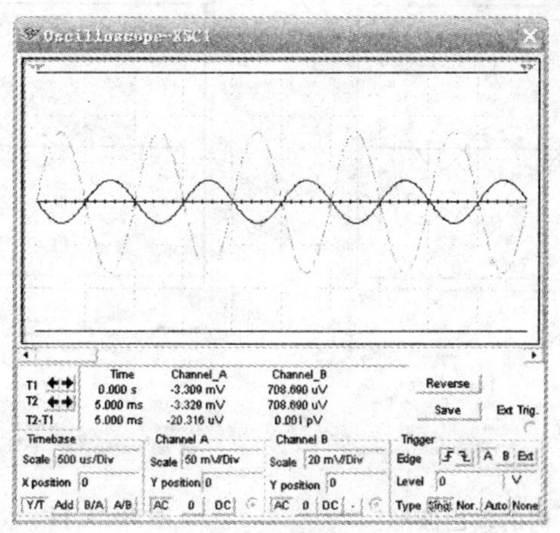

图 10.3.8　单级放大电路动态仿真(1)
示波器显示波形

10.3.9　动态仿真(2)

将放大电路输出端开路,考察对输出电压的影响。具体步骤如下:

①删除负载电阻 R_6,重新连接示波器;

②重新启动仿真,波形如图 10.3.9 所示。

10.3.10　动态仿真(3)

调整电路参数,使其达到饱和失真,观察失真波形。具体步骤如下:

①将电阻 R_2 调整为 10 kΩ,观察到如图 10.3.10 的波形;

②将电阻 R_2 调整到 51 kΩ,观察到如图 10.3.11 的波形。

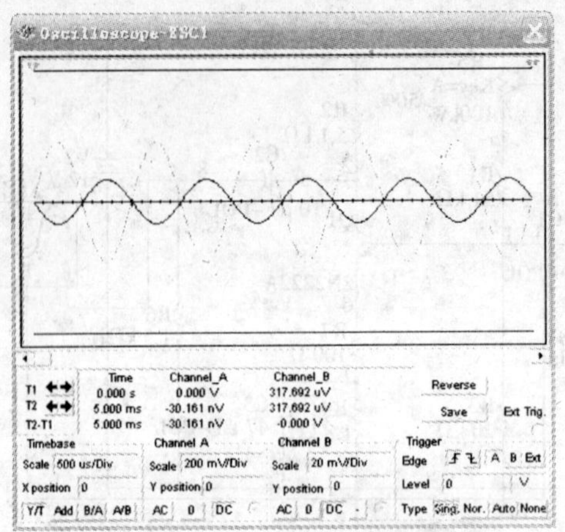

图 10.3.9　单级放大电路动态仿真(2)
示波器显示波形

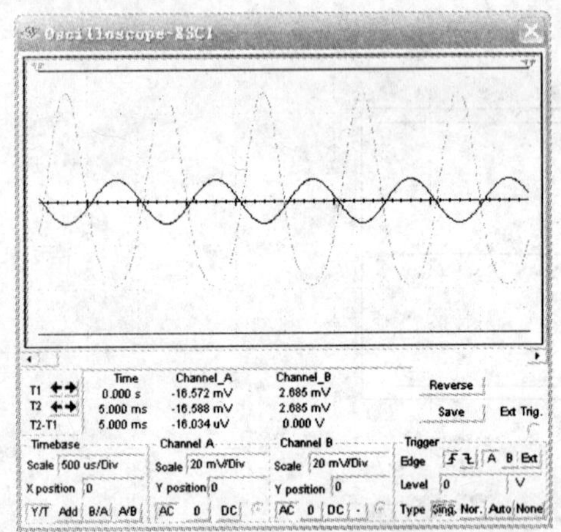

图 10.3.10　$R_2 = 10\ \text{k}\Omega$ 时的输出波形

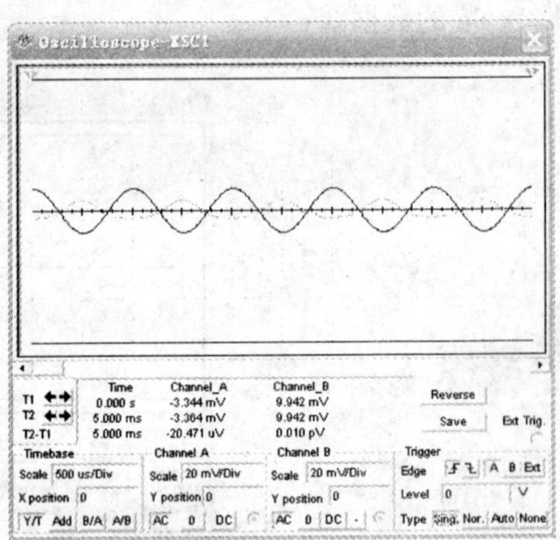

图 10.3.11　$R_2 = 51\ \text{k}\Omega$ 时的输出波形

参考文献

[1]王玉秀,李家虎,等.电工电子基础实验[M].南京:东南大学出版社,2006.

[2]曾建唐.电工电子基础实践教程(上册)实验课程设计[M].北京:机械工业出版社,2008.

[3]陈大钦,罗杰.电子技术基础实验[M].北京:高等教育出版社,2008.

[4]刘浩斌,汪良能,刘鑫,等.数字电路与逻辑设计(解题指南及实验指导)[M].北京:电子工业出版社,2007.

[5]骆雅琴,顾凌明.电工实验教程[M].北京:北京航空航天大学出版社,2007.

[6]唐庆玉.电工技术与电子技术[M].北京:清华大学出版社,2007.

[7]殷瑞祥,樊利民.电工电子技术实践教程[M].北京:机械工业出版社,2007.

[8]章继涛,韦友春.电工电子技术实验教程[M].北京:北京理工大学出版社,2007.

[9]李燕民,温照方.电工和电子技术实践教程[M].北京:北京理工大学出版社,2006.

[10]苏刚,王秀丽.建筑电工学(上册)[M].天津:天津大学出版社,2008.

[11]黄民德,陈伟芬,顾贵芬.建筑电工学(下册)[M].天津:天津大学出版社,2008.